制造业先进技术系列

快速锻造液压机组
——结构、原理、控制与案例

陈柏金　著

机械工业出版社

本书概述了快速锻造液压机组的基本组成、技术参数及工艺范围、国内外发展概况，以及发展趋势，介绍了快速锻造液压机组的本体结构，讲解了快速锻造液压机不同液压系统的工作特点、传动控制形式、多种实例及液压系统计算，详述了锻造操作机的组成原理、技术参数、机械结构以及不同锻造操作机的液压系统，阐述了快速锻造液压机组控制系统的控制特点、体系结构、控制技术，并通过实例详细讲解了控制系统的结构与软件，最后介绍了快速锻造液压机组的辅助机械，包括无轨装取料机、有轨装取料机、送料回转车、升降回转台、径向锻造工具。

本书可供锻压行业的工程技术人员及从事机械、液压、电气控制的相关工程技术人员使用，也可供高等院校相关专业师生参考。

图书在版编目（CIP）数据

快速锻造液压机组：结构、原理、控制与案例/陈柏金著 . —北京：机械工业出版社，2023.4（2023.12重印）

（制造业先进技术系列）

ISBN 978-7-111-72751-4

I.①快… Ⅱ.①陈… Ⅲ.①锻造液压机 Ⅳ.①TG315.4

中国国家版本馆 CIP 数据核字（2023）第 040047 号

机械工业出版社（北京市百万庄大街 22 号　邮政编码 100037）

策划编辑：孔　劲　　　　　责任编辑：孔　劲　李含杨
责任校对：龚思文　梁　静　　封面设计：马精明
责任印制：邓　博

北京盛通数码印刷有限公司印刷

2023 年 12 月第 1 版第 2 次印刷

169mm×239mm · 17 印张 · 4 插页 · 350 千字

标准书号：ISBN 978-7-111-72751-4

定价：109.00 元

电话服务　　　　　　　　　网络服务

客服电话：010-88361066　　机　工　官　网：www.cmpbook.com
　　　　　010-88379833　　机　工　官　博：weibo.com/cmp1952
　　　　　010-68326294　　金　书　网：www.golden-book.com
封底无防伪标均为盗版　机工教育服务网：www.cmpedu.com

前　言

快速锻造液压机组已成为自由锻造行业的主要装备，在我国多个领域发挥重要作用，国内已装备各种类型的快速锻造液压机组达数百台套。作者长期从事金属塑性成形装备及工艺的教学与科研工作；20世纪90年代初研究生毕业后即全程参与了兰石重工8~45MN快速锻造液压机组的研发与应用推广工作，并对国内多套进口快速锻造液压机组进行了技术改造；目睹了我国快速锻造液压机组的成长及发展壮大的过程，对国内外快速锻造液压机组有深入的了解与认识，积累了大量的工程实际经验。目前，市面上还没有快速锻造液压机组的相关专业书籍供广大工程技术人员使用、参考。为此，作者结合自己的工作及对相关技术的认识、理解撰写了本书。

本书跟踪国内外快速锻造液压机组的最新发展成果，对其相关技术进行了分析与介绍。在主机结构方面，全面介绍了目前应用的各种主机机械结构及其特点；在液压控制方面，系统介绍了各种液压控制原理及特点，并对国内外多种机组的液压原理进行了分析阐述；在锻造操作机方面，介绍了目前流行的锻造操作机的机械结构、液压控制原理、特点等；在计算机控制方面，对最新的控制系统进行了介绍，并以实际机组为例对其控制系统的硬软件结构及控制技术进行了介绍；同时，对常用的几种辅助机械的结构、工作原理也进行了介绍。

本书内容与工程实际紧密结合，融入了作者多年的研究成果与心得，有助于读者对快速锻造液压机组的了解及对相关技术的掌握。

本书的撰写得到了武汉重工铸锻有限公司周德祥、攀钢集团江油长城特殊钢有限公司曾斌玉、大冶特殊钢有限公司林邦俊、中国第二重型机械集团（德阳）万信工程设备有限责任公司代浩秋、中聚信海洋工程装备有限公司张连华、山西忻州五台山锻压设备（奇泰机械制造）有限公司张国强、兰州兰石重工有限公司柯锋贤及邢志彬、刘仲林、杨超、刘强、周泽平、唐立、褚延军等广大工程技术人员的支持与帮助；华中科技大学熊晓红、兰州交通大学杨晋、陕西嘉恒智能液压技术有限公司芦光荣、济南巨能数控机械有限公司郭长清等对本书内容编排等提出了宝贵意见，在此一并表示诚挚谢意！

本书出版得到了兰州兰石重工有限公司、基金委重大项目"高性能航空构件锻造成形过程智能控制基础理论（52090043）"的支持，在此表示衷心的感谢！

作　者

目　录

第①章

概　述

锻造液压机又称自由锻造液压机，用于完成自由锻造工艺，即在液压机压力的作用下，通过上下砧和一些简单的工具，使坯料产生塑性变形，获得所需形状、尺寸及内在质量的锻材、锻件。

早期的锻造液压机多采用泵—蓄势器传动。当液压机不工作时，泵会把高压液体输送到蓄势器贮存；当液压机工作时，泵和蓄势器同时向液压缸供液，锻造速度慢，辅助工作时间较长，生产率低，主要用于碳钢、低合金钢锻材、锻件的锻造。

1960年左右出现的锻造液压机，多采用液压泵直接传动，并配备有锻造操作机和较完善的辅助装置，具有自动化程度高、辅助时间短、锻造速度快、控制精度好等优点，适合于锻造高合金钢及特殊金属材料锻件。

随着现代化工业的迅速发展，人们对自由锻件的尺寸精度和生产率提出了越来越高的要求，因而对锻造液压机的锻造速度和压下精度的要求也随之提高。为了适应这种需求，锻造液压机得到了较大发展和进步。目前，国内外新发展的锻造液压机以液压油为介质，采用液压泵直接传动，计算机控制，具体表现为：①锻造液压机、操作机、砧库等组成机组，一人操作；②当每分钟锻造次数高达80次以上时，能实现液压机与操作机的自动联动；③锻件尺寸控制精度可达到±1mm。

目前，这类锻造液压机被称为快速锻造液压机、快速锻造液压机组，也称快锻机、快锻液压机组等。

1.1　基本组成

快速锻造液压机组的基本组成如图1-1所示，主要由以下几个部分组成：

（1）本体部分　机组的工作部件，将液压系统的压力能通过液压缸转换为机械能，驱动主机的运动部件对坯料进行锻造。包括主机、移动工作台、横向移砧装置、上砧锁紧及旋转装置，也有部分液压机配置砧库。液压机的主机结构有下拉式和上压式两大类。

（2）液压系统　为快速锻造液压机提供动力，通过液压泵将电动机的机械能

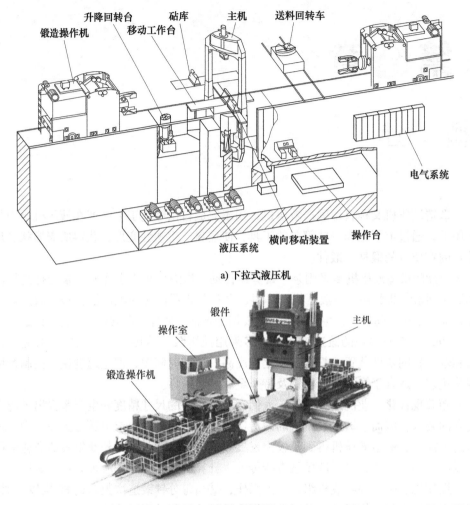

a) 下拉式液压机

b) 上压式液压机

图1-1 快速锻造液压机组的基本组成

转换为液体的压力能，压力能由液压管道输送，并通过各种液压控制阀进行压力、流量及运动方向的调节与控制来获得液压机所需的运动方向、速度、压力、位置等。快速锻造液压机常用的液压系统有定量泵阀控系统、变量泵阀控系统及正弦泵控制系统等三类。

（3）锻造操作机 用于夹持、送进坯料，配合液压机进行锻造。包括一到两台全液压有轨锻造操作机，少数也配置无轨锻造操作机。

（4）电气及控制系统 完成机组的各种信号联锁、电动机的起动及运行控制，液压机、操作机的各种动作及位置闭环控制，液压机与操作机联动控制等。包括压力、温度、位移等各种检测器件、电动机起动/运行控制柜、安装多种操作手柄及按钮的操作台、可编程逻辑控制器（PLC）系统、人机操作界面、模拟监控显示系统等。控制方式有手动、半自动、自动、联动及程序控制五种。

（5）辅助机械 协助液压机、操作机完成锻造生产，包括送料回转车、升降回转台及与其配套的有轨及无轨装取料机等。辅助机械根据生产实际情况进行配置。

（6）公用设施 包括通风、照明、循环冷却水、视频监控、网络等。

1.2 技术参数及工艺范围

快速锻造液压机有下拉式和上压式两种形式，其中下拉式有双柱下拉式和四柱下拉式；上压式有双柱上压式、四柱上压式及双柱缸动式。缸动式结构仅在小吨位快速锻造液压机上应用，其他几种结构形式在各种吨位的快速锻造液压机上均有应用。

1. 技术参数

快速锻造液压机的技术参数决定其工艺布置、生产能力及投资成本等，表 1-1～表 1-3 分别为兰州兰石重工有限公司（简称兰石重工）双柱下拉式、双柱上压式和双柱缸动式快速锻造液压机技术参数，国内外其他制造厂家相同公称压力的快速锻造液压机技术参数与此近似。

表 1-1 双柱下拉式快速锻造液压机技术参数

项目		数　值					
公称压力/MN		8	10	12.5	16	20	25
最大净距/mm		2200	2350	2600	2900	3200	3900
最大工作行程/mm		1000	1000	1200	1400	1600	1800
立柱间净距/mm		1700×1000	1800×1000	1900×1100	2000×1100	2200×1100	2400×1200
移动工作台尺寸/mm		1200×3200	1300×3350	1400×3500	1500×4000	1800×4500	1800×5000
移动工作台行程/mm		1000/1000	1500/500	2000/1200	1500/1500	1500/1500	2000/1200
横向移砧台宽/mm		560	560	680	750	800	1000
横向移砧行程/mm		2300	2300	2700	2700	3000	3300
允许锻造偏心距/mm		$\phi240$	$\phi240$	$\phi300$	$\phi320$	$\phi360$	$\phi400$
砧高/mm	上砧	570	570	700	550	800	1000
	下砧	780	780	850	950	950	1100
液压机地面高度/mm		3845	3800	4100	5190	5540	6660
液压机地下深度/mm		5500	5500	4190	7500	7900	10000
锻造速度/(mm/s)		95	95	90	90	90	90
快锻最高频次/(次/min)		85	85	82	82	82	80
锻件控制精度/mm		±1	±1	±1	±1	±1	±1
额定工作压力/MPa		31.5	31.5	31.5	31.5	31.5	31.5
装机功率/kW		1000	1060	1350	2050	2400	3100

表1-2 双柱上压式快速锻造液压机技术参数

项目		数 值				
公称压力/MN		20	25	31.5	45	63	80
最大净距/mm		3200	3900	4150	4600	5600	6000
最大工作行程/mm		1600	1800	2000	2300	2600	3000
立柱间净距/mm		2200×1100	2500×1400	2800×1600	3200×1870	3800×2200	4400×2000
移动工作台尺寸/mm		1800×4500	2000×5000	2100×5200	2350×6000	3000×6000	3200×6000
移动工作台行程/mm		1500/1500	2000/2000	2500/1500	2500/2500	3000/3000	4000/2000
横向移砧台宽/mm		800	900	1000	1300	1300	1400
横向移砧行程/mm		3200	3600	4000	5000	5400	5800
允许锻造偏心距/mm		ϕ360	ϕ400	ϕ500	ϕ500	ϕ500	ϕ500
砧高/mm	上砧	800	1050	1000	1100	1400	1200
	下砧	950	1150	1150	1200	1500	1800
液压机地面高度/mm		7415	8820	9290	10260	11890	—
液压机地下深度/mm		3280	3400	3400	4000	4800	—
锻造速度/(mm/s)		90	90	90	90	90	90
快锻最高频次/(次/min)		82	80	80	80	75	70
锻件控制精度/mm		±1	±1	±1	±1	±1	±1
额定工作压力/MPa		31.5	31.5	31.5	31.5	31.5	31.5
装机功率/kW		2250	2770	2950	4700	5200	6345

表1-3 双柱缸动式快速锻造液压机技术参数

项目		数 值				
公称压力/MN		6.3	8	10	12.5	16
最大净距/mm		1800	2200	2300	2600	2800
最大工作行程/mm		800	1000	1000	1200	1400
立柱间净距/mm		1400×800	1650×950	1700×1000	1800×1010	1900×1100
移动工作台尺寸/mm		—	1200×3000	1200×3200	1400×4000	1500×4000
移动工作台行程/mm		—	1000/1000	1000/1000	1500/1500	2000/1000
横向移砧台宽/mm		800	700	720	720	750
横向移砧行程/mm		2150	2100	2500	2520	2700
允许锻造偏心距/mm		±120	±120	±120	±140	±150
砧高/mm	上砧	380	420	520	550	550
	下砧	620	780	800	850	950
液压机地面高度/mm		5260	7000	7500	9500	10500
液压机地下深度/mm		1200	1400	1500	1500	1700
锻造速度/(mm/s)		150	145	140	145	140
快锻最高频次/（次/min)		120	120	120	120	100
锻件控制精度/mm		±1	±1	±1	±1	±1
额定工作压力/MPa		31.5	31.5	31.5	31.5	31.5
装机功率/kW		600	1000	1250	1700	1900

2. 工艺范围

快速锻造液压机广泛应用于机械、特殊钢、有色冶金、船舶、铁路机车等行业，适合于各种碳素钢、合金钢、高合金钢、不锈钢、有色金属（钛及其合金、铝合金等）、高速工具钢（通用、高性能等）、冷作模具钢、热作模具钢、镍基合金（高温、耐蚀、精密合金）等材质的锭（坯）在热态下的自由锻造，能完成镦粗、拔长、冲孔、扩孔、芯棒拔长、扭转、弯曲、错移、剁切等各种自由锻工序，可生产直轴或台阶轴类、轧辊、环形类、套筒类、饼类、方形类、厚板类等多种锻件，表1-4所列为不同公称压力快速锻造液压机生产能力范围（仅供参考）。

表1-4 不同公称压力快速锻造液压机生产能力范围

公称压力/MN	镦粗钢锭/kN	拔长钢锭/kN	轴类锻件/mm	饼类锻件/mm	环类锻件/mm
8	25	50	≤φ500	直径≤φ500 厚度≥80	φ1200/φ980 厚度200
12.5	60	120	≤φ850	直径≤φ1300 厚度≥100	φ1400/φ1200 厚度200
16	80	160	≤φ1150	直径≤φ1800 厚度≥100	φ1800/φ1500 厚度200
20	120	240	≤φ1200	直径≤φ1900 厚度≥120	φ2100/φ1800 厚度200
25	200	400	≤φ1450	直径≤φ2400 厚度≥120	φ2200/φ1900 厚度450
31.5	300	500	≤φ1650	直径≤φ2600 厚度≥120	φ2300/φ2000 厚度450
45	440	800	≤φ1850	直径≤φ2800 厚度≥120	φ2500/φ2200 厚度200
63	700	1500	≤φ2000	直径≤φ3000 厚度≥150	φ2800/φ2500 厚度500
80	1000	2000	≤φ2400	直径≤φ3200 厚度≥150	φ3200/φ2800 厚度550

1.3 国内外发展概况

1.3.1 国外发展概况

以前，由于自由锻造生产环境恶劣，劳动强度大，效率低，锻件质量及尺寸精度差，企业迫切需要改变这种落后状态，特别是由于工业上普遍采用高温、耐热、不锈钢等特殊合金钢和工具钢，需要有高效能、快速、高精度的锻造液压机来改变这种现状，西方发达国家自 20 世纪 50 年代便开始锻造液压机现代化研究与开发。

20 世纪 50 年代初，英国 Towler 公司首先在荷兰和瑞典改装了两台带有尺寸测量的液压泵直接传动的锻造液压机，受到了各国重视。随后由于液压和电子技术的发展及其在锻造液压机上的应用，锻造液压机的发展十分迅速。

1956 年 Pahnke（Wepuko PAHNKE 公司创始人）领导制造了第一台用于自由锻造的 10MN 双柱下拉式结构快速锻造液压机，如图 1-2 所示，开启了早期快速锻造液压机采用下拉式结构的潮流。下拉式结构液压机重心低，有利于液压机的快速动作，适合油压传动，可避免着火。德国 Sack 公司在 1958 年投产 10MN 双柱下拉式快速锻造液压机的生产经验基础上，开始发展四柱下拉式快速锻造液压机，到 1965 年底该公司已制造了 6.3MN、20MN、30MN 下拉式快速锻造液压机，压下速度 100mm/s，精整次数 60~80 次/min，油压直接传动，配备锻造操作机。

图 1-2　世界上第一台双柱下拉式结构快速锻造液压机

20 世纪 60 年代初，英国钢铁协会（BISRA）在实验室进行了 2MN 快速锻造液压机模拟试验，研究快速锻造液压机全液压传动及尺寸控制问题，采用电子数字控制装置，成功实现锻件厚度控制及液压机与操作机的联动控制。

1963 年，英国 Alliance 公司设计制造了一台 8MN 快速锻造液压机，液压泵直接传动，安装有行程与厚度电子控制装置，锻造时能获得 120 次/min 的精整次数。从此以后，快速锻造液压机从驱动形式、本体结构、锻造工艺、精度控制、锻造操作机等进入全面发展时期。

1966 年，Pahnke 设计制造了一套 27MN 快速锻造液压机组，第一次配备两台锻造操作机，提高了自由锻造的生产率。

1970 年，美国 Davy and United 公司制造了一套 18MN 联动式锻造液压机组，机架为整体铸钢框架，6 台轴向柱塞泵组成液压系统，工作压力 35MPa，采用离心泵为主泵供液，配置两台 90kN 全液压锻造操作机。厚度控制装置采用全固态数字电路，锻件尺寸公差不超过 1.5mm。

1971 年，德国 Schloemann 公司为日本大同制钢所设计制造了 26MN 快速锻造液压机和 400kN·m 锻造操作机及其他辅助设备，液压系统采用液压泵直接传动，液压机与操作机一人操作，控制系统为数字控制方式，带有超程修正装置，液压机操作方式有手动、半自动和自动三种。

1973 年，日本石川岛播磨重工与 Schloemann 公司合作生产 6.3MN 液压机与30kN 操作机联动机组，系统装有 Schloemann 公司的自动厚度控制装置。通过齿轮齿条将液压机的升降运动转换为旋转运动，再通过脉冲检测器产生两种不同相位的脉冲传递到数字控制装置，与给定的锻造尺寸及设定行程进行比较，从而实现液压机自动及联动控制。液压机的位置精度可通过超程补偿器自动调整，锻件控制精度达到±1mm。

1975年，Pahnke提出一种新的液压驱动原理，PAHNKE修正正弦直接驱动PMSD（Pahnke Modified Sinus Direct Drive），这种驱动方式不使用控制阀门来控制液压机运动，而是利用该公司可快速响应的RX系列双向变量径向柱塞泵控制液压机的压力、速度和运动方向，使液压机的位移如修正的正弦曲线一样。该驱动系统的特点是运行平稳、无冲击，另一优势是该驱动系统比其他阀控系统节能，与其他类型油压驱动相比，节能可在20%~30%之间。

1976年第一套采用PMSD原理的快速锻造液压机在瑞典投入使用，亚洲第一套采用PMSD原理的快速锻造液压机组于1980年在印度投产，由一台15MN下拉式快速锻造液压机及两台锻造操作机组成，如图1-3所示。

图1-3　15MN下拉式快速锻造液压机组

20世纪70年代末，德国Schloem-Siemag开发出缸动式快速锻造液压机组，如图1-4所示，液压机结构大为简化，运动部分质量轻，有利于快锻动作，快锻时锻造次数可达140次/min。

随着微型计算机和大规模集成电路的发展，计算机迅速进入快速锻造液压机自动化领域，发展了机组微机控制系统。国外著名的锻造液压机制造厂家，如Davy-Loewy、Mannesman DEMAG、Schloem-Siemag、PAHNKE及日本的相关厂家均采用微机控制系统，其系统基本上是多级、多微处理器系统，并

图1-4　缸动式快速锻造液压机组

且属于专用系统。例如，PAHNKE公司及Davy-Loewy公司研制的控制系统，采用了多个子系统，每个子系统控制一个对象，相互之间进行通信，这种方案一直应用到20世纪90年代。例如，20世纪80年代初，日本三菱长崎机工利用德国PAHNKE技术设计制造的两套20MN下拉式快速锻造液压机组，采用多台微型计算机实现液压机锻造尺寸控制及液压机与操作机联动控制，其中一套机组出口到我国。

这一时期的快速锻造液压机液压传动系统主要分为三类：

1）滑阀为主控阀的系统，由 PAHNKE——三菱长崎机工株式会社研制，采用一个闭环控制的大型伺服滑阀来控制流量，其组成的液压系统简单，但难以用在大型快速锻造液压机上。

2）PAHNKE 公司的 PMSD 传动系统，省去了大部分的操纵和控制液压阀，减少了这些阀门建压、卸压时间及节流的能量损耗，传动效率高，液压机压下、回程动作由主泵控制，运动速度与泵的排量精确成比例，液压机反应灵敏，控制精度高，但使用维护要求高。

3）多级插装阀（逻辑阀）系统，由多组多级插装阀（一般为三级阀）完成液压机系统的动作与速度控制，这类系统应用最为广泛，Davy-Loewy、Towler、Mannesman DEMAG、Schloem-Siemag，以及同一时期国内开发的快速锻造液压机组均为这类系统。

20 世纪 80 年代至 20 世纪 90 年代，电液比例技术进一步完善，采用压力、流量、位移内反馈和动压反馈及电校正等手段，电液比例阀的稳态精度、动态响应和稳定性都有了进一步的提高，电液比例技术和插装阀相结合，形成了电液比例插装技术，随后，电液比例插装阀在快速锻造液压机液压系统中得到广泛应用。

同时，随着计算机技术、网络技术和控制技术的发展，PLC 和现场总线技术在快速锻造液压机组控制系统中得到应用，快速锻造液压机的控制系统基本统一到 PLC 与现场总线这种体系结构上。

到目前为止，电液比例插装阀的响应速度、控制精度及流量不断提升，形成了快速锻造液压机系统中广泛使用的比例伺服插装阀（高频响比例插装阀）、锻造阀等，原有的定量泵逐渐被可以任意调节流量的变量泵（比例泵）替代，快速锻造液压机的性能也不断完善及提高；快速锻造液压机控制系统结构也广泛采用工业以太网控制总线，控制器多采用西门子 S7 系列 PLC，控制系统的体系结构更加简单，可靠性及互联互通性更强。

进入 21 世纪后，快速锻造液压机在数控化、高精度化和专业化方向得到了高速发展，随着高性能液压、控制元件的不断问世，快速锻造液压机的速度、精度及可靠性不断提高，目前已成为自由锻造行业的主流装备，具有如下特点：

（1）行业高度集中 国外研制快速锻造液压机组的厂家经过资本重组，目前主要集中在以下几家：①德国 SMS 集团（西马克：Schloemann、Siemag、DEMAG、MEER 等）；②德国 Siempelkamp（辛北尔康普：SPS）；③德国 Wepuko PAHNKE（威普克-潘克）；④美国 Oilgear（奥盖尔：Oilgear Towler。奥盖尔主机采用外协方式完成）；⑤捷克 ZDAS；⑥锻造操作机设计制造厂家有很多，包括 SMS、PAHNKE 等，目前占据市场的仅有德国 DDS、GLAMA 及少部分 ZDAS 锻造操作机。

（2）大型化 各种大吨位快速锻造液压机组满足市场需求。

（3）智能化 具有程序锻造、预测性维护等先进功能。

1.3.2 国内发展概况

锻造液压机的快速化、锻件尺寸控制及与锻造操作机联动控制是 1960 年左右发展起来的技术，主要用于特殊合金钢锻造和提高自由锻造的产品质量、生产率及设备的使用效率。

随着我国国防及民用工业的发展，迫切需要高温合金及其他高合金钢锻件。高合金钢的可锻温度范围比普通碳钢和低合金钢窄，传统的锻造液压机不能满足其工艺要求，而快速锻造液压机适合这类材料的锻造。

1964 年，原中华人民共和国第一机械工业部下达建造与操作机联动的 20MN 快速锻造液压机，为此，西安重型机器研究所与华中科技大学等单位共同开展快速锻造液压机的结构、液压系统、数控装置、操作机、装取料机的试验工作。

1966 年 3 月～1967 年 3 月在华中科技大学进行了 1MN 快速锻造液压机液压传动系统试验：主机采用 1MN 四柱式油压机，液压系统的主要阀门及相应管道按后续 2MN 模拟快速锻造液压机的相应图样制造，主控制阀采用油压接力缸进行快速开启与关闭，尺寸精度和联动锻造采用分立元件组成的数字控制系统，位置控制采用二进制

图 1-5 1MN 快速锻造液压机试验机组

可逆计数器的脉冲计数系统，具有手动、自动和尺寸精度控制，并能与操作机进行自动联动控制，如图 1-5 所示。

在 1MN 快速锻造液压机试验机组中采用铅试件，可以达到 ±1.5mm 的尺寸控制精度，快锻次数达到 100 次/min。

在 1MN 快速锻造液压机的试验基础上，1970 年 1 月至 1971 年 9 月在西安重型机器研究所进行了 2MN 快速锻造液压机试验研究。试验液压机本体采用下拉式结构，试验研究了下拉式结构运动惯性增大及回程缸通常压（空程和加压过程中主缸与回程缸连通为通常压，反之为不通常压）和不通常压等对液压泵直接传动快速锻造液压机的快速性影响，并对不同传动介质的影响，以及快速锻造液压机的发展方向等问题都进行了一定的试验。试验过程中采用铝锭进行锻造试验，快锻次数均可达到 100 次/min 以上。

在上述试验的基础上，西安重型机器研究所 1972 年设计并制造了液压机与操作机联动操作的 20MN 快速锻造液压机组。用 10 台压力为 32MPa、流量为 350L/min 的六柱塞高速轻型泵直接传动，液压机活动横梁位移控制采用二进制可逆计数器的脉冲计数系统。

该 20MN 快速锻造液压机组于 1975 年安装在现攀钢集团江油长城特殊钢有限公司进行应用，由于受当时国内技术水平、基础元器件的限制，机组的可靠性、液压冲击等一系列技术问题无法很好解决，只能勉强使用，无法进行推广。该机组于 20 世纪 90 年代中期拆除。

1975 年华中科技大学承担中华人民共和国机械工业部下达的"锻造液压机自动控制"研究项目，于 1978 年完成并通过鉴定。1979—1980 年开展锻造液压机微型计算机控制研究，在 1MN 试验液压机上，控制系统能按程序自动或半自动操作，也可手动操作，能灵活实现程序锻造，能方便、快速地输入和修改锻造数据；锻造尺寸控制精度为 ±1mm，夹钳旋转角度精度为 ±1°，精整锻造时液压机锻造频次可达 100 次/min 以上，系统工作稳定可靠。在取得试验结果后，与第一重型机器厂合作，从 1981 年开始在 12.5MN 苏式水压机上进行了生产试验，并取得成功。其控制系统以 MEK6800D2 单板微型计算机为基础，并配有盒式磁带录音机、输入键盘等外部设备。

在此工作基础上，1983 年，华中科技大学与西安重型机器研究所、北京重型机器厂、兰州石油化工机械厂等合作，成功研制出达到现代化水平、采用计算机控制的 8MN 快速锻造液压机组。该机组主机采用下拉式结构机架，液压系统采用自行研制的快速电磁阀和国产高压液压泵，控制系统中采用双微机（Z80 单板机）控制，其中一台为主控计算机，另一台为辅助控制计算机，在主控计算机进行控制的同时，辅控计算机进行监测，并能在异常情况下参与控制。该机组于 1987 年开始投产，如图 1-6 所示。

图 1-6　国内第一套 8MN 快速锻造液压机组

由于受当时液压、电气等技术条件限制，机组故障及停机率较高，只能进行不断的技术升级与改造，但仍为我国快速锻造液压机产品的开发奠定了基础。

1992 年，华中科技大学向大冶特殊钢有限公司倡议，由兰州石油化工机器厂与学校合作，为该公司建造一套达到 20 世纪 90 年代初国际水平的 8MN 快速锻造液压机组。通过厂校合作，在总结前期研发成果的基础上，对国外引进的快速锻造液压机进行了充分调研，成功研发出 8MN 快速锻造液压机组产品，于 1995 年 3 月正式投产，并构成目前兰石重工的商品化产品，如图 1-7 所示。

8MN 快速锻造液压机组由一台双柱下拉式整体机架液压机及其液压系统、两台 50kN 有轨锻造操作机、一台四工位砧库、一台 50kN 送料回转车、一套电气和计算机控制系统及与机组配套的公用设施等组成，液压机和操作机可分别进行手动、半自动、自动操作，可以实现液压机与操作机联动。该机组采用国内外最先进的液压、电气元器件，液压系统采用三级插装（逻辑）阀控制，控制系统采用三级分布式控制系统，由工业控制计算机、PLC、80C196 为核心的智能位置控制模板组成，机组具有当时国际先进水平。

图 1-7 国内第一套商品化快速锻造液压机组

同一时期，西安重型机器研究所为河北冶金（河冶科技股份有限公司）开发了一套 8MN 快速锻造液压机组，并于 1995 年 6 月投产。主机采用预应力分体双柱下拉式结构，液压系统主控阀采用多级插装阀，控制系统采用基于 Z80CPU 的 STD 总线工业控制计算机，机组的精度控制采用工业控制机，逻辑信号采用 PLC，并配备微型计算机与管理软件组成上位机管理系统。为提高控制系统的可靠性，配置了两台标准数据总线（STD）工业控制机，采用阴极射线显像管（CRT）显示。两台 STD 工业控制计算机可以同时工作，即一台处于控制状态，另一台处于监控状态，当控制机出现故障时，监控机可以切换控制机继续工作。

1998 年，兰石重工与华中科技大学为满足快速锻造液压机高速高精度的技术要求，并紧跟液压技术、控制技术的发展潮流及趋势，在新开发的 8MN 快速锻造液压机组中对液压系统、电气系统进行创新：液压系统中开始使用大流量比例阀作为系统的主控阀组，采用比例控制系统替代广泛使用的多级插装阀控制的开关系统，将以前的多级插装阀手动调节变成计算机的比例调节，液压系统运行平稳、控制精度好、调试简单；在控制系统中采用 Modbus plus 现场总线系统替代前期的多级分布式控制系统，简化了快速锻造液压机组控制系统的体系结构，提高了系统的可靠性和可维护性。

在开发 10 余套 8MN 快速锻造液压机组的经验积累基础上，2002 年兰石重工与华中科技大学合作，为湖北武汉重型铸锻有限公司开发国内第一套 16MN 快速锻造液压机组，并于 2004 年 8 月投产，如图 1-8 所示。

16MN 快速锻造液压机与 160kN 锻造操作机组成机组，主机为双柱下拉式结构，液压系统采用大通径比例阀，采用基于现场总线的计算机控制系统，锻造

图 1-8 国内第一套 16MN 快速锻造液压机组

频次可达 80 次/min，控制精度±1mm，主要技术指标达到同类产品国际先进水平，

是当时锻压装备中技术含量较高的机、电、液一体化产品。

随着国内经济的高速发展，我国步入钢铁大国，大型锻件、新材料、特殊材料锻件需求增长，要求锻造装备能力向大型化、高端化方向发展的趋势非常突出。研制具有自主知识产权的大型快速锻造液压机组产品，替代进口，满足国内需求是我国锻压装备行业迫切需要解决的问题。

2007 年兰石重工与华中科技大学等承担国家科技支撑计划项目"45MN 大型快速锻造液压机组研制"，通过产学研合作，研制出国内第一套 45MN 快速锻造液压机组，如图 1-9 所示。

45MN 快速锻造液压机组的研制成功，打破了国外在该领域的技术垄断，解决了国内新能源、机车、船舶、航空航天和武器装备等行业关键锻件的制造难题，为国内首创并实现产业化，迅速占领国内大中型高端快速锻造液压机市场。

同一时期，太原重型机械集团有限公司采用德国力士乐技术于 2008 年在中钢集团邢台机械轧辊有限公司投产 80MN 快速锻造液压机组，如图 1-10 所示。液压机采用液压泵直接传动，与 430kN 全液压有轨锻造操作机联机控制，最高镦粗力达到 80MN，热态精整锻造精度达±1mm，锻造频次最高可达 77 次/min，可锻钢锭达 1100kN 以上。

图 1-9　国内第一套 45MN
快速锻造液压机组

图 1-10　国内第一套 80MN
快速锻造液压机组

到目前为止，国内快速锻造液压机组已形成系列产品，兰石重工、西安重型机器研究所、青岛海德马克智能装备有限公司（原青岛华东工程机械有限公司）、太原重型机械集团有限公司、天津市天锻压力机有限公司等可以生产多种规格的快速锻造液压机组产品，机组的液压、电气配置与国外产品基本类似。

1.3.3　国内进口概况

随着我国机械工业、国防工业及航空工业的发展，对优质合金钢、耐热合金钢的需求日益增长，传统的三梁四柱式锻造水压机效率低、自动化程度差，已远不能满足上述要求。当时国内基础工业薄弱，制约了快速锻造液压机在我国的发展，并由此拉开了引进国外快速锻造液压机的序幕。我国从 20 世纪 80 年代初开始引进国外先进快速锻造液压机组，截至 2021 年，共引进近 50 台套快速锻造液压机组。

1）20 世纪 80 年代：我国引进了当时具有世界先进水平的 3 套快速锻造液压机组。

1979 年攀钢集团江油长城特殊钢有限公司（攀长特钢）开始引进日本三菱 20MN 快速锻造液压机组，如图 1-11 所示，于 1983 年正式投产。机组采用 PAHNKE 技术，由日本三菱制造。液压机机架采用整体下拉式结构，配置一台 PAHNKE 125kN 全液压有轨锻造操作机；液压系统为液压泵直接传动，主控阀采用伺服滑阀控制；电气系统采用继电器联锁控制，由 4 套 Z80 单板计算机组成位置闭环系统实现液压机、操作机的位置控制，以及液压机与操作机的联动控制，锻件尺寸控制精度±1mm。是当时国内第一套具有划时代意义的现代化自由锻造装备，为国内快速锻造液压机技术的发展提供了宝贵经验。作者于 2004 年对该机组的液压、电气系统进行了升级改造，目前仍在使用。

图 1-11　三菱 20MN 快速锻造液压机组

1980 年抚顺特殊钢股份有限公司从德国 DEMAG 引进 20MN 快速锻造液压机组，如图 1-12 所示。液压机机架采用分体梁柱下拉式结构，配置一台 120kN 锻造操作机，采用液压泵直接传动，液压系统主控阀采用三级插装阀控制，电气系统采用继电器控制，液压机尺寸控制采用 MC210 微型计算机组成的数字控制系统，采用绝对编码器进行液压机位置测量。

1985 年上钢五厂（宝钢特钢有限公司）从德国 DEMAG 引进 25/30MN 快速锻造液压机组，于 1988 年投产，如图 1-13 所示。液压机采用双柱下拉式结构，本体由上、中、下三根横梁和两根立柱组成，配置一台 150kN 锻造操作机，采用液压泵直接传动，液压系统主控阀采用三级插装阀控制，液压机尺寸控制及操作机控制采用多套 8 位单板计算机组成的控制系统进行控制。

图 1-12　DEMAG 20MN 快速锻造液压机组　　　　图 1-13　DEMAG 25/30MN
快速锻造液压机组

2）20 世纪 90 年代：国内其他特钢企业开始引进国外快速锻造液压机组，这一时期引进对象为德国 PAHNKE 的 PMSD 传动快速锻造液压机组。

1990 年齐齐哈尔北满特钢集团有限公司从 PAHNKE 引进代表当时世界快速锻造液压机发展水平的 16/25/30MN 快速锻造液压机组，于 1992 年投入使用，如图 1-14 所示。主机采用预应力双柱下拉式结构，三个主缸布置在固定梁下面，液压系统采用 PAHNKE 的多台正弦泵（双向变量径向柱塞泵）组成 PMSD 泵控传动系统，配置该公司 120kN、200kN 全液压有轨锻造操作机。锻造精度可达 ±1mm，控制系统采用 5 套 Z80 单板计算机和一台 IBM286 计算机进行控制管理。

内蒙古北方重工业集团有限公司于 1993 年从 PAHNKE 引进了一套 16/25/30MN 下拉式快速锻造液压机组，其配置与上述机组基本相同。

1991 年北京首钢特殊钢有限公司引进一套 PAHNKE 10/12.5MN 快速锻造液压机组，液压机结构为整体下拉式，采用 PMSD 泵控系统，配置一台 30kN 锻造操作机，采用 4 套 Z80 单板计算机组成的控制系统实现液压机与操作机的联动控制。作者于 2000 年对该机组的电气系统进行了现代化改造。

1992 年河南中原特钢股份有限公司引进 PAHNKE PMSD 泵控系统对其 22MN 水压机进行现代化改造，仅保留原水压机主机，液压系统、电气系统采用 PAHNKE 公司最新技术，于 1994 年投产，如图 1-15 所示。

该水压机的电气系统采用西门子 S5-135U PLC 进行液压系统联锁及电动机起动

图 1-14　PAHNKE 16/25/30MN 快速锻造液压机组

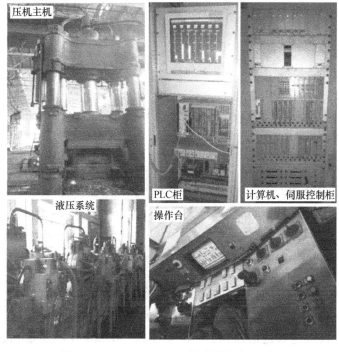

图 1-15　PAHNKE 22MN 快速锻造液压机组

控制，采用以 Z80 单板机为核心的计算机系统进行液压机、操作机动作与位置控制，配有监控显示屏。作者于 2019 年对该机组的电气控制系统进行了升级改造。

3）21 世纪初：随着我国加入世贸组织，我国的国民经济开始腾飞，机械制造、船舶、航空航天、能源等各行业对各种高强材料、新型材料、高性能锻件的需求增加，国内特钢行业、重点锻造企业加快了引进快速锻造液压机的步伐。

2002 年上钢五厂引进德国 SPS 40/45MN 快速锻造液压机，于 2004 年投产，液压机为双柱上压式结构，采用预应力机架，如图 1-16 所示。这是国内引进的第一套预应力双柱上压式快速锻造液压机组，配置 DDS 400kN 全液压锻造操作机，液压系统采用力士乐比例控制变量泵与定量泵组合、高性能比例流量阀，控制系统采用西门子 PLC 实现。

2004 年抚顺特殊钢股份有限公司进口德国 MEER 35/40MN 快速锻造液压机，配备 DDS 300kN 锻造操作机，如图 1-17 所示。液压机主机采用预应力双柱上压式结构，液压系统采用力士乐泵、阀，控制系统采用西门子 PLC 实现。

图 1-16　SPS 40/45MN
快速锻造液压机组

图 1-17　MEER 35/40MN 快速锻造液压机组

2006 年宝鸡有色金属加工厂（宝钛集团有限公司）进口德国 MEER 25MN 快速锻造液压机，配备 GLAMA 锻造操作机，用于钛及钛合金产品的锻造加工，如图 1-18 所示。

2007 年宁波九天重型锻造有限公司引进美国 Oilgear 生产的二手 25MN 缸动式快速锻造液压机，机组安装时，作者对其电气系统进

图 1-18　MEER 25MN 快速锻造液压机组

行了升级改造，如图 1-19 所示。这是国内出现的第一套缸动式结构的快速锻造液压机，国内兰石重工等据此开发了系列缸动式快速锻造液压机组产品。

2008 年宁波通迪重型锻造有限公司投产 Wepuko PAHNKE PMSD 传动的 60/70MN 快速锻造液压机组，配备 DDS 800kN 锻造操作机，该机主工作缸采用单主缸套缸结构，是国内目前唯一采用套缸结构的快速锻造液压机组，如图 1-20 所示。

2009 年中原特钢股份有限公司引进 MEER 50MN 快速锻造液压机投产，该机配套一台 DDS 450kN 锻造操作机，最高精整频次 140 次/min，配备锻造工艺软件，

图 1-19 Oilgear 25MN 缸动式
快速锻造液压机组

图 1-20 Wepuko PAHNKE 60/70MN
套缸式快速锻造液压机组

可以根据材料尺寸，自动生成锻造道次程序，并具备远程诊断功能。

4）2010 年至今：我国迎来了快速锻造液压机的引进高峰，国内进口及合作生产了 20 多套快速锻造液压机组。

2010 年南京迪威尔高端制造股份有限公司 30/35MN 快速锻造液压机投产，主机由太原重型机械集团有限公司制造，液压及电气系统由 Oilgear 设计、制造及调试，配置 DDS 锻造操作机。

西部金属材料股份有限公司投产 25MN 快速锻造液压机组，液压及电气为 Oilgear 提供。

武汉重工铸锻有限公司进口韩国 HBE 80/90MN 快速锻造液压机投产，配备 ZDAS 1000kN 全液压锻造操作机，主机采用传统三梁四柱式结构，液压机回程采用回程机架实现，如图 1-21 所示。

重庆长征重工有限责任公司 63/70MN 快速锻造液压机投产，主机由太原重型机械集团有限公司制造及安装，液压及电气系统由 Oilgear 设

图 1-21 HBE 80/90MN 传统结构快速锻造液压机组

计、制造及调试，600kN 锻造操作机由山西忻州五台山锻压设备有限公司配套。

吉林昊宇石化电力设备制造有限公司投产 Wepuko PAHNKE 30/35MN、80/100MN 快速锻造液压机组（后拆迁到烟台台海玛努尔智能装备有限公司）。

2011 年攀钢集团江油长城特殊钢有限公司进口 ZDAS 45/50MN 快速锻造液压

机投产，配置一台 DDS 600kN 锻造操作机。

湖南金天钛业科技有限公司投产辛北尔康普 40/45MN 快速锻造液压机，配两台 GLAMA 180kN、360kN 锻造操作机。

重庆焱炼重型机械设备股份有限公司 80MN 快速锻造液压机投产，主机由太原重型机械集团有限公司制造、安装，液压及电气系统由 Oilgear 设计、制造及调试，1000kN 锻造操作机由太原重型机械集团有限公司配套。

中信重工机械股份有限公司进口 Wepuko PAHNKE 165/185MN 液压机投产，配备 DDS 2500kN 锻造操作机。

2012 年为我国投产进口快速锻造液压机组最多的一年。

二十二冶集团精密锻造公司投产 31.5MN 快速锻造液压机，液压及电气为 Oilgear 产品。

宝钛集团有限公司进口 Wepuko PAHNKE 80/100MN 快速锻造液压机组投产，机组配置一台 GLAMA 250kN 锻造操作机，主机采用多拉杆预应力双柱下拉式结构，液压系统为 PMSD 传动系统，是目前国内最大的双柱下拉式快速锻造液压机组，也是国际钛行业锻造力最大和同级别速度最快的快速锻造液压机组，如图 1-22 所示。

图 1-22　Wepuko PAHNKE 80/100MN 双柱下拉式快速锻造液压机组

二重集团（德阳）重型装备股份有限公司投产 60/80MN 快速锻造液压机组，主机自己设计、制造、安装，液压及电气由 Oilgear 提供及调试。

抚顺特殊钢股份有限公司、大连特殊钢有限责任公司分别进口德国辛北尔康普 31.5/35MN、35/40MN 快锻液压机组投产，图 1-23 为抚顺特殊钢股份有限公司 31.5MN 快速锻造液压机组。

图 1-23　辛北尔康普 31.5/35MN 双柱上压式快速锻造液压机组

唐山建龙特殊钢有限公司投产 ZDAS 45/50MN 快速锻造液压机组，机组配置 DDS 600kN 锻造操作机。

江苏苏南重工机械科技有限公司投产 60/66MN 快速锻造液压机组，主机由上海电气集团股份有限公司制造，液压与电气系统由 Oilgear 设计、制造及调试。

宝钢特钢有限公司投产 MEER 55/60MN 快速锻造液压机组。

建龙北满特殊钢有限责任公司进口 MEER 60/70MN 快速锻造液压机组，机组最终没有安装，2020 年在无锡派克新材料科技股份公司完成安装并投产。

大连特殊钢有限责任公司投产 MEER 80/100MN 快速锻造液压机组，配置 DDS 1000kN 全液压锻造操作机，如图 1-24 所示。

2013 年江苏苏南重工机械科技有限公司 120/140MN 液压机投产，主机由捷克 TS 设计制造，液压及电气系统由 Oilgear 提供。

2014 年山东南山铝业股份有限公司投产 Wepuko PAHNKE 20/25MN、48/60MN 双柱下拉式快速锻造液压机，均配置一台 DDS 锻造操作机。

2015 年江苏天工集团有限公司投产 Oilgear 45/50MN 快速锻造液压机组，配置 GLAMA 400kN 锻造操作机，液压机为三梁四柱上压式结构，液压机活动横梁采用外置四回程缸形式，如图 1-25 所示。

图 1-24　MEER 80/100MN　　　　　图 1-25　Oilgear 45/50MN 快速锻造液压机组
快速锻造液压机组

随着我国航空、航天、电力、船舶等产业的不断升级，对高合金含量的大型锻件和锻材的需求大幅增加，对锻造装备提出更加严格要求，近几年我国又掀起一波进口国外快速锻造液压机的高潮。

2017 年中信重工机械股份有限公司投产 Wepuko PAHNKE 50MN 快锻液压机。

2019 年西部超导材料科技股份有限公司投产 SMS 63/80MN 预应力双柱上压式快速锻造液压机，配置两台 GLAMA 250kN 锻造操作机。

2020 年大冶特殊钢有限公司进口 SMS 50/60MN 快速锻造液压机投产，该机配置 DDS 600kN 和 200kN 锻造操作机。主机采用四柱预应力上压式结构，采用回程机架进行回程，如图 1-26 所示。江苏隆达超合金股份有限公司投产辛北尔康普 45/50MN 快速锻造液压机，配两台 GLAMA 80kN、150kN 锻造操作机。

四川六合特种金属材料股份有限公司（四川六合锻造股份有限公司）进口 SMS 50/55MN 快速锻造液压机投产，配套两台 GLAMA 250kN 锻造操作机。液压机采用三梁双柱预应力结构，活动横梁采用 X 形形式，回程缸安装在液压机正面，如图 1-27 所示。

图 1-26　SMS 50/60MN 快速锻造液压机组　　　图 1-27　SMS 50/55MN 快速锻造液压机组

抚顺特殊钢股份有限公司与辛北尔康普签订进口 60/70MN 四柱上压式快速锻造液压机组。

中航上大高温合金材料股份有限公司引进 Wepuko PAHNKE 50/60MN 四柱下拉式快锻液压机，如图 1-28 所示。

南京迪威尔高端制造股份有限公司向 Oilgear 订购一套 70MN 快速锻造液压机产品。

图 1-28　Wepuko PAHNKE 50/60MN
四柱下拉式快速锻造液压机组

2021 年，攀钢集团江油长城特殊钢有限公司、西部超导材料科技股份有限公司、湖南湘投金天钛业科技股份有限公司分别订购辛北尔康普一套 31.5/35MN、45/50MN、45/50MN 快速锻造液压机，江苏天工集团有限公司订购一套 Oilgear 70MN 快速锻造液压机产品，陕西天成航空材料有限公司订购一套 SMS 100MN 四柱下拉式快速锻造液压机。

1.4 发展趋势

快速锻造液压机组综合应用了机械、液压、电子、自动控制、网络通信、传感检测、信息处理、计算机及软件编程技术，是机、电、液一体化的高技术装备，具有装机功率高、能耗大、技术复杂等特点。随着生产竞争的加剧，对快速锻造液压机组的经济性、可靠性、生产率等要求不断提高，同时各种新技术的发展也促使快速锻造液压机组不断进步、发展。

目前，快速锻造液压机组的主要发展趋势有以下几个方面：

1. 绿色设计，研制高效节能快速锻造液压机组

快速锻造液压机组锻造速度快，液压系统输出流量大，以前阀控型快速锻造液压机依靠各种控制阀进行流量调节，阀口节流造成能量损失大，浪费能源。如近期SMS 推出的几套快速锻造液压机，液压系统所有的主泵均采用比例控制变量泵，通过比例泵输出流量来调节液压机的运行速度，使液压机处于停止状态时，基本不输出流量，尽量减少系统的能量损失。

辛北尔康普智能动力系统 iPS（intelligent Power System）根据工况控制液压泵的输出，提高液压机对能量效率的新需求，其获得专利的驱动系统已经在实践中证明其节能高达 30%。

在作者开发的 35MN 上压式快速锻造液压机组中，将机组液压系统的传统平面布置方式，根据系统功能进行立体布置，如图 1-29 所示，缩短了系统中液体压力能的传输距离，减少了传输过程中的沿程损失和局部损失，提高了压力能的传输效率和响应速度。

快速锻造液压机组设计时需考虑各种复杂工况，对增加装机容量、降低装机功率、减少无功损失，具有现实意义。DDS、GLAMA、ZDAS

图 1-29 立体布置的 35MN 上压式快速锻造液压机组

等在锻造操作机中，均配置大容量的蓄能器组，动作时泵与蓄能器组一起提供能量，不仅降低了装机功率，而且能提高动作响应速度，还能缓冲液压冲击。

在作者开发的 35MN 快速锻造液压中，主泵系统配置部分蓄能器，工作时主泵与蓄能器按叠加供液方式为系统供液，减少主泵数量，降低装机功率及运行成本。

2. 能量回收利用，提高快速锻造液压机组的能量利用率

快速锻造液压机组为大质量惯性负载，多种能量可进行回收再利用。如 2018 年 DDS 开发出第一台安装能量回收系统（Energy Recovery System，ERS）的锻造操作机，如图 1-30 所示，能量回收系统有助于节省高达 70% 的先前驱动机器所需的能量，机器消耗的总能量减少 30%。

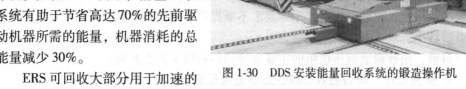

图 1-30　DDS 安装能量回收系统的锻造操作机

ERS 可回收大部分用于加速的能量，从而使锻造操作机的能量消耗保持在非常低的水平。

作者在开发快速锻造液压机组时，利用液压机做功后的液压能进行冷却，省去系统中用于油液冷却的电动机及液压泵。图 1-31 所示为 13MN 快速锻造液压机组应用现场图，将液压机卸载后排出的油液，通过缓冲罐减压稳压后引入冷却器进行冷却，替代常规系统中所需的 22kW 冷却电动机及冷却液压泵，降低了系统能量消耗及运行成本，提高了能量利用率。

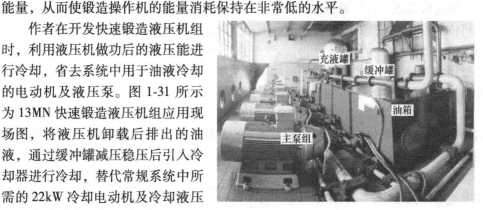

图 1-31　利用回收能量进行液压系统油液冷却

3. 基于大数据的状态监测系统，开展快速锻造液压机智能预测性维护

快速锻造液压机组系统中检测、控制、执行元器件及部件多，锻造过程中对其可靠性要求高，应对机组的状态进行实时监测与分析，通过预测性维护确保机组正常运行，减少停机时间并延长机组正常使用周期。

如 Oilgear 为快速锻造液压机提供了一套智能监控及预测解决方案，从液压系统的泵、阀、传感器中获取数据，采用基于知识或数据驱动分析的方法进行状态检测，依据一定模型进行健康评估，预测机组的故障及剩余寿命，实现预防性维护。

辛北尔康普快速锻造液压机状态监测系统"magic eye"，监测液压系统的性能数据：主过滤器、阀门、密封件、机械导向系统、冲击运动、辅助运动、主泵及液压介质等，基于大数据分析，推进过程优化、风险控制和预测性维护，为使用人员提供机组状态和潜在风险提示，可在潜在风险出现前采取预防措施，消除停机时间，提高设备利用率，降低维护成本。

SMS 目前快速锻造液压机多配备"IBA"实时数据采集系统，在锻造过程中捕

捉所有目标和实际参数，当发生故障时，SMS 专家可以分析机器状况和运行数据，并立即进行远程故障诊断。

Wepuko PAHNKE 基于工业 4.0，使用 Profinet 和 IO-Link 总线，能实现各种设备的快速安装、快速调试和维护，可以通过互联网访问（远程维护）最小的设备（如压力传感器），智能传感器能够预测其故障，可以有效减少机器故障。

4. 开发程序锻造功能，实现智能制造，提高生产率

快速锻造液压机组能实现位置控制、按道次进行自动控制，对一些较为规范的锻件进行程序自动锻造，是技术发展的必然趋势。快速锻造液压机进行程序锻造，需要研发智能锻造工艺软件，即计算机辅助智能锻造系统，能根据坯料的初始状态、最终成形尺寸、材料性能参数等自动生成锻造工艺数据；当控制系统按此工艺数据进行自动锻造时，不仅能获得所需的形状，而且内部组织性能也满足要求。

SMS 快速锻造液压机配有 Forge Base 智能技术包，能自动生成锻造道次数据，可使液压机以最高速度和成本效益进行自动运行。国外其他厂家也配有类似的工艺软件。

由于锻造道次数据与锻件最终的组织性能密切相关，单纯按形状变化生成锻造道次数据，对多道次锻造、不同材料、不同规格、不同温度范围的锻件效果差别大，快速锻造液压机的程序锻造应用不理想。我国还缺乏这方面软件包，需研发基于锻件内部组织性能的智能锻造道次数据生成工艺软件包，真正实现快速锻造液压机的程序锻造功能。

5. 与时俱进应用新技术，提升快速锻造液压机组性能

2020 年 SMS 在德国投入运行的 31.5/34MN 快速锻造液压机，如图 1-32 所示，首次在快速锻造液压机中安装了增材制造的液压阀块。3D 打印不仅可以设计通道、优化流量，而且由于设计更加紧凑，可以减少安装空间和质量，SMS 设计并由铝合金制成的 3D 打印液压阀块的质量仅为传统设计钢部件的十分之一。

阀块放大图

图 1-32　快速锻造液压机组上采用 3D 打印液压阀块

第②章

本体结构

快速锻造液压机本体部分包括主机、移动工作台、横向移砧装置及其他附属装置。在几十年的发展过程中，快速锻造液压机的移动工作台、横向移砧装置等机械部分没有发生太大变化，但其主机结构变化较大。快速锻造液压机的主机结构从传动方式上分有下拉式、上压式（包括缸动式）；从结构形式上分有双柱式、四柱式；从主机机架组成形式上分有整体式、梁柱式、预应力组合框架式；从主机主要结构件制造方式上分有铸钢式和板焊式等多种类型。

2.1 主机结构

快速锻造液压机由工作液压缸驱动装有上砧的运动部件来完成从坯料到锻件的成形过程，成形时全部变形力作用在主机结构上。主机结构除承受锻造变形力外，还要承受因偏心锻造产生的弯矩及锻造生产过程中交变载荷对其影响，快速锻造液压机对其主机结构的强度、刚度等要求较高。另外，在生产过程中需要锻造操作机、装出料机、送料回转车、锻造工装等协同工作，因此，快速锻造液压机采用不同的主机结构、布置来满足锻造生产要求。

快速锻造液压机的主机结构主要有两种类型：双柱式和四柱式。双柱式结构液压机采用斜置式布置（一般采用35°左右斜置）。图 2-1 所示是两

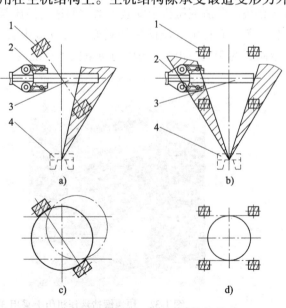

图 2-1 双柱式结构与四柱式结构工艺对比
1—立柱 2—操作机钳口 3—锻件 4—操作台

种类型压机的工艺对比图，图 2-1a、b 所示分别为双柱式、四柱式结构液压机的视角范围，图中阴影部分为操作者盲区，双柱式结构操作视野明显优于四柱式结构；在相同吨位下，双柱式结构液压机（见图 2-1c）比四柱式结构液压机（见图 2-1d）能够为饼件、环件的锻造提供更多的空间，同时双柱式结构更利于锻造工装、天车、无轨装取料机等的投入；双柱式结构液压机由于立柱截面大、倾斜布置，锻造操作机钳口的转动空间比四柱式液压机小。在快速锻造液压机的实际应用中，双柱式结构液压机的数量多于四柱式结构压机。

2.1.1 双柱式结构

双柱式结构液压机根据吨位大小有多种结构形式，中小型快速锻造液压机以下拉式结构为主，也有部分小吨位液压机采用缸动式结构，大中型快速锻造液压机多采用上压式结构。

1. 双柱下拉式结构

下拉式结构是早期快速锻造液压机的主要结构形式，可分为双柱下拉式和四柱下拉式，其特点是液压机的主要工作部分在地面以下，对厂房的高度要求低。目前绝大多数下拉式压机采用双柱下拉式结构。图 2-2 所示为双柱下拉式快速锻造液压机的组成结构。

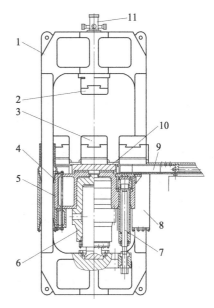

固定梁 5 安装在地基基础上有预埋钢结构件的水泥浇筑基础（简称基础）上，主缸 6 的缸体固定在固定梁 5 上，主缸柱塞通过球铰与机架 1 的下端连接，两个回程缸 7 的缸体对称安装在固定梁 5 上，活塞杆与机架 1 下端连接。固定梁 5 上安装有移动工作台 10、横向移砧装置 9，机架 1 上端装有用于上砧快换的上砧锁紧及旋转装置 11。

图 2-2 双柱下拉式快速锻造液压机的组成结构
1—机架 2—上砧 3—下砧 4—导向装置
5—固定梁 6—主缸 7—回程缸 8—导套
9—横向移砧装置 10—移动工作台
11—上砧锁紧及旋转装置

液压控制系统使主缸 6 进压力油、回程缸 7 排油，主缸 6 的柱塞伸出，拉动机架 1 向下运动，从而带动固定在机架 1 上端的上砧向下动作，对置于下砧上的坯料进行成形；主缸 6 排油，回程缸 7 进油，回程缸活塞上升，带动机架 1 完成上升动作。

图 2-3 所示为双柱下拉式快速锻造液压机主机平面布置。移动工作台 1 与横向

移砧装置 3 垂直布置，机架 2 与横向移砧装置 3 呈 30°~35°倾斜布置，操作台与横向移砧装置 3 在一条直线上。

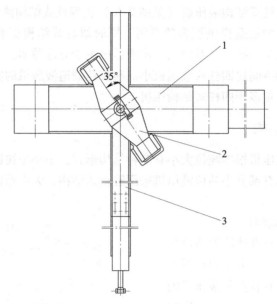

图 2-3 双柱下拉式快速锻造液压机主机平面布置
1—移动工作台 2—机架 3—横向移砧装置

采用这种结构形式的中大型快速锻造液压机，多采用三个主工作缸布置，回程缸则移至地面布置。对于大吨位的下拉式液压机，其运动部分质量大，液压控制系统高速换向困难，影响液压机的锻造频次，这类大吨位液压机多设置平衡缸，利用平衡缸抵消运动部分的质量，减小部分运动惯性的影响。

图 2-4 所示为带平衡缸双柱下拉式快速锻造液压机。下横梁 2、立柱 8、上横梁 11、拉杆 13 及锁紧螺母 12 组成预应力机架，平衡缸 1 用来平衡机架的质量，回程缸 10 安装在地面，主缸 3 根据吨位大小按一个或三个配置，其工作原理同整体机架式。

双柱下拉式结构快速锻造液压机地面以上部分高度小，重心低，液压机快锻时稳定性好，抗偏心载荷能力强；主工作缸在地面以下，因故障造成的液压油泄漏不易着火，锻造生产时比较安全。但这种结构的液压机运动部分质量大、惯性大、基础深。

2. 双柱上压式结构

上压式结构的特点是机组的主要工作部分在地面以上，液压机重心较高，抗偏载能力有限，对厂房高度有要求。图 2-5 所示为回程缸在下部的双柱上压式快速锻造液压机的结构，下横梁 1、立柱 2、上横梁 5、拉杆 8、锁紧螺母 7 将上、下横梁和立柱组成预应力机架，活动横梁 4 安装在上、下横梁之间，利用立柱进行导向。

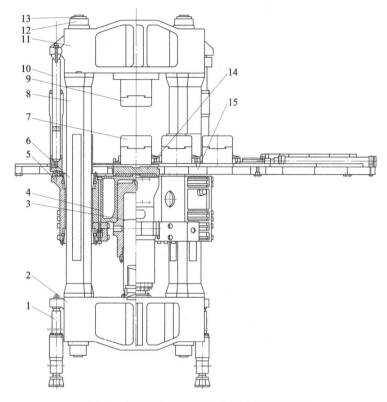

图 2-4　带平衡缸双柱下拉式快速锻造液压机

1—平衡缸　2—下横梁　3—主缸　4—固定梁　5—导套　6—导向装置　7—下砧　8—立柱

9—上砧　10—回程缸　11—上横梁　12—锁紧螺母　13—拉杆　14—移动工作台　15—横向移砧装置

主缸 6 的缸体安装在上横梁上，柱塞与活动横梁相连，回程缸 3 的缸体与活塞杆分别与活动横梁及固定梁连接。当主缸进油、回程缸排油时，主缸驱动活动横梁下行，利用安装在活动横梁上的上砧 9 对下砧 10 上的坯料成形；当主缸排油，回程缸进油时，回程缸驱动活动横梁上行。回程缸 3 的缸体既可安装在活动横梁上，使缸体运动，也可安装在下横梁上，使活塞杆运动。

双柱上压式结构液压机多采用三个主缸，采用三个等径缸或中间大、两边小的配置；对于小吨位的液压机，一般采用单主缸配置；也有大型液压机采用单主缸（套缸）的结构。

双柱上压式结构液压机的回程缸多设置在下横梁与活动横梁之间，这种结构易于维护，但回程缸只能在机架侧面安装，增大了机架特别是活动横梁质量，占用液压机下部结构位置和生产空间。也有部分液压机将回程缸缸体安装在上横梁上，活塞杆与活动横梁连接，活动横梁结构紧凑，质量较轻，且不占用下部空间，如图 2-6 所示。

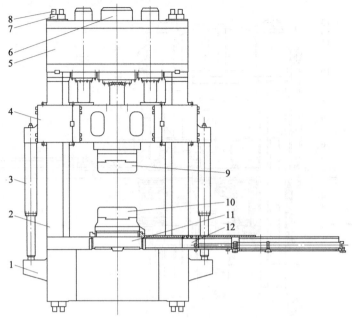

图 2-5 回程缸在下部的双柱上压式快速锻造液压机结构

1—下横梁 2—立柱 3—回程缸 4—活动横梁 5—上横梁 6—主缸 7—锁紧螺母
8—拉杆 9—上砧 10—下砧 11—移动工作台 12—横向移砧装置

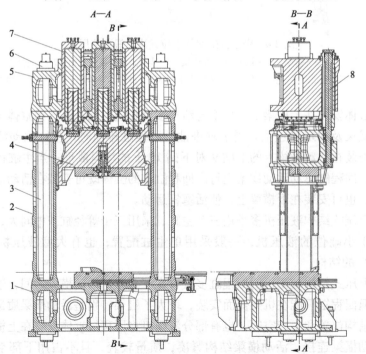

图 2-6 回程缸在上部的双柱上压式快速锻造液压机

1—下横梁 2—立柱 3—拉杆 4—活动横梁 5—上横梁 6—锁紧螺母 7—主缸 8—回程缸

3. 缸动式结构

缸动式液压机也属上压式传动，在快速锻造液压机上多采用双柱式结构，其特点是运动部分为主缸的缸体，一般在小型快速锻造液压机上应用。图2-7所示为缸动式快速锻造液压机结构，主机结构分为两部分，双柱式整体机架2为主机架，主机架2与上横梁8、立柱套6、四根拉杆7、锁紧螺母9组成预应力副机架，两者构成一个完整的机架。主缸柱塞11安装在上横梁8上固定不动，主缸5缸体安装在主机架2中，主缸缸体上端装有小横梁10，小横梁10与固定在主机架2上的回程缸13的柱塞相连。当高压油通过主缸柱塞11进入主缸5时，主缸缸体沿主机架2内部平面导向4向下运动；当主缸5排油，回程缸13进油时，回程缸柱塞12伸出，通过小横梁10带动主缸缸体向上运动。

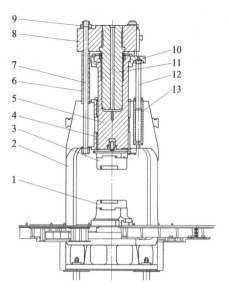

图2-7 缸动式快速锻造液压机结构

1—下砧 2—主机架 3—上砧 4—导向
5—主缸 6—立柱套 7—拉杆 8—上横梁
9—锁紧螺母 10—小横梁 11—主缸柱塞
12—回程缸柱塞 13—回程缸

缸动式液压机工作时主缸缸体在主机架内做往复运动，没有活动横梁。主机架为整体铸造双柱式机架，副机架为梁柱式预应力机架。

缸动式液压机的活动部分质量轻，运动惯量小，快锻时控制相对容易，容易实现较高的锻造频次；这种结构液压机的导向在液压机上部，锻造氧化皮等不易损伤导向面；主缸柱塞的密封部分也在机器上部，锻造时高温热辐射影响小，密封的使用寿命长，同时维修及更换密封较其他类型液压机方便；缸体与机架之间的运动导向为X导向结构，且导向距离长，高频次锻造时运行平稳。

2.1.2 四柱式结构

四柱式结构液压机又称三梁四柱式液压机，三梁四柱式液压机的机架在快速锻造液压机中有两种形式：一种是预应力组合机架，另一种是普通的梁柱组合机架，应用较多的是预应力组合机架。四柱式结构在快速锻造液压机中应用虽然没有双柱式结构广泛，但在板焊结构的快速锻造液压机中应用较多，在大型快速锻造液压机中也有一定应用。四柱式结构的视角范围没有双柱式好，但其结构抗偏载稳定性比双柱式好。

四柱式结构目前多应用在上压式液压机中，仅有极少数用在下拉式液压机上。

中小型四柱式结构液压机多采用板焊式结构，其工作空间受立柱间距限制，回程缸部件多布置在液压机上部；中大型四柱式液压机采用铸造机身，回程缸部件既能安装在机身下部，也能安装在机身上部。

图 2-8 所示为回程缸安装在上横梁立柱之间的四柱式快速锻造液压机结构，上、下横梁及活动横梁、立柱均为焊接结构。主缸 9 可根据液压机吨位大小采用单主缸或三主缸配置，回程缸 8 一般安装在机身结构之间。

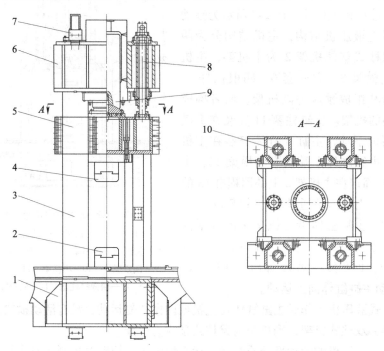

图 2-8　回程缸安装在上横梁立柱之间的四柱式快速锻造液压机结构

1—下横梁　2—下砧　3—立柱　4—上砧　5—活动横梁　6—上横梁
7—锁紧螺母　8—回程缸　9—主缸　10—拉杆

大型四柱式快速锻造液压机上横梁、活动横梁位于立柱间的空间被主工作缸占用，回程缸只能安装在机身侧边。图 2-9 所示为采用回程机架的四柱式快速锻造液压机结构。回程缸 15 缸体固定在上横梁 14 上，回程拉杆 11 下部与活动横梁 6 固定，上部与回程横梁 9 连接，两者组成一固定框架。回程缸柱塞 10 也与回程横梁 9 连接。当回程缸 15 进油、主缸 7 排油时，回程缸柱塞 10 伸出，通过回程拉杆 11 带动活动横梁 6 上升；当主缸 7 进油，回程缸 15 排油时，活动横梁 6 下行，带动回程拉杆 11 使回程缸柱塞 10 缩回。

对于活动横梁为内嵌式结构（活动横梁位于四立柱间）的大型四柱式快速锻造液压机，活动横梁质量相对较小，采用一对回程机架即能满足回程力的要求。对于活动横梁为外包式结构（活动横梁从外面包裹住立柱）的大型快速锻造液压机，活动横梁尺寸大、质量大，多设置四个回程缸来满足回程力的要求，在液压机的同一侧面采用两组回程机架来实现回程动作，如图 2-10 所示。

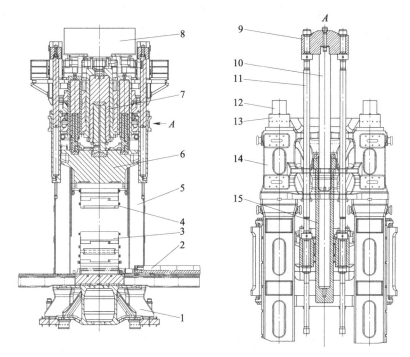

图 2-9 采用回程机架的四柱式快速锻造液压机结构

1—下横梁 2—横向移砧装置 3—下砧 4—上砧 5—立柱 6—活动横梁 7—主缸 8—高位油箱
9—回程横梁 10—回程缸柱塞 11—回程拉杆 12—拉杆 13—锁紧螺母 14—上横梁 15—回程缸

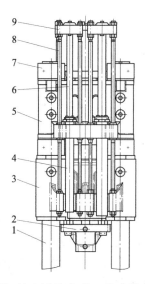

图 2-10 安装两组回程机架的四柱式快速锻造液压机

1—立柱 2—上砧 3—活动横梁 4—回程缸 5—上横梁
6—回程缸柱塞 7—锁紧螺母 8—回程拉杆 9—回程横梁

大型四柱式快速锻造液压机的回程机架布置在上部，生产操作空间不受影响，但其上部结构复杂，维护要求高，也有大型液压机将回程缸布置在下部，如图2-11所示，四个回程缸2分别布置在立柱3的侧边，这种结构回程缸容易维护，但需做好保护，防止使用过程中车间设备的碰撞。

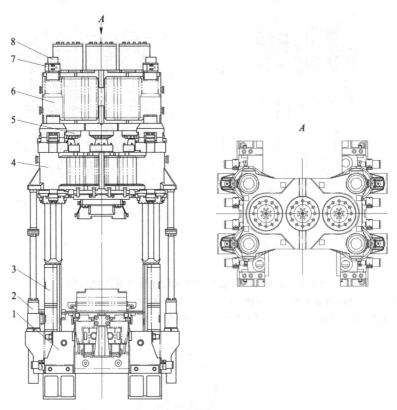

图 2-11 回程缸布置在下部的四柱式快速锻造液压机

1—下横梁 2—回程缸 3—立柱 4—活动横梁 5—主缸
6—上横梁 7—锁紧螺母 8—拉杆

2.2 主机机架形式

快速锻造液压机工作时受力结构为主机机架，主机机架是液压机最重要的机械结构及部件，承受工作时的变形抗力及偏心锻造的弯矩，其刚度与强度不仅影响液压机的成形精度及寿命，甚至影响液压机工作的稳定性、平稳性，其结构形式、结构设计在实际应用中不断改进和发展。

快速锻造液压机主机机架组成有整体式、预应力组合式、梁柱式三种，均可在下拉式液压机、上压式液压机中应用。

2.2.1 下拉式机架

下拉式机架应用在下拉式快速锻造液压机上，机架有整体式、预应力组合式和梁柱式三种，目前多采用双柱式结构。

1. 整体机架

下拉式整体机架结构如图 2-12 所示。采用铸钢整体铸造，上、下横梁和立柱铸造成一体，立柱截面为矩形，立柱和横梁的接触处可做成理想形状，整体刚度好，受力变形小；立柱部分为实心结构，受热辐射后不产生大的局部热应力。整体机架形状简单，导向良好，使用安全，但对铸造质量要求较高，加工、运输困难；同时，整体机架组成的下拉式快速锻造液压机，其运动部分质量大，液压机换向困难，一般多在中小型快速锻造液压机中使用。

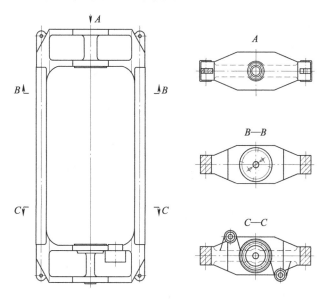

图 2-12 下拉式整体机架结构

2. 梁柱机架

整体式机架对铸造质量要求高，同时制造成本高，运输困难，因而在部分中小型下拉式快速锻造液压机中采用梁柱式结构，以降低制造成本，但这种结构在使用过程中交变载荷的作用下容易松动，其结构如图 2-13 所示。上、下横梁采用铸钢铸造，立柱采用合金钢锻件，立柱中间的工作区间加工成方形，便于安装平面导向装置。立柱 2 与上横梁 4、下横梁 1 之间采用锥形衬套 3 过渡连接，采用锁紧螺母5 进行紧固。

3. 预应力组合机架

中大型下拉式快速锻造液压机主机机架一般采用预应力组合机架结构，如图

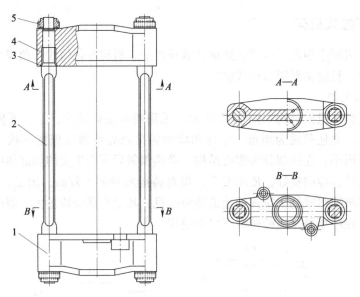

图 2-13　下拉式梁柱机架结构

1—下横梁　2—立柱　3—衬套　4—上横梁　5—锁紧螺母

2-14 所示。上横梁 4、下横梁 1 之间由空心立柱 2 支撑，立柱与上、下横梁之间以键定位，中间通过高强度拉杆 3、锁紧螺母 5 进行预紧。上、下横梁及立柱为铸钢件，拉杆采用高强度材质锻件。立柱承受压应力，拉杆承受拉应力，这种预应力结构可以保证液压机使用时的强度与刚度。

　　在大吨位下拉式快速锻造液压机中，由于运动部分质量太大，一般需配置平衡缸，平衡缸与蓄能器相通，利用蓄能器的油液压力来平衡运动部分的部分质量，提高大质量活动横梁的高速换向性能。

2.2.2　上压式机架

　　上压式机架有预应力组合机

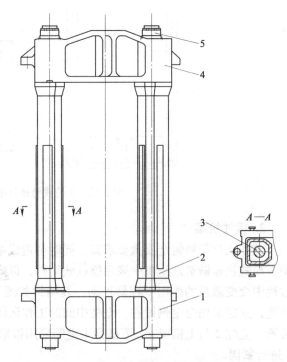

图 2-14　下拉式预应力组合机架结构

1—下横梁　2—立柱　3—拉杆　4—上横梁　5—锁紧螺母

架和梁柱组合机架两种。预应力组合机架有双柱式和四柱式两种结构形式，梁柱组合机架为四柱式结构形式。

1. 双柱预应力组合机架

双柱预应力组合机架在各种吨位的快速锻造液压机中应用，采用拉杆、紧固装置将上、下横梁和立柱组合成一个固定框架，工作时拉杆仅承受拉应力，立柱承受偏心锻造时的弯曲应力。这种结构提高了机架的疲劳寿命和整体刚度，容易加工、运输，安装方便，工作可靠。

机架的立柱均为空心结构，形状为矩形，采用平键或对中环进行立柱与上、下横梁的定位。拉杆的数量有单拉杆、双拉杆和多拉杆。图2-15所示为单拉杆双柱预应力组合机架结构。

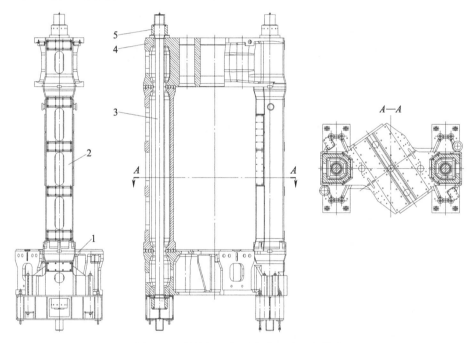

图2-15 单拉杆双柱预应力组合机架结构

1—下横梁 2—立柱 3—拉杆 4—上横梁 5—锁紧螺母

图2-16所示为双拉杆双柱预应力组合机架结构。

单边多根拉杆组合预应力机架，一般采用内侧拉杆数量多、外侧拉杆数量少的布置形式，图2-17所示为多拉杆双柱预应力组合机架结构。

2. 四柱预应力组合机架

四柱预应力组合机架结构如图2-18所示，四根立柱，每根立柱采用单根拉杆、螺母进行预紧。立柱可以是中空方形，也可是中空圆柱，但中间工作段加工为方形形状。

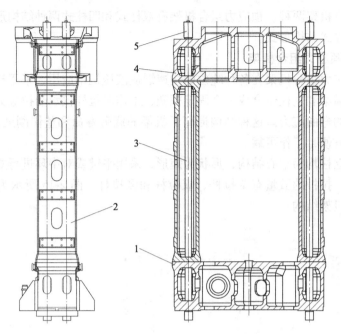

图 2-16　双拉杆双柱预应力组合机架结构
1—下横梁　2—立柱　3—拉杆　4—上横梁　5—锁紧螺母

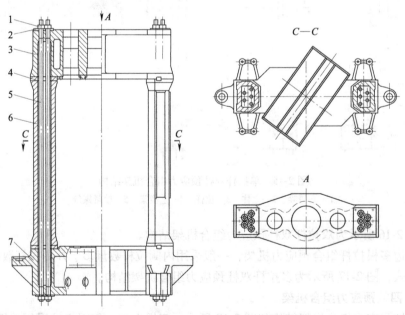

图 2-17　多拉杆双柱预应力组合机架结构
1—锁紧螺母　2—垫板　3—上横梁　4—平键　5—拉杆　6—立柱　7—下横梁

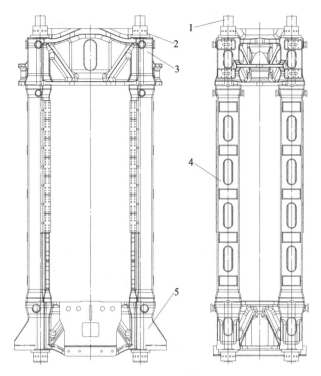

图 2-18　四柱预应力组合机架结构
1—拉杆　2—锁紧螺母　3—上横梁　4—立柱　5—下横梁

3. 梁柱组合机架

梁柱组合机架是一种传统机架，与传统水压机的机身结构基本相同。图 2-19 所示为四柱梁柱组合机架结构，四根立柱 3 为圆柱形（也可为方形），每根立柱使用四个螺母 2 将上横梁 1、下横梁 5 组成一个超静定机架。

下横梁 5 固定在基础上，立柱 3 工作时如同插入下横梁中的悬臂梁，当液压机紧固螺母松动时，则造成机架晃动，立柱在锻造时既承受拉应力，又承受偏心锻造的弯矩，受力状态复杂，在生产过程中的冲击疲劳载荷作用下，下横梁上边螺母处易折断。安装时四根立柱的预紧力很难完全一致，四根立柱在液压机加载后的倾斜度及卸载后的回弹量也不相等，容易增加液压机的摇晃。采用圆形立柱时立柱的外径与活动横梁的导向套内径不等径，两者理论上为线接触，在偏心载荷作用下，导向磨损快、间隙增大，活动横梁平稳性差，导致工作缸的密封、导套承受大的侧向力，使用寿命缩短，影响液压机的正常生产。目前四柱梁柱组合机架立柱与活动横梁接触部位多加工为方形，安装平面导向装置。这类液压机在锻造时由于立柱存在弹性变形，锻件精度不易控制。

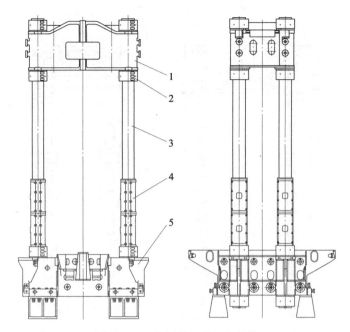

图 2-19　四柱梁柱组合机架结构
1—上横梁　2—螺母　3—立柱　4—保护套　5—下横梁

2.3　主要部件结构及装配形式

下拉式快速锻造液压机主机运动部件为受固定梁约束的整体或组合机架，上压式快速锻造液压机运动部件为受组合机架约束的活动横梁（缸动式液压机为主缸缸体），两类液压机还需配有导向装置、工作缸、上砧锁紧、移动工作台、横向移砧装置等才能有效工作。快速锻造液压机的组成部件会影响液压机的使用及维护，其具体形式及结构也多种多样。

2.3.1　机架

在快速锻造液压机的主机结构中，除下拉式整体机架结构外，其他液压机的结构多采用预应力机架结构，由上横梁、下横梁、立柱、拉杆、螺母进行预紧后组合成的刚性框架结构，以前应用较多的梁柱式结构被逐渐淘汰。

1. 上横梁

快速锻造液压机的上横梁除板焊结构液压机外，其他多为整体铸钢件。上横梁通过拉杆、垫板、锁紧螺母与立柱、下横梁组合成一体。上压式液压机的上横梁安装有主工作缸的缸体，部分液压机的上横梁还安装有回程缸或回程机架、液压控制阀块、主缸充液阀、高位油箱等。

图 2-20 所示为双拉杆双柱上压式液压机上横梁结构的一种，上横梁根据主缸规格加工有 3 个主缸缸体安装孔，2 组双拉杆孔等。上横梁为箱形结构，在保证强度及刚度的前提下，可在结构上开工艺孔等以减轻其质量，降低制造成本。

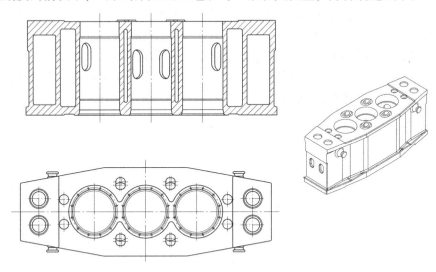

图 2-20 双拉杆双柱上压式液压机上横梁结构

图 2-21 所示为四柱上压式液压机上横梁结构的一种。采用四根立柱、拉杆进行框架预紧。

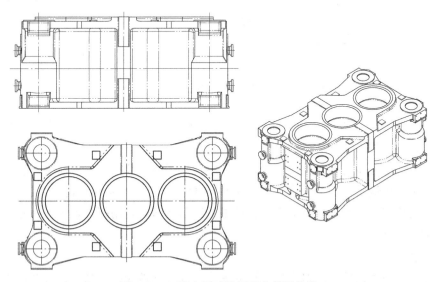

图 2-21 四柱上压式液压机上横梁结构

2. 下横梁

快速锻造液压机的下横梁安装在与基础相连的固定梁上，是液压机中最重的结构件。下横梁与上横梁通过立柱、拉杆、垫板、锁紧螺母组成受力框架，同时上部安装有移动工作台、横向移砧装置。

下横梁一般采用整体铸钢件，板焊结构液压机采用焊接件，结构为箱体。部分大型液压机为制造、运输方便，下横梁采用分体结构，整体结构分为两部分或三部分，采用预应力拉杆组合在一起。

图 2-22 所示为双柱上压式快速锻造液压机下横梁结构，液压机为斜置布置，下横梁上表面安装开有润滑槽的垫板，移动工作台在垫板上沿垂直方向运动。立柱支撑在下横梁上，开有拉杆通过孔等。

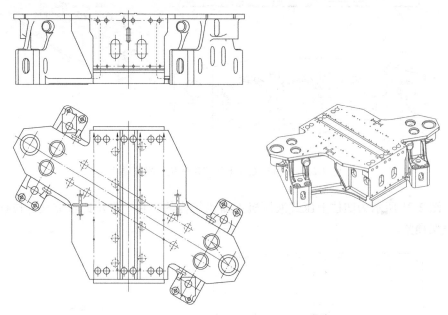

图 2-22　双柱上压式快速锻造液压机下横梁结构

图 2-23 所示为四柱上压式快速锻造液压机下横梁结构。四柱式液压机布置为正置，移动工作台在下横梁的水平方向运动。

快速锻造液压机移动工作台的行程远超过液压机立柱间距，下横梁无法完全支撑移动工作台运动及受力，多在下横梁移动工作台运动方向的两边采用图 2-24 所示的扩展托架来增加下横梁的面积，扩展托架与下横梁采用螺杆紧固在一起，成为下横梁的一部分。

3. 立柱

立柱是快速锻造液压机主机机架的承力构件，立柱为空心结构，拉杆从立柱内部贯通。立柱的截面形状有近似长方形、正方形及圆形的结构形式。

（1）双柱上压式液压机立柱　双柱上压式液压机的立柱一般为铸钢件，立柱截面为近似长方形，在保证立柱强度及刚度的前提下，能提供给机架尽可能大的截

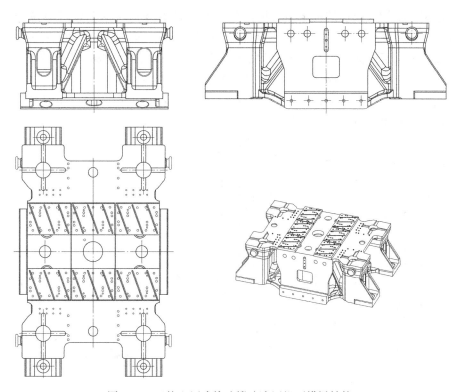

图 2-23　四柱上压式快速锻造液压机下横梁结构

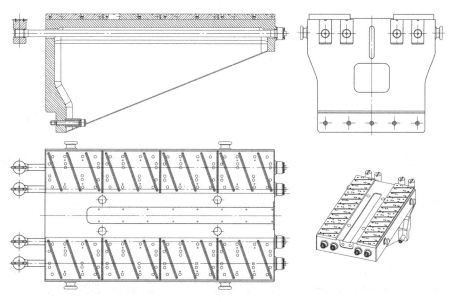

图 2-24　下横梁扩展托架结构

面惯性矩,增加液压机的稳定性及抗偏载能力。图 2-25 所示为双柱(单拉杆)上压式快速锻造液压机立柱结构的一种,在立柱与活动横梁的接触部位,安装有导向板;立柱上、下端面分别与上横梁和下横梁相连,上、下端面接触面积较大,有利于减小立柱与横梁的接触应力;立柱端面加工有定位装置安装槽,用于立柱与横梁的安装定位;双柱式液压机的预应力拉杆有单根、双根及多根三种,立柱的中空形状根据拉杆数量、直径有一定的变化。

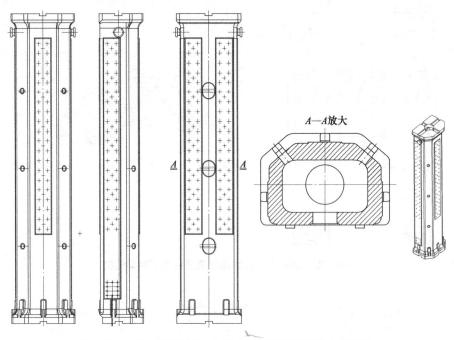

图 2-25 双柱(单拉杆)上压式快速锻造液压机立柱结构

(2)四柱上压式液压机立柱 四柱上压式快速锻造液压机的每根立柱多采用单拉杆,故其立柱为近似正方形或圆形,多数采用铸钢结构,也有厚板焊接结构。图 2-26 所示为四柱上压式快速锻造液压机焊接立柱结构。立柱由厚板切割、焊接后进行热处理,立柱内部进行加肋处理,立柱靠向活动横梁方向做成类似倒角的形式,在立柱的工作行程内安装导向板,使立柱与活动横梁能形成 3 面平面导向结构。板焊结构能降低制造成本,缩短加工周期,在中小型四柱式快速锻造液压机中应用较广。

大型四柱式快速锻造液压机由于液压机净距大,立柱较长,为制造方便,一般采用锻焊结构,由几段圆柱体锻件焊接而成,立柱多为中空圆形结构,只是在活动横梁工作行程内加工成方形,方便安装平面导向,其结构如图 2-27 所示。

4. 拉杆

拉杆将上、下横梁与立柱组合成预应力框架,拉杆承受拉应力,采用较高强度

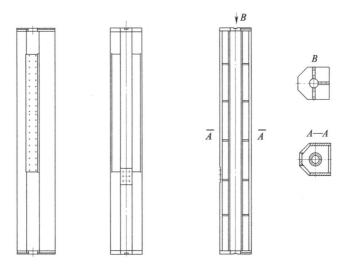

图 2-26　四柱上压式快速锻造液压机焊接立柱结构

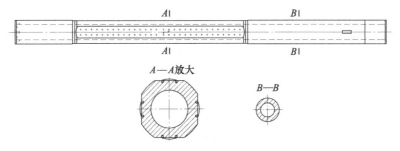

图 2-27　四柱上压式快速锻造液压机锻焊圆形立柱结构

材料整体锻造，两端加工螺纹。图 2-28 所示为预应力机架液压机拉杆结构的一种。四柱式预应力组合机架液压机多采用 4 根拉杆，双柱式预应力组合机架液压机拉杆有采用 2 根、4 根、10 根、12 根、14 根、16 根等多种组合。采用多拉杆预紧组合装配，单件质量小，制造成本低，但拉杆预紧过程复杂。采用多拉杆可提高液压机的安全系数，使其免遭停机，在使用过程中如果其中一根拉杆失效，液压机能够在锻造力几乎不变的情况下继续工作，直到在常规的停机时间里进行修复。

5. 立柱与横梁连接形式

立柱安装在上、下横梁之间起支承作用，承受压应力与变形弯矩。立柱与横梁安装时需进行定位，其结构有平接式和插入式两种。

（1）平接式结构　快速锻造液压机机架多采用立柱平接式结构，即上、下横梁与立柱端面平面贴合，以十字键或圆环定位。图 2-29 所示为立柱与横梁间的十字键平接式结构，这种结构在液压机偏载较大时，会使立柱与横梁间的接触应力发生交替变化，容易损坏立柱接触面。

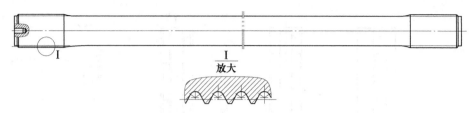

图 2-28　预应力机架液压机拉杆结构

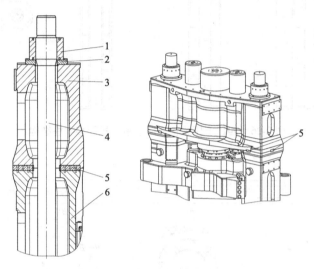

图 2-29　立柱与横梁间的十字键平接式结构
1—螺母　2—垫板　3—上横梁　4—拉杆　5—平键　6—立柱

　　双柱上压式液压机也有采用圆环进行定位的平接式结构，如图 2-30 所示，圆环定位平接结构较十字键结构好，对立柱与横梁间的受力状态也有所改善，但加工要求高。

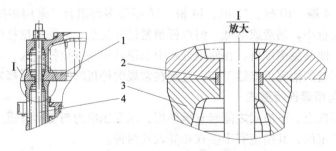

图 2-30　立柱与横梁间的圆环平接式结构
1—上横梁　2—定位环　3—立柱　4—拉杆

　　（2）插入式结构　在大型快速锻造液压机及立柱为圆柱结构的快速锻造液压

机中，立柱与横梁之间多采用插入式结构，立柱两端各有两段圆柱形台阶，将其插入上横梁和下横梁，并对立柱起到径向定位作用，且承受偏心锻造时活动横梁上的偏心力引起的弯矩。

立柱部分插入上、下横梁，形成一个近似的刚性框架，立柱可以承受较大的水平载荷。平接式立柱受力状况可简化为简支梁模型，插入式立柱可近似简化为两端固定的超静定梁模型，如图 2-31 所示。在相同的预紧系数及工作状况下，插入式机架可有效降低立柱在偏载时所承受的最大弯矩，立柱受力得到显著改善，相对变形较大幅度减小，即立柱相对刚度增强，立柱端面与横梁的接触状态也明显改善，有利于设备的稳定运行。

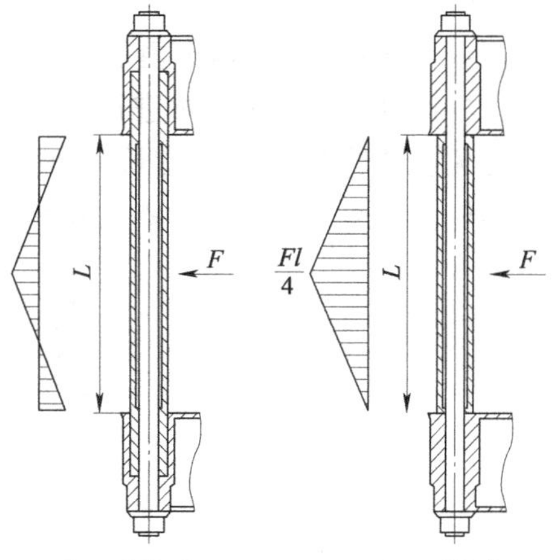

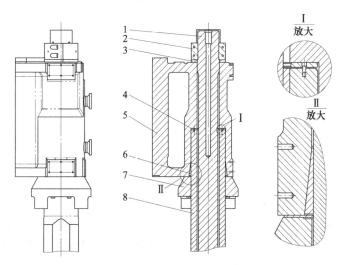

a) 插入式   b) 平接式

图 2-31 插入式与平接式结构立柱受力简图

图 2-32 所示为立柱与横梁间插入式结构的一种，立柱 8 部分插入到上横梁 5 中间，立柱与横梁以楔套 6 定位，拉杆 1 穿过立柱、上横梁，通过螺母 2 预紧成一刚性结构。这种结构机架能承受较大弯矩，但结构复杂，安装困难，加工要求高。

图 2-32 立柱与横梁间插入式结构

1—拉杆 2—螺母 3—垫板 4—立柱垫片 5—上横梁 6—楔套 7—护套 8—立柱

6. 机架预紧方式

预应力机架中的空心立柱只承受压应力和弯矩，拉杆承受拉应力，机架预紧时需选择合适的预紧力保证立柱在最大载荷下工作时仍然只承受压应力，即拉杆上施加的预紧力应能保证在最大载荷下，立柱中还存在一定的压应力，图 2-33 所示为拉杆与立柱的受力与变形关系。

预紧力以前按经验选取，一般取 1.2～1.5 倍最大允许工作载荷。目前多利用有限元模拟技术，计算在不同预紧力下各部件的最大等效应力和形变位移，分析其变化规律，进而进行预应力值的优化选择。

拉杆预紧过程一般成对进行。在多拉杆预紧结构中，需按合理的顺序进行预紧，避免预紧过程中的横向扭转及偏斜现象，如采用 10 根拉杆的预应力双柱式结构液压机，其预紧顺序如图 2-34 所示。

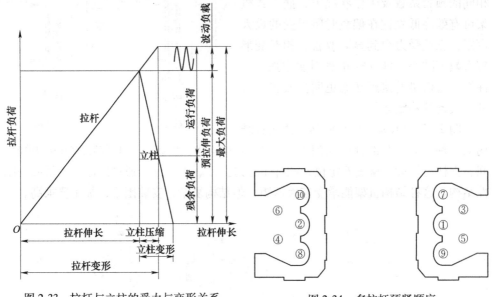

图 2-33　拉杆与立柱的受力与变形关系　　　　图 2-34　多拉杆预紧顺序

10 根拉杆分 5 对进行预紧安装，按拉杆 1 和 2、3 和 4、5 和 6、7 和 8、9 和 10 的顺序成对加载预紧，后加载的拉杆预紧力对先加载的拉杆预紧力有影响，拉杆对的预紧力成幂函数递减，最终预紧完毕，各拉杆处于相对理想的均等受力状态。

预应力机架的预紧过程就是使拉杆伸长，然后旋紧螺母进行固定。早期一般采用加热预紧方式，根据预紧力、拉杆长度、拉杆的截面积及其材料的弹性模量计算出拉杆的伸长量，再根据立柱材料加热的线膨胀系数，计算出拉杆加热区的加热温度，并确定电热管的功率与数量。

这种预紧方式需在拉杆上端设计加工光孔并安装电加热管，同时需安装测温热电阻及温控装置，预紧方式虽然简单，但预紧过程长，操作烦琐，预紧力精度差，目前只在部分梁柱式液压机上应用，采用预应力结构的快速锻造液压机中广泛使用的预紧方式为液压预紧及张力螺母预紧两种方式。

（1）液压预紧　液压预紧采用专用液压拉伸器实现。图 2-35 所示为液压拉伸器结构，液压拉伸器支承套3下端支撑在横梁上，主螺母4位于支承套3内部，支承套3上端面支撑拉伸器活塞2，缸体1的内螺纹与拉杆上端外螺纹旋合。当缸体1上的油口进高压油时，缸体向上运动，带动与其旋合在一起的拉杆向上拉伸。根据拉杆的伸长量、液压拉伸器液压缸的作用面积来计算拉杆拉伸所需的液体压力。当控制液压拉伸器的液体压力达到设定压力时，拉杆的拉伸长度即预紧力满足要求，旋紧主螺母4，安装防松装置即完成相应立柱的预紧。

液压预紧需要液压拉伸器与立柱螺纹进行配合，不同的拉杆尺寸需不同的液压拉伸器，需要一套专用的液压控制系统，但这种方式操作简单、预紧周期短，预紧力容易控制。

（2）张力螺母预紧　张力螺母又称超级螺母，其结构及工作原理如图2-36所示。由主螺母3、在主螺母3上布置的一圈高强顶推螺钉2、硬质垫圈4组成。主螺母3旋合在拉杆1上，顶推螺钉2均匀环绕在主螺母3上，其一端穿过主螺母主体与垫圈4接触，另一端突出于主螺母主体，顶推螺钉一般为细牙螺纹，个数为偶数。

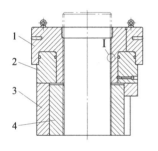 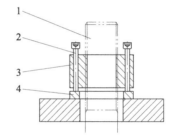

图2-35　液压拉伸器结构
1—缸体　2—活塞　3—支承套　4—主螺母

图2-36　张力螺母结构及工作原理
1—拉杆　2—顶推螺钉　3—主螺母　4—垫圈

主螺母安装到位后，利用扭矩扳手按一定顺序来拧紧顶推螺钉，顶推螺钉均匀地传递预紧力到主螺母螺纹上，从而传递到连接的拉杆上，拉杆被纯张力锁紧。

张力螺母将主螺母预紧力分散到若干小螺钉上，再由人工来逐个拧紧，操作比较简单，预紧力容易控制。装配好的张力螺母与顶推螺钉不容易松动，从而保证了张力螺母的静态预紧力，张力螺母相当于一个达到本身预紧力的"整体螺母"。

2.3.2　活动横梁

活动横梁是上压式液压机的运动部件，同时与主缸及回程缸连接，主缸驱动活动横梁下行，回程缸推动活动横梁回程，活动横梁下部固定上砧垫板，并安装上砧锁紧装置及上砧旋转装置。根据液压机机架结构的不同，活动横梁的形状有一定差别。活动横梁与立柱之间均采用平面可调导向装置，导向间隙可以随需要进行调整，可使液压机在长期工作中保持设计精度，提高活动横梁的平稳性，延长工作液压缸密封和导向套的寿命。

快速锻造液压机的活动横梁既要求强度与刚度满足要求,导向好,又要求其质量尽量轻。

1. 双柱上压式液压机活动横梁

双柱上压式快速锻造液压机的活动横梁基本为铸钢件,铸造后采用正火及回火热处理,表面采用磁粉探伤。双柱上压式液压机根据回程缸安装方式的不同,活动横梁有几种典型的结构形式。

(1)回程缸在液压机下部 大多数双柱上压式液压机的回程缸安装在活动横梁与下横梁之间,回程缸缸体既可以安装在活动横梁,也可安装在下横梁。

图 2-37 所示是双柱上压式快速锻造液压机 S 形活动横梁结构。活动横梁为 S 形结构,中间安装 3 个主缸,两端伸出结构分别与机架立柱外侧回程缸连接,与立柱间的导向为平面 X 形导向结构。中小型液压机每个接触面采用整体导向结构,大中型多采用每边上、下导向结构。这种结构的活动横梁为整体铸钢件,质量轻,有利于液压机动作的控制。

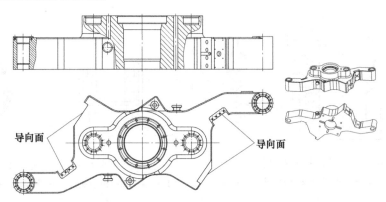

导向面　　　　　　　　　　　　　导向面

图 2-37　双柱上压式快速锻造液压机 S 形活动横梁结构

图 2-38 所示为双柱上压式快速锻造液压机组合活动横梁结构,这种结构在各种规格快速锻造液压机上广泛应用。活动横梁由 3 部分组成,中间为活动梁,两边为导向架,导向架与活动梁利用拉杆、螺母组成预应力组合刚性结构。活动梁、导向架均为铸钢件。主缸柱塞安装在活动梁上,回程缸安装在两边的导向架上。

这种预应力组合式活动横梁将液压机的两个立柱包围在活动横梁内部,立柱四周每一侧固定有一组或两组可更换的耐磨导板,为活动横梁提供可靠的平面导向,活动横梁内侧滑板能够自动贴合产生横向变形后的立柱,有效提高了导向精度,液压机抗偏载能力强,同时活动横梁由多部分组成,容易加工制造及运输。

(2)回程缸在液压机上部 双柱上压式快速锻造液压机也可将回程缸安装在上横梁与活动横梁之间,回程缸缸体安装在上横梁上,回程缸柱塞固定在活动横梁上,如图 2-39 所示。活动横梁的回程缸柱塞安装位置在立柱的内侧,缸体安装在

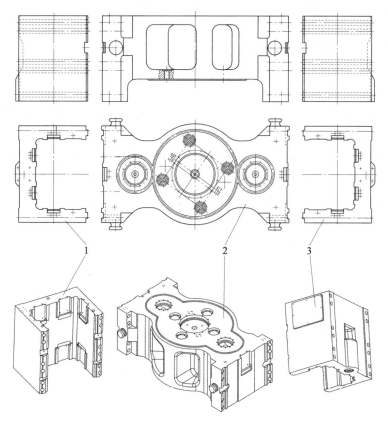

图 2-38　双柱上压式快速锻造液压机组合活动横梁结构
1、3—导向架　2—活动梁

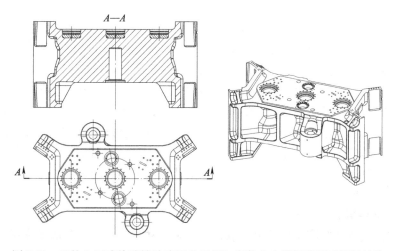

图 2-39　双柱上压式快速锻造液压机回程缸安装在上横梁的活动横梁结构

上横梁前、后靠中间位置，回程缸的作用力矩偏向液压机中部，回程时活动横梁偏心小，液压机结构比较紧凑，活动横梁运动导向为 X 平面导向结构。

2. 四柱上压式液压机活动横梁

四柱上压式液压机的活动横梁根据回程缸的安装位置不同，其结构也有一些差别。

（1）回程缸在液压机上部　四柱上压式快速锻造液压机的回程缸多安装在上横梁与活动横梁之间。

多数小型、部分中型四柱上压式液压机采用板焊结构，其活动横梁采用中、厚板焊接成框架结构，对缸体安装位置、立柱孔、平面导向等位置进行加筋增强，采用低氢、高张力焊条焊接，焊后采用中温进行去应力退火，最后机加工成形。图 2-40 所示为单主缸四柱上压式快速锻造液压机焊接活动横梁结构。

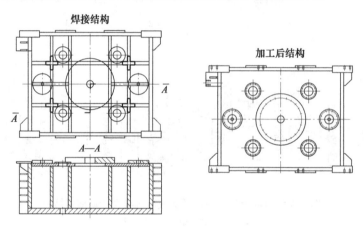

图 2-40　单主缸四柱上压式快速锻造液压机焊接活动横梁结构

中大型四柱式快速锻造液压机由于液压机立柱间距大，回程缸直接安装在活动横梁及上横梁上，需增加其相应的结构尺寸，多数四柱上压式液压机在上横梁及活动横梁两侧安装回程机架来进行回程。图 2-41 所示为利用单回程机架回程的四柱上压式快速锻造液压机活动横梁结构，活动横梁上的回程机架安装孔与回程机架的拉杆相固定。液压机四根立柱与活动横梁形成上、下 X 形 8 面平面导向结构。

（2）回程缸在液压机下部　四柱上压式大型快速锻造液压机的回程缸安装在下横梁与活动横梁之间，如图 2-42 所示。在四个立柱孔外侧伸出支耳来安装回程缸柱塞，四个圆形立柱孔部位通过支架来安装四边平面导向装置，每个立柱的工作面为四面平面导向结构。

3. 活动横梁导向装置

目前，快速锻造液压机无论是双柱式还是四柱式，其立柱与活动横梁的接触面多为平面，两者之间的导向为可调平面导向。一般在立柱的工作面安装全行程耐磨导板，在活动横梁的上、下与立柱接触的表面安装平面导向装置。与传统圆导套相

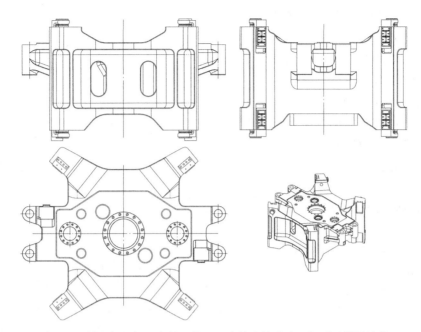

图 2-41　单回程机架回程的四柱上压式快速锻造液压机活动横梁结构

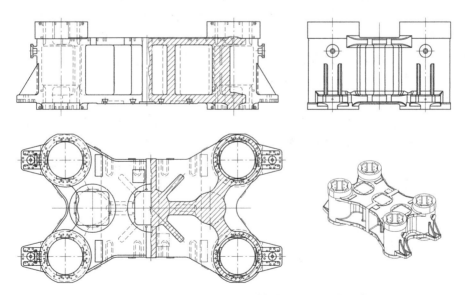

图 2-42　回程缸在下部的四柱上压式快速锻造液压机活动横梁结构

比，平面导向接触面积大，导向面压低，导向间隙可调，更换方便。

图 2-43 所示为活动横梁平面导向装置结构的一种，根据活动横梁与立柱的结构形式不同，导向面的数量有较大差别，但其平面导向结构形式基本相同。导向装置安装在活动横梁的上、下端面，限位板 1 上安装有耐磨滑板 3，限位板 1 通过调

节垫 2、螺栓固定在活动横梁上，改变调节垫 2 的厚度可以调节活动横梁与立柱的导向间隙。这种结构使活动横梁具有较长的导向，且调节方便。实际应用中也可将导向装置中的限位板做成分体结构。

2.3.3 主缸

快速锻造液压机的主缸将液体的压力能转换为机械能，将液体压力转换为成形力。快速锻造液压机的主缸均采用柱塞液压缸，根据液压机吨位的

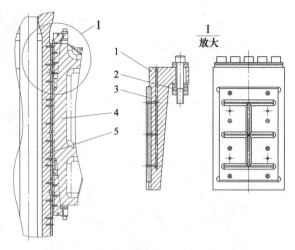

图 2-43 活动横梁平面导向装置结构
1—限位板 2—调节垫 3—滑板 4—活动横梁 5—立柱

大小采用单主缸、三主缸（三等径缸或者中间缸径大两边缸径小的配置）、套缸结构。主缸缸体采用法兰固定，主缸柱塞通过球铰结构与活动横梁连接。主缸缸体一般采用锻焊结构，缸底与缸筒分别锻造，最后焊接成一个整体，并进行超声探伤及磁粉探伤、调质处理。随着锻造、机加工能力的不断进步，目前主缸缸体也可采用整体锻制。主缸柱塞多采用锻焊结构，采用探伤、调质、淬火及表面镀铬处理或表面堆焊不锈钢、表面熔覆硬质合金（也有陶瓷渗层表面）。为减轻液压机运动部分质量，主缸柱塞也可做成部分空心结构。

1. 下拉式液压机主缸

下拉式快速锻造液压机多为单主缸，也有较大吨位液压机采用三主缸布置结构。图 2-44 所示为下拉式液压机主缸缸体及柱塞结构的一种。主缸缸体由缸底 1 与缸筒 3 焊接而成，柱塞 4 采用整体锻件和单球铰结构。主缸油口在缸体中部，缸底留有放气孔。

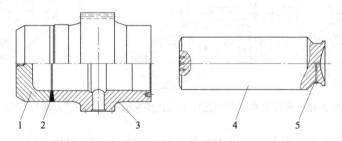

图 2-44 下拉式液压机主缸缸体及柱塞结构
1—缸底 2—焊缝 3—缸筒 4—柱塞 5—润滑油孔

图 2-45 所示为下拉式液压机主缸安装结构。主缸缸体 2 中部的法兰面与固定梁 1 通过螺栓 10 连接，此法兰面是主缸缸体的受力处；主缸柱塞 3 通过球铰座、对开法兰 8 与机架 6 的下横梁连接。偏心锻造时机架的倾斜偏移通过主缸柱塞与机架之间的球铰消除，保护主缸导向及密封，延长其使用寿命。

2. 上压式液压机主缸

上压式快速锻造液压机主缸为柱塞液压缸，缸体由几部分锻焊而成；小吨位液压机柱塞采用整体锻件，中大型液压机采用 2~3 节锻焊而成，也有一些液压机为减轻运动部分质量，将主缸柱塞做成空心形式。主缸柱塞从传统的长支撑柱塞改进为双球铰短支撑柱塞结构，这种双球铰结构既可在活动横梁有不定向的转动和位移状态下，使柱塞不受侧向力，提高柱塞和密封寿命，同时还可改善柱塞的加工工艺性，安装调整及润滑比较方便。

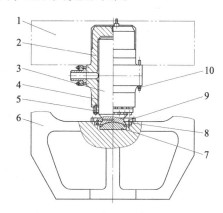

图 2-45 下拉式液压机主缸安装结构
1—固定梁 2—缸体 3—柱塞 4—导向及密封组件
5、8—法兰 6—机架 7—球座
9—接油盘 10—螺栓

如图 2-46 所示为上压式液压机主缸及柱塞的典型结构。

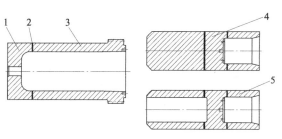

图 2-46 上压式液压机主缸及柱塞的典型结构
1—缸底 2—焊缝 3—缸筒 4—实心柱塞 5—空心柱塞

上压式液压机主缸安装在上横梁上，主要承力面为缸口法兰处，主缸柱塞安装在活动横梁上。主缸安装均采用双球铰形式，图 2-47 所示为上压式液压机常用主缸安装结构。柱塞 2 内部的上球座 3 固定在柱塞上，通过中间杆 5、螺杆 12 将柱塞与下球座 10 连接在一起，下球座 10 通过法兰 7 固定在活动横梁 8 上。上、下球座与中间杆组成双球铰结构，在活动横梁承受偏心载荷时，双球铰机构发生相对滑动，减少柱塞与缸筒之间的压应力，保护导向及密封组件，减少非正常磨损。

（1）上压式单主缸液压机 上压式液压机在中小吨位时采用单主缸结构，如图 2-48 所示为上压式液压机单主缸及安装结构。主缸缸体 1 由三部分锻焊结构组成，柱

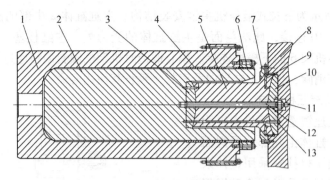

图 2-47　上压式液压机常用主缸安装结构

1—缸体　2—柱塞　3—上球座　4—导向及密封组件　5—中间杆　6、7—法兰
8—活动横梁　9—润滑孔　10—下球座　11—调节柱　12—螺杆　13—定位销

塞采用整体结构。主缸缸体通过外周法兰面安装在上横梁 2 上，主缸柱塞 3 通过螺杆 10 与凸球座 7 相连，凸球座 7 通过螺栓固定在活动横梁 6 上。固定柱塞 3 的螺杆 10 与螺母之间安装凸球面垫圈 8、凹球面垫圈 9，螺杆 10 与凸球座 7 之间存在间隙。活动横梁 6 在偏心锻造时产生倾斜，凸球面垫圈 8、凹球面垫圈 9 与柱塞 3、凸球座 7 组成双球铰结构，有效消除活动横梁倾斜对导向及密封组件 4 的影响。

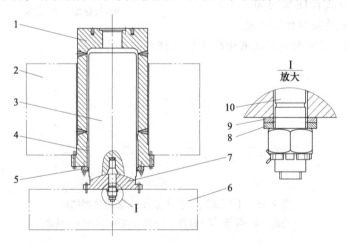

图 2-48　上压式单主缸液压机及安装结构

1—缸体　2—上横梁　3—柱塞　4—导向及密封组件　5—法兰
6—活动横梁　7—凸球座　8—凸球面垫圈　9—凹球面垫圈　10—螺杆

　　大型快速锻造液压机也可采用单主缸结构，但这种主缸是一种套缸结构，如图 2-49 所示。
　　柱塞缸 2 既作为缸体 1 的柱塞，又作为柱塞 3 的缸体，组成一种套缸结构。内部柱塞缸通过安装在缸体 1 上的进油杆 4 进油，外部柱塞缸直接从缸底油口进油。

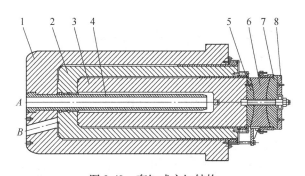

图 2-49 套缸式主缸结构

1—缸体 2—柱塞缸 3—柱塞 4—进油杆 5、7—凸球台 6—中间杆 8—止推垫圈

柱塞 3 通过凸球台 5 和 7、中间杆 6、螺杆等组成双球铰连接结构。缸体安装在上横梁上，柱塞 3 通过双球铰结构与活动横梁相连。

这种套缸结构的主缸可以为液压机提供两种不同的锻造压力与速度。油口 A 通低压油、B 进高压油，液压缸作用面积为大柱塞面积，柱塞缸 2 伸出，液压缸输出大的作用力，为液压机提供大的锻造压力及小的锻造速度，此锻造力及速度一般为液压机的设计参数；油口 A 进高压油、B 通低压油，液压缸作用面积为柱塞 3 面积，柱塞 3 输出作用力，液压缸的输出力小，但速度快。两种工作方式分别对应快速锻造液压机的正常锻造与快锻精整工况：正常锻造时压力大、速度慢，快速精整时压力小、速度快。

中大型快速锻造液压机主缸采用套缸结构，上横梁及活动横梁只需安装一套工作缸，上横梁、活动横梁结构简单、加工量小，剩余空间大。但这种套缸的结构较正常主缸复杂，虽然缸体缸口位置的密封与正常主缸一致，但中间柱塞缸 2 与进油杆 4 之间存在相对运动，两者的加工精度、密封形式及寿命要求较高。这种套缸结构目前只在少数液压机上应用。

（2）上压式多主缸液压机 中大型上压式液压机一般采用三个主缸，根据吨位及压力分级，有采用三个等径主缸的配置，也有采用中间主缸直径大，侧边两个等径直径小的配置。图 2-50 所示为长螺杆双球铰连接主缸安装结构。

目前，上压式快速锻造液压机多主缸结构中，三个主缸一般都采用双球铰连接结构。图 2-50 所示的这种双球铰结构在液压机吨位大，工作行程长时安装、制造复杂。图 2-51 所示为法兰连接双球铰主缸安装结构。

中间杆 5 通过压紧法兰 6 压紧上球座 4，下球座 8 安装在活动横梁 9 中，中间杆 5 通过压紧法兰 7 与活动横梁 9 连接，并与下球座 8 形成球面连接。法兰 6、7 与中间杆 5 之间存在一定的装配间隙。这种双球铰结构没有中间连接螺杆、定位销机构，结构相对简单。

部分中小型上压式快速锻造液压机由于活动横梁质量轻、体积小，在需要安装下砧旋转装置时，一般会将中间缸柱塞进行刚性连接，如图 2-52 所示。

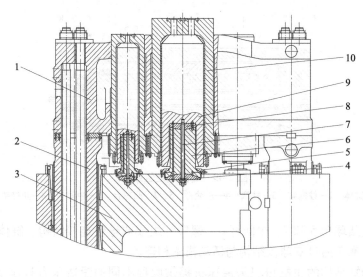

图 2-50　长螺杆双球铰连接主缸安装结构

1—上横梁　2—立柱　3—活动横梁　4—下球座　5—法兰　6—中间杆
7—螺杆　8—上球座　9—柱塞　10—缸体

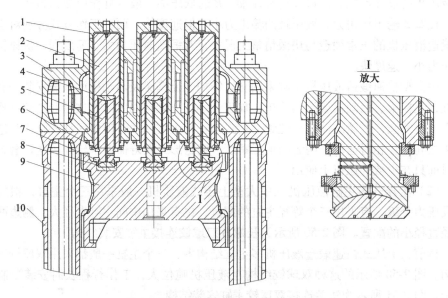

图 2-51　法兰连接双球铰主缸安装结构

1—缸体　2—柱塞　3—上横梁　4—上球座　5—中间杆
6、7—法兰　8—下球座　9—活动横梁　10—立柱

中间缸柱塞 3 插入活动横梁 5 中，采用螺栓进行固定，两侧缸采用双球铰连接。由于活动横梁受偏心载荷作用时，基本上绕液压机中心倾斜，中间缸发生的倾斜变形最小，两侧缸倾斜变形大，采用这种结构也能满足实际生产要求。

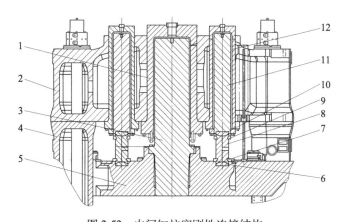

图 2-52　中间缸柱塞刚性连接结构
1—中间缸体　2—上横梁　3—中间缸柱塞　4—立柱　5—活动横梁
6—下球座　7、9—压紧法兰　8—中间杆　10—上球座　11—侧缸柱塞　12—侧缸体

2.3.4　回程缸

回程缸为活动横梁提供向上的回程力，多采用两个回程缸，在活动横梁两侧对称布置；也有在活动横梁两侧分别采用两个回程缸的布置形式。

1. 下拉式液压机回程缸

下拉式液压机的回程缸可以安装在地面以上，也可以安装在地面以下，即安装在活动机架的上横梁与固定梁之间，或安装在固定梁与活动机架的下横梁之间。

图 2-53 所示为下拉式液压机回程缸安装在地下结构，回程缸为活塞缸，缸体 7 通过凸球台 4、凹球座 5 组成的球面支承安装在固定梁 1 上，活塞 3 用螺母 2 固定在活塞杆 6 上，活塞杆 6 下端通过两对球面支承，凹球座 8 与凸球台 9、凹球座 11 与凸球台 10 固定在活动机架的下横梁上，这三对球铰可有效消除机架倾斜对回程缸导套及密封的影响。回程缸为单作用液压缸，进油口在下部，工作位置为有杆腔。

图 2-54 所示为下拉式液压机回程缸安装在地上结构，这种安装方式的回程缸为柱塞缸，缸体底部进、排油。回程缸缸体 4 底部通过凸球台 2、凹球座 3 组成的球面支承固定在液压机的固定梁 1 上，柱塞 5 通过螺杆 8 与凸球台 7 和凹球座 6、凸球台 9 和凹球座 10 组成的两对球铰固定在液压机机架的上部。

2. 上压式液压机回程缸

上压式液压机的回程缸安装形式较多，其结构有一些差别，回程缸缸体既可装在上横梁上，也可装在下横梁上，还可装在活动横梁上，各有其特点。

（1）双柱式液压机　当双柱上压式液压机回程缸安装在上横梁时，为不增大上横梁尺寸，一般将回程缸设置在上横梁的立柱内侧，在上横梁前后对称布置。图 2-55 所示为双柱上压式液压机回程缸安装在上横梁结构的一种，回程缸为单作用

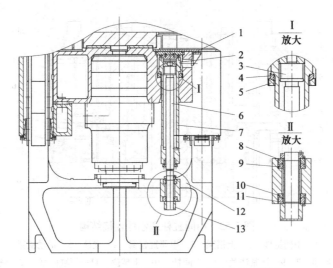

图 2-53　下拉式液压机回程缸安装在地下结构
1—固定梁　2—螺母　3—活塞　4、9、10—凸球台　5、8、11—凹球座
6—活塞杆　7—缸体　12—液压机机架　13—螺母

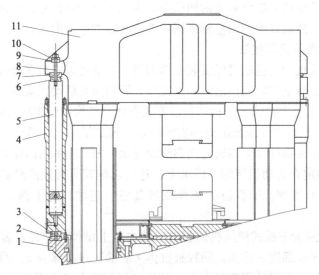

图 2-54　下拉式液压机回程缸安装在地上结构
1—固定梁　2、7、9—凸球台　3、6、10—凹球座　4—回程缸缸体
5—柱塞　8—螺杆　11—液压机机架

活塞缸，压力油从下部缸口进出。回程缸缸体 4 通过球面支承 1、2 及压紧法兰固定在上横梁 3 上，回程缸活塞杆 5 通过两对球铰 7 和 8、9 和 10 及锁紧螺母 11 连接在活动横梁 6 上。活动横梁上的两对球铰可消除偏心锻造时活动横梁倾斜对回程缸的影响，上横梁上的缸体支承球铰可进一步消除偏载对回程缸的影响。这种多球

铰结构有利于延长回程缸导套、密封的寿命。

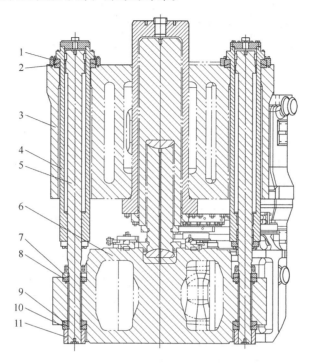

图 2-55　双柱上压式液压机回程缸安装在上横梁结构

1、7、10—凹球座　2、8、9—凸球台　3—上横梁　4—回程缸缸体
5—回程缸活塞杆　6—活动横梁　11—锁紧螺母

　　双柱上压式液压机的回程缸缸体安装在活动横梁是应用比较广泛的一种安装形式，如图 2-56 所示。回程缸一般安装在立柱外侧，中小吨位液压机采用一对回程液压缸提供回程力，大吨位液压机每侧采用 2 个回程缸提供回程力。

　　回程缸缸体 5 底部通过球铰 3、4 与螺杆 2 固定在活动横梁上，柱塞 7 通过球铰 9 和 10 及锁紧螺母 11 连接在下横梁 8 上。回程缸为单作用柱塞缸，压力油从下横梁底部通过柱塞内部通道进入液压缸。这种双球铰结构在液压机偏心锻造时，可使液压缸和柱塞不受侧向力或弯矩的影响，减少柱塞对缸体的侧向压力，保护缸体内部的导向及密封。

　　柱塞缸口朝下并处于较低的位置，避免了锻造氧化皮及脏物进入缸口密封。管道在工作平面以下与回程缸连接，安全性较好

　　双柱上压式液压机回程缸缸体也可安装在下横梁，缸口朝上，柱塞安装在活动横梁上，如图 2-57 所示。回程缸为单作用柱塞缸，压力油从安装在下横梁的缸体底部进出。回程缸缸体 4 底部通过球铰 2 和 3 安装支承在下横梁上，柱塞 5 与螺杆 12 相连，螺杆 12、球铰 13 和 14 与 8 和 9 及中间杆 11、螺母 7 组成双球铰连接机构，并通过法兰 10 安装在活动横梁 6 上。

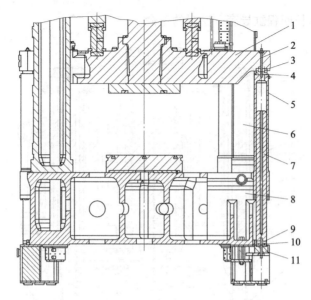

图 2-56　双柱上压式液压机回程缸安装在活动横梁结构

1—活动横梁　2—螺杆　3、10—凸球台　4、9—凹球座　5—回程缸缸体

6—立柱　7—柱塞　8—下横梁　11—锁紧螺母

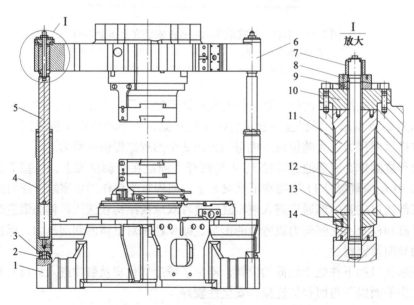

图 2-57　双柱上压式液压机回程缸安装在下横梁结构

1—下横梁　2、9、13—凸球台　3、8、14—凹球座　4—回程缸缸体　5—柱塞

6—活动横梁　7—螺母　10—法兰　11—中间杆　12—螺杆

（2）四柱式液压机　四柱式液压机根据液压机吨位的大小有多种安装形式，

中小型液压机回程缸可直接安装在上横梁与活动横梁之间，大中型液压机则通过设置回程机架来安装回程缸，大型液压机还可采用4个回程缸直接安装在液压机立柱旁边的形式。

图2-58所示为四柱上压式液压机回程缸安装在上横梁立柱之间结构。回程缸为单作用活塞缸，油液从缸体下部连接盖5进出液压缸有杆腔。回程缸安装在液压机侧边两立柱之间。回程缸缸体1通过上、下法兰固定在上横梁4的上、下端面之间，活塞杆3的伸出端通过球铰7和8及螺母9、法兰6连接在活动横梁10的上部。

中小型四柱式快速锻造液压机立柱间距小、活动横梁工作行程小，回程液压缸采用这种单球铰结构基本能满足使用要求。

大中型四柱式快速锻造液压机，立柱间距大，活动横梁工作行程长，为满足活动横梁回程要求，多采用在机架上部增加回程机架来安装回程缸。

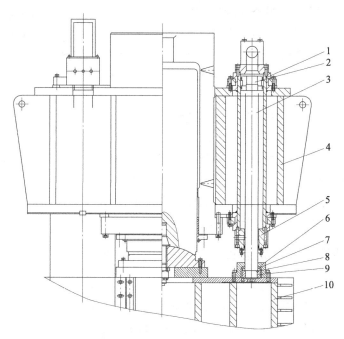

图2-58　四柱上压式液压机回程缸安装在上横梁立柱之间结构
1—回程缸缸体　2—活塞　3—活塞杆　4—上横梁　5—连接盖
6—法兰　7—凹球座　8—凸球台　9—螺母　10—活动横梁

图2-59所示为四柱上压式液压机回程缸通过回程机架安装结构，回程缸为柱塞缸，回程缸缸体5固定在上横梁6侧边，两根回程拉杆3与回程横梁1、活动横梁7组成刚性机架，回程横梁1与柱塞4相连，压力油从回程缸缸体5底部进出。回程缸柱塞4伸出时，由于回程缸缸体5固定在上横梁6，回程机架向上抬升，带

动活动横梁7向上运动。

采用回程机架安装回程缸，如液压机吨位小，每侧采用一套回程机架进行回程，回程机架的立柱提供导向作用，回程缸缸体直接固定在上横梁上。如液压机吨位大，回程力大，液压机每侧采用2套回程机架，共4个回程缸进行回程，回程缸没有安装在液压机中心线上，回程缸缸体多采用球面支承进行安装。

大型四柱式快速锻造液压机也可将回程缸缸体安装在下横梁上，既可采用两个回程缸，也可采用四个回程缸的结构。图2-60所示为四柱上压式液压机回程缸安装在下横梁结构，两个或四个回程缸布置在立柱的外侧边，不影响液压机内的生产操作空间。

回程缸为柱塞缸，采用多球铰安装结构。回程缸缸体8采用球面支承9和10安装在下横梁侧梁上；柱塞7上端通过螺杆4、两对球铰2和3及5和6与活动横梁1连接在一起。为满足大型快速锻造液压机大工作行程要求，缸体8采用中部支承，柱塞7采用两节组合在一起。

2.3.5 上砧锁紧及旋转装置

快速锻造液压机为实现快速更换上砧的目的，一般设置有上砧锁紧装置。根据快速锻造液压机传动方式及吨位的差别，其上砧锁紧装置的配置、组成也不相同。下拉式液压机的上砧锁紧装置可同时实现上砧锁紧及上砧旋转的功能；上压式液压机的上砧锁紧装置只具有上砧锁紧功能，部分液压机则根据需要另外配置上砧旋转装置。

上砧锁紧装置不仅能够垂直升降上砧，较快地更换上砧，同时在增设上砧旋转装置后，能够使上砧根据锻造工艺进行旋转，方便锻造筒形锻

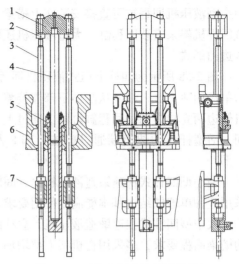

图 2-59　四柱上压式液压机回程缸
通过回程机架安装结构

1—回程横梁　2—螺母　3—回程拉杆　4—柱塞
5—回程缸缸体　6—上横梁　7—活动横梁

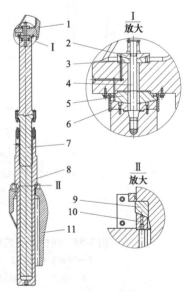

图 2-60　四柱上压式液压机回程
缸安装在下横梁结构

1—活动横梁　2、5、9—凸球台
3、6、10—凹球座　4—螺杆
7—柱塞　8—回程缸缸体
11—下横梁侧梁

件，提高精整工序的质量，可实现边锻造边校直，减少锻后校直工序，对提高生产率有利。

1. 安装在机架上横梁上

下拉式液压机的主要工作部分在机架下部，机架上横梁无其他装置，且下拉式压力多为中小吨位液压机，一般上砧通过一套锁紧机构即能满足要求。下拉式液压机在机架上横梁中部安装一套上砧锁紧装置将上砧锁紧在与机架连接的垫板上；同时，由于锁紧时靠T形杆旋转，且T形杆位于液压机的旋转中心上，故利用锁紧机构的T形杆旋转即可以实现上砧旋转。

下拉式液压机的上砧锁紧与上砧旋转装置结构，如图2-61所示。缸体12安装在机架上横梁5上，T形杆3上端通过螺母10与液压缸活塞9固定在一起，T形杆3下端通过压套、碟簧4、滑块6、向心推力轴承7、齿轮8装配在一起，液压缸缸体12上端进油，推动活塞9、T形杆3、向心推力轴承7、齿轮8、滑块6压缩碟簧4并下行；液压缸缸体12上腔排油，在碟簧4的作用下，上述部件上移，上砧靠弹簧力锁紧。

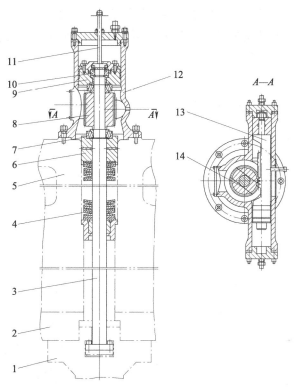

图2-61 下拉式液压机的上砧锁紧与上砧旋转装置结构

1—上砧 2—垫板 3—T形杆 4—碟簧 5—上横梁 6—滑块 7—向心推力轴承 8—齿轮
9—活塞 10—螺母 11—液压缸位置检测杆 12—液压缸缸体 13—双头齿条活塞杆 14—键

齿轮 8 通过键 14 与 T 形杆 3 结合，齿轮 8 与齿条液压缸的双头齿条活塞杆 13 相啮合，双头齿条活塞杆 13 两端分别进排油时，带动齿轮 8 正转或反转，从而驱动 T 形杆 3 正反转。齿轮 8 的高度大于 T 形杆 3 的压下行程。

当脱开上砧时，T 形杆 3 先压下、再旋转，将 T 形头从结合方向转为脱开，然后提升液压机机架，则将上砧与机架脱开；当安装上砧时，将 T 形头对准上砧安装孔方位、缓慢落下液压机机架，旋转 T 形杆 3，T 形杆 3 缩回则实现上砧锁紧。

2. 安装在活动横梁上

上压式液压机的运动部件为活动横梁，活动横梁上部要安装主缸柱塞，上砧锁紧装置只能安装在活动横梁中间主缸柱塞的周边。上砧锁紧及旋转装置的压力油可通过软管桥架或回程缸内活塞通道进行供油。

（1）上砧锁紧装置 上砧锁紧装置安装在活动横梁上部的工作原理与下拉式液压机的锁紧原理相同，由预压碟簧、T 形拉杆及旋转机构组成。工作时液压缸没有压力，由碟簧压紧上砧，当需要脱开上砧时，压力油推动活塞压缩碟簧，通过旋转机构带动 T 形杆旋转 90°，使上砧脱开。

根据液压机吨位不同，上砧锁紧装置的结构有一定的差别。中小型快速锻造液压机工作压力小、上砧质量轻，一般采用两套 T 形杆进行上砧锁紧，如图 2-62 所

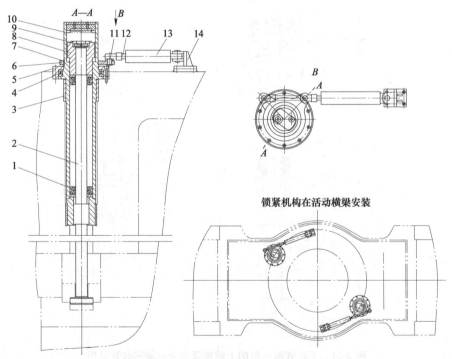

图 2-62 中小型上压式液压机上砧锁紧装置结构
1—碟簧 2—T 形杆 3—导向套 4—推力球轴承 5—压紧法兰 6—转臂 7—键 8—活塞
9—螺母 10、13—液压缸 11—销轴 12—活塞杆 14—支架

示。活塞 8 通过螺母 9 与 T 形杆 2 固定在一起,T 形杆 2 作为液压缸 10 的活塞杆,且下端安装有碟簧 1。液压缸 10 进压力油,活塞带动 T 形杆 2 压缩碟簧 1 向下伸出;液压缸 10 排油,碟簧 1 回复,驱动 T 形杆 2 缩回并锁紧上砧。T 形杆 2 的旋转由液压缸 10 旋转实现,液压缸 13 通过支架 14 安装在活动横梁上,活塞杆 12 通过销轴 11 与转臂 6 连接,转臂 6 安装在液压缸缸体 10 外周,并通过键 7 结合在一起,活塞杆 12 伸出、缩回则带动液压缸 10 正转、反转,从而实现 T 形杆 2 的正反向旋转。

中大型快速锻造液压机工作压力高、上砧质量大,一般采用四套 T 形杆进行上砧锁紧,如图 2-63 所示。四套 T 形杆锁紧机构对称布置在活动横梁中间主缸柱塞周边,每两套 T 形杆共用一个液压缸带动双边齿条进行旋转。液压缸 7 进压力油,推动活塞 6 向下压缩碟簧 3,同时 T 形杆 1 向下伸出,且 T 形杆上端沿键 11 在齿轮 10 中滑动;液压缸 12 缸体排油,活塞及 T 形杆在碟簧的压力作用下缩回并实现锁紧。T 形杆的旋转通过液压缸 12 驱动,液压缸 12 为双出杆双作用活塞缸,活塞杆两端分别连接有齿条,缸体 7 固定在活动横梁上,液压缸 12 一端进油,另一端排油,齿条 16 驱动齿轮 10 带动 T 形杆 1 旋转,一个液压缸同时驱动两套 T 形杆旋转。

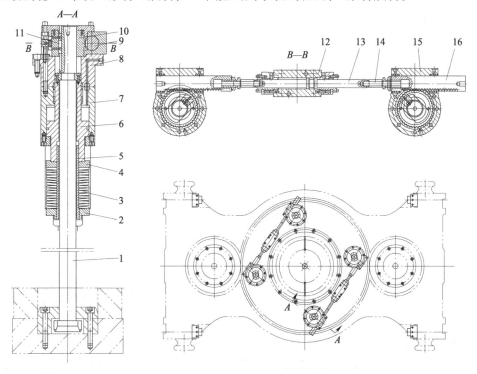

图 2-63　中大型上压式液压机上砧锁紧装置结构

1—T 形杆　2—支撑环　3—碟簧　4—压环　5—轴套　6—活塞　7、12、15—液压缸　8—盖板
9、16—齿条　10—齿轮　11—键　13—活塞杆　14—调节杆

（2）上砧旋转装置　当上压式液压机上砧锁紧装置安装在活动横梁上部时，锁紧装置不在上砧的旋转中心，无法进行上砧旋转，须增加一套上砧旋转装置实现上砧的旋转功能。

图2-64所示为上压式液压机一种上砧旋转装置结构。T形杆2用键9与齿轮7连接，并通过推力轴承6、螺母10及压盖固定在齿轮箱3上，齿轮箱3安装在活动横梁4下部的中心位置。齿条活塞杆液压缸1的齿条8与齿轮7啮合，齿条活塞杆液压缸1为双作用液压缸，齿条活塞杆液压缸1的动作控制T形杆2的正反转。这种上砧旋转机构的T形杆只能进行旋转运动，没有上下动作，进行上砧旋转时需要上砧锁紧机构的T形杆先脱开，依靠旋转机构进行上砧旋转，旋转到位后，锁紧机构再进行锁紧。

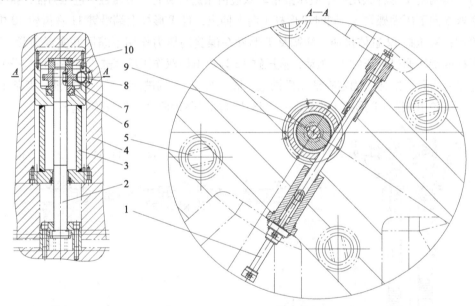

图2-64　上压式液压机的一种上砧旋转装置结构
1—齿条活塞杆液压缸　2—T形杆　3—齿轮箱　4—活动横梁　5—上砧锁紧装置
6—推力轴承　7—齿轮　8—齿条　9—键　10—螺母

图2-64中上砧旋转装置的T形杆伸出长度为固定值，T形杆无法缩回，在使用过程中误动作容易造成损毁。一些快速锻造液压机安装带有T形杆伸缩控制的上砧旋转装置，如图2-65所示。T形杆3的上端与液压缸5的活塞4固定在一起，T形杆3下端为花键结构并与齿轮2结合，且T形杆3沿花键在齿轮2上滑动，液压缸5为双作用液压缸，安装在活动横梁中，活塞4两端进排油则控制T形杆3伸出或缩回。双作用齿条液压缸6的齿条7与齿轮2啮合，双作用齿条液压缸6进排油则T形杆3正反向转动。

（3）上砧锁紧及旋转装置　一些中小型快速锻造液压机，活动横梁质量轻、

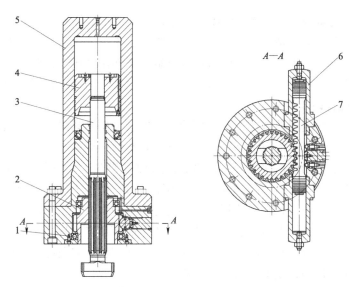

图 2-65 上压式液压机带 T 形杆上下动作的上砧旋转装置

1—轴承 2—齿轮 3—T 形杆 4—活塞 5—液压缸 6—双作用齿条液压缸 7—齿条

高度小，在安装主缸柱塞后已没有空间安装上砧锁紧装置，在需要安装上砧锁紧装置时将中间主缸柱塞刚性连接在活动横梁上，柱塞穿过活动横梁，从而将上砧锁紧装置安装在柱塞中，其结构如图 2-66 所示。T 形杆 3 下端采用键与齿轮 2 固定，上

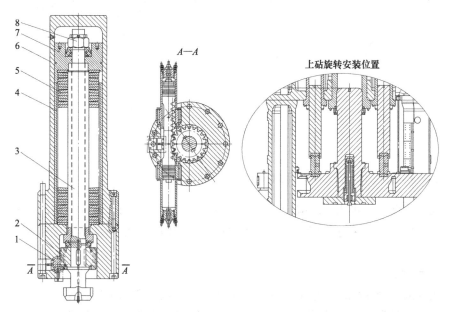

图 2-66 上压式液压机上砧锁紧及旋转装置安装在主缸柱塞中结构

1—齿条活塞杆液压缸 2—齿轮 3—T 形杆 4—导向套

5—碟簧 6—缸体 7—活塞 8—螺母

端采用螺母 8 与碟簧 5、活塞 7 连接在一起,并安装在缸体 6 之中。缸体 6 上腔通压力油,活塞 7 压缩碟簧 5 并带动 T 形杆 3 伸出,缸体 6 上腔排油,T 形杆 3 由碟簧 5 缩回并锁紧。与齿轮 2 啮合的齿形液压缸为双作用液压缸,两端分别进排油时驱动 T 形杆 3 正反向转动。采用这种结构可以同时实现上砧的锁紧及旋转功能。

3. 安装在上砧垫板上

一些中大型快速锻造液压机活动横梁没有安装上砧锁紧装置的空间,要实现上砧锁紧及快换功能,只能将上砧锁紧装置安装在与活动横梁连接在一起的上砧垫板上,采用液压缸驱动楔形块实现上砧锁紧,这种安装方式无法实现上砧旋转功能,其结构如图 2-67 所示。上砧座 4 固定有一组销杆 1,销杆 1 插入固定在活动横梁下部的上砧垫板 3 之中,在上砧垫板 3 中安装有一组楔块 2,楔块 2 从销杆 1 中心穿过,楔块 2 通过传力架 5 与安装在上砧垫板 3 上的液压缸 6 固定在一起,液压缸 6 带动楔块 2 运动。液压缸 6 的活塞杆缩回时,带动楔块 2 向左运动,楔块 2 的斜面驱动销杆 1 向上运动,使上砧与垫板锁紧。

这种上砧锁紧装置一般采用左右对称布置,结构简单,维护更换方便,但需要上砧垫板具有一定的尺寸,工作时液压系统需保持锁紧压力。

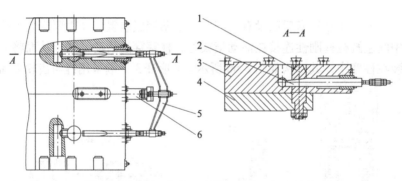

图 2-67 上砧锁紧装置安装在上砧垫板中结构
1—销杆 2—楔块 3—上砧垫板 4—上砧座 5—传力架 6—液压缸

2.3.6 移动工作台与横向移砧装置

快速锻造液压机为实现锻造工艺的灵活性及工步转换的快速性,均配置有移动工作台及横向移砧装置。移动工作台可实现多工位锻造,横向移砧装置可实现多砧型锻造。

1. 移动工作台

快速锻造液压机的锻造工序在移动工作台上完成,移动工作台尺寸及行程需满足"两砧锻造"方式,即镦粗和拔长两个工位,当完成一些特殊锻件的锻造、镦粗及饼类件和环形件的锻造时,应允许将几种锻造工具同时放置在工作台上,通过工作台的移动完成工具的更换,以及进行镦粗、拔长和矫直工作。

移动工作台的承力面为液压机的下横梁（固定梁），如图 2-68 所示，下横梁 3 与两端安装的支架 2 采用螺栓预紧在一起，上面安装加工有润滑槽的垫板 5，移动工作台台面 4 安装在垫板 5 上面，同时工作台台面 4 两端安装防护板 1、6，由安装在基础上的液压缸 7 拖动，工作台台面 4 在垫板 5 上滑动，防护板 1、6 在安装于基础上的导轨上滑动。对于中小型快速锻造液压机，移动工作台拖动液压缸一般采用双作用活塞缸。

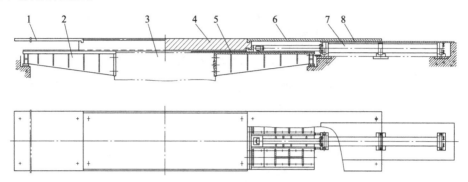

图 2-68　中小型快速锻造液压机移动工作台结构

1、6—防护板　2—支架　3—下横梁　4—工作台台面　5—垫板　7—液压缸　8—盖板

中大型快速锻造液压机工作台面大、行程长，工作台需要的拖动力大，工作台一般采用柱塞缸进行拖动，在工作台的两边分别安装一个柱塞液压缸，实现工作台的左、右移动操作，如图 2-69 所示。

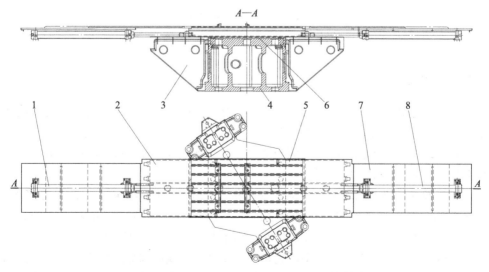

图 2-69　中大型快速锻造液压机移动工作台结构

1、8—液压缸　2、7—防护板　3—支架　4—下横梁　5—工作台台面　6—垫板

2. 横向移砧装置

横向移砧装置与移动工作台垂直布置，一般与操作者在同一条直线位置上，用来在锻造过程中根据不同工序快速更换下砧，如图2-70所示。横向移砧装置液压缸2的活塞杆与拖动小车相连，拖动小车的挂钩与下砧座4连接，多个下砧座通过挂钩连在一起，下砧座在安装于基础上的支架3和移动工作台5上移动。横向移砧装置一般设置三个砧位，工作时由液压缸驱动目标砧移动到工作位。

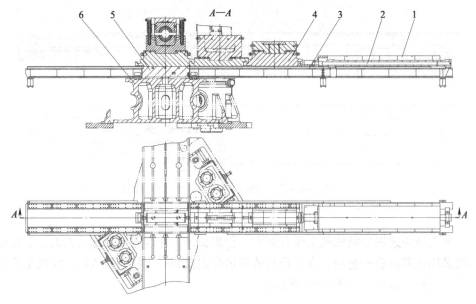

图 2-70　横向移砧装置结构

1—液压缸盖板　2—液压缸　3—支架　4—下砧座　5—移动工作台　6—下横梁

2.3.7　砧库

快速锻造液压机的横向移砧装置一般只有三个砧位，设置砧库可以方便地使用多个型砧，砧库的具体布置如图2-71所示。

砧库设置在液压机外侧或内侧与移动工作台平行方向，设置3~4个砧位和一个空位，高度与移动工作台平齐。

图2-72所示为砧库结构的一种。砧库框架4安装在固定支座上，两边端部装有导板3，砧板2在砧库移动液压缸7的作用下在导板3上移动，砧板2上安装有多组导向板1，型砧安装在导向板1间，可沿砧板2垂直方向移动。

当横向移砧装置上的三个型砧满足不了要求时，横向移砧装置将下砧推入砧库中的空位，砧库在砧库移动液压缸7的驱动下把所需的型砧移至横向移砧装置的中心线上，型砧下砧座的挂钩与横向移砧装置上的挂钩结合在一起，由横向移砧装置将其拖/推入工作砧位。

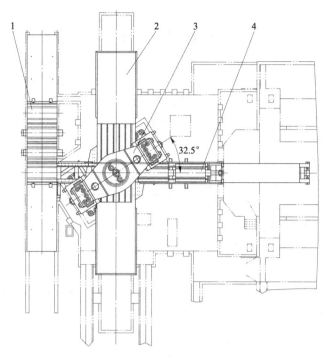

图 2-71 砧库布置图

1—砧库 2—移动工作台 3—双柱式机架 4—横向移砧装置

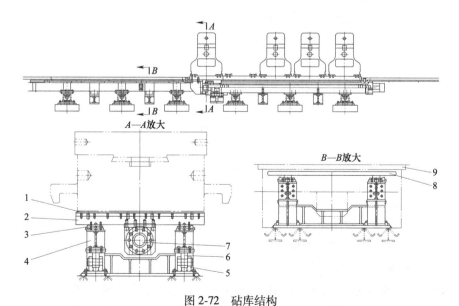

图 2-72 砧库结构

1—导向板 2—砧板 3—导板 4—砧库框架 5、6—支座 7—砧库移动液压缸 8—盖板 9—固定盖板

2.4 主机结构设计计算及有限元优化

液压机结构设计的准则是在满足工艺参数，保证有效强度及刚度条件下，缩小各部件的尺寸，减轻质量。常规的设计计算采用材料力学方法。由于快速锻造液压机结构复杂，建立计算模型时必须对结构做大幅度简化。

1. 设计计算基本方法

（1）上横梁强度及刚度计算 上横梁的刚度很大，立柱刚度则相对较小，在上横梁计算中通常将其简化为等截面或变截面简支梁，三等径缸液压机上横梁受力如图 2-73 所示。

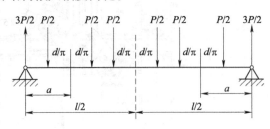

图 2-73 三等径缸液压机上横梁受力

支点距离为立柱的横梁中心距离，液压缸压力简化为集中力，作用点在液压缸法兰轴线上，最大弯矩在梁的中段，其大小为

$$M_{max} = \frac{P}{2}\left(\frac{l}{2} - \frac{d}{\pi}\right) + Pa \qquad (2-1)$$

式中　　P——单个工作缸的公称压力（MN）；

l——横梁立柱的中心距（mm）；

a——侧缸到同侧支点的距离（mm）；

d——工作缸法兰环形接触面平均直径（mm）。

上横梁的最大挠度 f_0 在中点，有

$$f_0 = \frac{Pl^3}{48EJ}\left[1 - 6\left(\frac{D}{\pi l}\right)^2 + 4\left(\frac{D}{\pi l}\right)^3\right] + \frac{Pal^2}{8EJ}\left[1 - \frac{4}{3}\left(\frac{a}{l}\right)^2 - 4\left(\frac{d}{\pi l}\right)^2\right] +$$
$$\frac{K}{GA}\left\{Pa - \frac{Pl}{4}\left[1 - 2\left(\frac{D}{\pi l}\right)\right]\right\} \qquad (2-2)$$

式中　　E——横梁的弹性模量（MN/mm^2）；

J——横梁截面惯性矩（mm^4）；

G——横梁剪切弹性模量（MN/mm^2）；

A——横梁的截面积（mm^2）；

K——横梁截面形状系数，与截面形状及尺寸有关；

D——液压缸柱塞直径（mm）。

（2）活动横梁强度及刚度计算 立柱的刚度远小于活动横梁的刚度，在对活动横梁进行刚度及强度计算时，活动横梁简化为简支梁进行分析计算。

三等径缸液压机活动横梁受力如图 2-74 所示，中间缸载荷简化为作用在球面垫底面半圆环形心的两个集中载荷，活动横梁最大弯矩 M_{max} 出现在中段，有

$$M_{\max} = \frac{PL_2}{2} + \frac{PL_1}{2} - \frac{3}{8}PL_3 \qquad (2\text{-}3)$$

式中 L_1——中间缸柱塞集中载荷作用点至活动横梁中点距离（mm）；

L_2——侧缸中心到活动横梁中点距离（mm）；

L_3——作用在活动横梁垫板的均布载荷分布宽度（mm）。

（3）下横梁强度及刚度计算 下横梁尺寸及质量远超上横梁，受力状况随不同工艺变化，在作用于下砧上的载荷作用下，下横梁受力如图 2-75 所示。

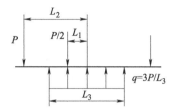

图 2-74 三等径缸液压机活动横梁受力

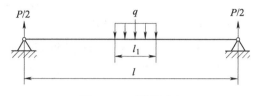

图 2-75 下横梁受力

最大弯矩 $M_{\max}$ 出现在下横梁的中段，有

$$M_{\max} = \frac{Pl}{4} - \frac{ql_1^2}{8} \qquad (2\text{-}4)$$

式中 q——均布载荷 $\left(q = \dfrac{P}{l_1},\ \text{MN/mm}\right)$；

l_1——均布载荷分布宽度（mm）。

（4）立柱与拉杆设计计算 快速锻造液压机的机架目前多为拉杆全预紧框架，立柱为空心结构，采用长拉杆穿过上横梁、立柱内孔及下横梁，拉杆上、下两端采用螺母预紧。立柱只受压应力及偏心弯矩，拉杆承担变形载荷。

拉杆多采用实心拉杆，其横截面半径由下式确定

$$\sigma = \frac{F}{4\pi r^2} \leqslant [\sigma] \qquad (2\text{-}5)$$

式中 F——预紧力，取 1.5 倍的公称力（MN）；

σ——拉杆横截面上的应力（MPa）；

$[\sigma]$——拉杆材料许用应力（MPa）；

r——拉杆横截面半径（mm）。

液压机预应力机架的立柱为压弯应力状态，需承受预紧时的压应力及锻造过程中的弯曲应力。在工作状态，立柱的设计主要是为了避免偏心锻造时偏心弯矩对立柱与横梁接触面的破坏，在最大偏心弯矩作用下，确保立柱危险截面的强度在许用应力范围之内。

（5）液压缸计算 液压缸多采用弹性力学经验算法，以确定其基本参数，再

根据简化的力学模型进行强度校核。

液压缸柱塞直径与作用力及液体工作压力关系为

$$D = \sqrt{\frac{4F}{\pi p}} \qquad (2-6)$$

式中　D——液压缸柱塞直径（mm）；

　　　F——液压缸作用力（MN）；

　　　p——液体工作压力（MPa）。

液压缸缸体内直径

$$D_1 = D + \Delta \qquad (2-7)$$

式中　D_1——液压缸缸体内直径（mm）；

　　　Δ——液压缸缸体与柱塞间隙（mm）。

根据经验公式，液压缸外径D_2为

$$D_2 = D_1 \sqrt{\frac{[\sigma]}{[\sigma] - \sqrt{3}p}} \qquad (2-8)$$

式中　D_2——液压缸缸体外直径（mm）；

　　　$[\sigma]$——缸体材料的许用应力（MPa）。

缸底厚度 t

$$t = (1.5 \sim 2)(D_2 - D_1)/2 \qquad (2-9)$$

液压缸最大应力会出现在缸筒内壁，当进行强度校核时，其筒壁当量应力为

$$\sigma_{\max} = \frac{\sqrt{3}D_2^2}{D_2^2 - D_1^2}p \qquad (2-10)$$

若计算出的$\sigma_{\max}$在许用应力范围内，则缸体设计是安全的。

2. 有限元设计及优化

在有限元方法出现之前，快速锻造液压机的主机及关键部件的分析校核通常采用经典力学及经验公式等方法，通过对实际情况做大量的假设和简化来分析结构在特定载荷条件下的应力及应变情况，最终确定出部件的强度及刚度是否满足要求，无法精确地计算出结构部件的局部应力及变形大小。目前以经典力学理论为基础的有限元法发展迅速，计算准确度高，在工程实际中广泛应用。采用有限元法进行快速锻造液压机相关分析计算，能有效解决复杂结构的强度及刚度问题，提高其可靠性并缩短开发周期、降低成本。

液压机结构设计常用的有限元分析软件有 ANSYS、ABAQUS，其基本分析步骤近似：采用三维造型软件建立几何模型，进行网格划分，建立各种属性、边界条件、确定载荷，计算及结果处理等。利用有限元分析方法对液压机横梁、立柱、拉杆、液压缸等进行静力学分析，得到这些关键部件在最大载荷下的应力分布和变形分布，实现强度校核—结构改进—再校核—再改进的分析设计方式，完成液压机关

键件的结构设计工作。

图 2-76 所示为 31.5MN 快速锻造液压机偏心锻造主机结构变形有限元分析，机架为预应力框架，液压系统将高压油作用于主缸，再分别通过柱塞和缸体作用于活动横梁及上横梁。下横梁与基础相连为全约束，上下横梁、立柱用拉杆和螺母绑定接触。

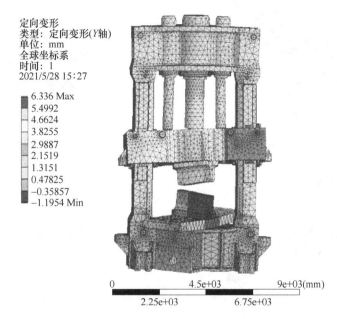

定向变形
类型：定向变形(Y轴)
单位：mm
全球坐标系
时间：1
2021/5/28 15:27

6.336 Max
5.4992
4.6624
3.8255
2.9887
2.1519
1.3151
0.47825
−0.35857
−1.1954 Min

图 2-76　31.5MN 快速锻造液压机偏心锻造主机结构变形有限元分析

图 2-76 中偏心距为 400mm，液压机作用力 30MN，在此偏心载荷作用下，活动横梁出现了较为明显的偏转，机身变形主要集中在主侧缸柱塞及活动横梁上，其中在受偏载力的一侧，活动横梁的偏转位移较大；下砧和下横梁受到与上横梁和上砧大小相等的载荷，偏载一侧产生一定位移，但数值相对活动横梁的位移较小。偏心锻造时主机整体变形在允许范围。也可采取措施，进一步降低局部应力集中及变形，提高主机的安全系数。

图 2-77 所示为内径 $\phi1100$mm，外径 $\phi1585$mm，缸底厚度 400mm，材料 20MnMo，法兰安装的液压机主缸有限元模型及等效应力应变计算结果。液压缸的结构形状较复杂，传统弹性力学方法难以建立精确的数学及力学模型，特别是法兰、油口、缸底圆角等应力集中处。采用有限元法对其进行计算，可准确确定液压缸的应力分布情况，进而分析其结构设计的合理性。

图 2-77a 为缸体模型和有限元网格，对可能出现应力集中的法兰过渡圆角及承受载荷的法兰面、主缸内壁等进行网格细化。图 2-77b 为缸体载荷及约束，主缸与上横梁接触的法兰面 A 面施加位移约束，圆柱 B 面施加径向约束，缸体内表面 C

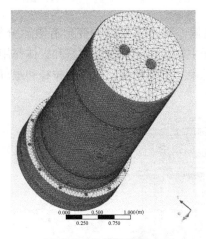

a) 缸体模型和有限元网格

b) 缸体载荷及约束

c) 缸体的等效应力分布图

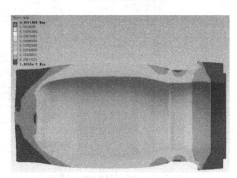

d) 缸体的等效应变图

图 2-77　主缸有限元模型及等效应力应变

施加 35MPa 的液体工作压力。液压缸在上述条件下的静力学分析如图 2-77c、d 所示，图 2-77c 为缸体的等效应力分布图，图 2-77d 为缸体的等效应变图。缸体的最大等效应力出现在法兰与缸筒过渡处，最大等效应变出现在缸底及缸筒上下部分，缸体的最大等效应力在材料的许用应力范围内，最大等效变形也在允许范围内。

采用有限元分析软件自带的优化设计模块可对主缸关键参数及细节进行优化，充分利用材料的性能，使主缸的受力、变形处于合适的水平，既不浪费原材料的投资，又能保证装备的使用寿命。

第❸章

液压系统

快速锻造液压机以液压油为工作介质，采用液压泵将机械能转换为液体压力能，由液压缸将液压能转换为机械能，驱动运动部件对坯料进行成形加工。液压能通过管道传输，由各种液压控制阀对液压能进行方向、流量、压力调节，实现快速锻造液压机的运动方向、工作速度、压力及位置等控制。

快速锻造液压机液压系统经过数十年的发展，出现了多种传动形式的液压系统：按主控制装置分有开关阀系统、比例阀系统、伺服滑阀系统、泵控系统、伺服锻造阀系统等；按液压机的快下行程充液方式分有低压充液罐充液系统、高位油箱充液系统、泵充液系统等；按快锻回程实现方式分有阀回程快锻系统、蓄能器回程快锻系统、泵回程快锻系统等；按主泵类型分有定量泵系统、比例变量泵系统、正弦泵系统等。实际应用中这些不同的系统及传动形式可根据需求进行合理组合，满足快速锻造液压机的不同工艺参数要求。

3.1 工作特点

快速锻造液压机由活动横梁带动上砧对置于下砧上的坯料进行成形，活动横梁的动作根据锻造成形工序不同，有大行程的正常锻造方式（常锻）和小行程的精整快速锻造方式（快锻）两种，活动横梁的动作曲线有两种基本形式，如图 3-1 所示。

图 3-1a 所示为手动及常锻方式活动横梁运动曲线，液压机的工作行程较长，压机从上停点开始向下运动，通过快下行程快速接近锻件后进行加压；图 3-1b 所示为快锻方式（或没有快下行程压机）活动横梁运动曲线，液压机从上停点开始，直接转入加压行程，由于没有快下行程，且液压机的加压速度远低于快下速度，快锻方式不适合于大行程的锻造工序，多用于小行程的精整锻造。

快速锻造液压机的基本动作为空程快下、加压、回程、停止等动作，由于其运动部分（活动横梁、主缸柱塞、回程缸、上砧等）质量在数十乃至数百吨以上，运动惯量大，为使活动横梁运动平稳、换向冲击振动小，液压机的每个动作之间都

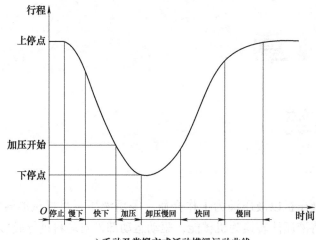

a) 手动及常锻方式活动横梁运动曲线

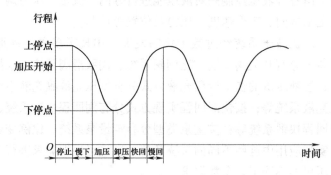

b) 快锻方式活动横梁运动曲线

图 3-1 快速锻造液压机活动横梁运动曲线

有一个速度转换过程，如从停止开始进行一个动作循环：活动横梁从停止加速转慢下、慢下加速转快下、快下减速转加压、加压到锻造尺寸后转慢速卸压回程、卸压到一定压力后转快速回程、接近上停点时转减速慢回至停止。

快速锻造液压机最重要的特点是运动速度快，运动速度对自由锻生产的效率影响大，但运动速度也影响液压机动作的平稳性。快速锻造液压机的快速性主要受以下几方面的影响：

1）快下速度。如速度过大，在快下转加压时，容易出现"水击"现象，引起管道振动；同时，由于活动横梁等运动部分质量较大，在运动过程中突然减速或停止，会引起液压机振动。快下行程多采用充液方式实现，快下速度一般在 200～350mm/s 左右。

2）加压速度。提高加压行程速度，能减少工作循环时间，并减少上砧与锻件接触时间，提高生产率，但加压速度与液压机的装机功率相关，增大加压速度会增加投资及运行成本。加压速度一般在 80～150mm/s 左右。

3）回程速度。如速度变化太大，在行程较小时，由于惯性引起的冲击和位置超程也较大，回程速度一般在 200~350mm/s 左右。

4）建压时间。由于工作液体、管道、工作缸及机架等都是弹性体，当液体压力增加时，它们都会产生相应的弹性变形，必须补充一定量的工作液体，因此建压需要占用一定的时间；同时液压机的主液压泵距离工作缸均较远，高压液体从液压泵到工作缸之间的传输也需要一定时间。

5）卸压时间。液压机加压完毕，液压机机架及工作缸储存了大量的能量，工作缸中的液压能需要平稳地排卸出去。如果卸压阀口开启过小，则卸压慢、卸压时间长；如阀口开启过大，虽然卸压快，但易造成液压冲击。

6）上、下转换点的滞后时间。活动横梁进行换向需要一定时间。

从上述几方面看，合理选择快速锻造液压机的工作参数，协调液压系统控制阀组间的启闭关系，减少阀组动作所需时间，以及通过减少高压系统的初始容积来减少系统的建压时间等是提高快速性的主要措施。

影响快速锻造液压机平稳性的主要原因是液压系统的振动与冲击。快速锻造液压机工作在高压大流量状态，流动的液体具有强大的液压能，其中一部分液压能用来使工件产生塑性变形；另一部分则使工作缸、工件、管道及机架系统产生弹性变形，同时由于液压油的液压弹簧效应也储存了大量能量，这些弹性势能的转换导致了系统中压力、活动横梁的速度和行程均具有振动特性。当工作过程中活动横梁速度突然变化或阀组瞬时开启时，在主缸、回程缸和系统的管道中都会产生液压冲击。

快速、平稳、高精度的指标不断促进快速锻造液压机技术的进步，快速锻造液压机现有的各种传动控制形式均是为满足动作速度快、液压冲击振动小、控制精度高的要求而研究与开发出来的，只有合理地设计液压系统，选用合适的液压动力元件和控制元件，才能够满足其使用性能要求。

3.2 传动控制形式

快速锻造液压机具有较高的锻造速度、锻造频次和锻件尺寸控制精度，与普通液压机相比，其液压系统的技术要求也更高：

1）在控制系统控制下，液压系统能实现液压机在较小行程下的快速循环，即快速锻造。

2）液压机在较高锻造频次下，液压系统的冲击、振动应控制在最小范围内，即系统在高压大流量、工作循环次数较高的状态下，能安全、正常、稳定工作。

3）液压机运动部分在工作转换瞬间对基础的冲击和振动较小。

快速锻造液压机的液压传动系统不论采用何种传动形式，基本回路的组成均相似，其性能主要由主控元件决定。在一定流量下，快速锻造液压机的快速性和平稳性主要受主控元件的开启特性影响，即主控元件的特性影响主缸与回程缸进、排液速度，从而影响液压机的快速性和平稳性。

实际应用表明，为了减少压力冲击，使液压机动作平稳，主缸与回程缸的进液过程应满足先慢后快再慢的过程，如图 3-2a 所示，实现活动横梁低速起动、高速运行、减速停止动作。液压机的主要冲击与振动发生在主缸卸载瞬间，为使主缸卸载平稳，减少冲击振动，应使主缸卸载阀按先慢后快顺序开启，如图 3-2b 所示，主缸先低速卸压、再高速泄流，从而实现主缸平稳卸载、快速排油。

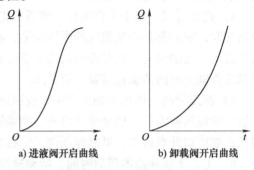

a) 进液阀开启曲线　　　　b) 卸载阀开启曲线

图 3-2　快速锻造液压机控制阀组开启曲线

主缸与回程缸进、排液过程按理想的曲线进行组合，可使快速锻造液压机实现动作快速、运行平稳的目的。

快速锻造液压机吨位大，液压系统工作在高压、大流量状态下，要求液压系统控制精度高、压力冲击小，以及节能等，国内外对其传动系统进行了广泛研究，并逐渐形成了以下几种通用的传动控制形式。

3.2.1　三级插装阀控制

插装阀（逻辑阀）是由先导阀、控制盖板、主阀插件（逻辑单元）组成的二级阀，采用先导电磁阀直接控制主阀的启闭，由于先导电磁阀的额定流量有限，当大规格的主阀启闭时间超过 1000ms 时，无法满足高压大流量的要求。

三级插装阀结构具有启闭响应速度快、冲击小等特点，因此在快速锻造液压机中采用三级插装阀组件来满足液压系统大流量、快速换向的工作要求。

图 3-3a 所示为通用三级插装阀。当电磁阀 3 断电时，先导插装阀 2 在控制油作用下关闭，主阀 1 也跟着快速关闭。当电磁阀 3 通电时，阀 2 快速开启，主阀 1 也跟随开启。阀 2 的行程调节器与液阻可以改变阀 2 的启闭速度与阀 1 控制腔的排油量，从而控制主阀 1 启闭的平稳性，减缓系统的冲击。对于进液阀组，可形成先慢后快再慢的主阀开启曲线；对于卸载阀组，与阻尼阀配合使用，可使主阀卸载时按先慢后快过程开启。

图 3-3b 所示为卸载专用三级插装阀，是在普通三级插装阀的主阀 1 控制腔与阀 2 的进油口之间增加液控先导二通插装阀组，实现主阀 1 先缓慢卸压后大量泄油的控制，实际上是一种开启速度先慢后快的二通插装阀组。

当电磁阀 3 断电时，从主阀 1 进口来的压力油进入阀 2 控制腔，使阀 2 关闭，同时压力油进入液动阀 5 控制腔，压力大于液动阀 5 的弹簧力，液动阀 5 切到右位；另一路控制油经可变阻尼后进阀 4 的 A 腔，再经单向阀进入阀 1 控制腔、阀 4 的 B 腔及液动阀 5 到阀 4 控制腔，阀 4 关闭，阀 1 也关闭。

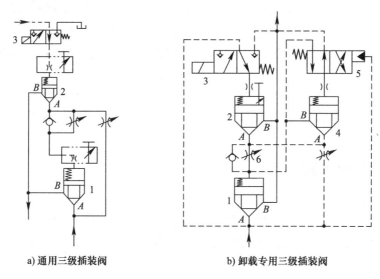

a) 通用三级插装阀　　　　b) 卸载专用三级插装阀

图 3-3　三级插装阀工作原理

1—主阀　2、4—插装阀　3—电磁阀　5—液动阀　6—节流阀

当电磁阀 3 通电时，阀 2 快速开启，阀 1 控制腔油经节流阀 6 及阀 2 排出，阀 1 在压差作用下缓慢开启，阀 1 开始卸压；当阀 1 的 A 口压力低于液动阀 5 弹簧压力时，液动阀 5 复位，阀 4 开启，阀 1 上腔控制油经阀 4 的 B 口、A 口、阀 2 排出，阀 1 迅速开启。

节流阀 6 用来调节阀 1 卸压时的开启速度，液动阀 5 及阀 4 用来控制阀 1 先缓慢卸压，后快速开启，快速开启时机由阀 5 的弹簧力调定。阀 2 的行程调节用来控制阀 2 的开启速度和阀 1 的控制腔排油背压，使阀 1 在小开度下缓慢卸压。

三级插装阀的工作特性类似开关阀，组成的液压系统结构简单，如图 3-4 所示。主缸进液阀、回程缸进排液阀、主缸排液阀均为三级插装阀，低压充液罐为快下行程进行充液。采用多个不同

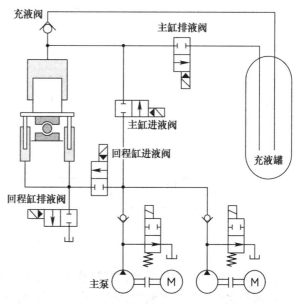

图 3-4　三级插装阀控制的快速锻造液压机工作原理

通径的插装阀可以组成不同吨位的系统，并能按工艺要求灵活调整和控制，整体投资成本低，且由于逻辑元件具有动作时间短、密封可靠、制作装配简单、系统紧凑、标准零件的维修更换便捷、控制简单等优点，三级插装阀系统在早期得到了普遍应用与发展。但由于系统为开关控制模式，液压缸的压力波动及系统的压力冲击也较大；阀的启闭性能需要通过调节多个阻尼元件来实现，系统调试难度大，故障检查比较复杂。多级插装阀组成的液压系统在各种吨位的快速锻造液压机上都有应用。

3.2.2 伺服滑阀控制

通用的换向滑阀通径一般不超过 $\phi32mm$，最大通过流量每分钟可达数百升，而快速锻造液压机上应用的专用滑阀通过流量可在每分钟数千升以上，其结构如图 3-5 所示，滑阀芯 2 通过两端的控制活塞进行驱动，阀芯位置由位移传感器检测。

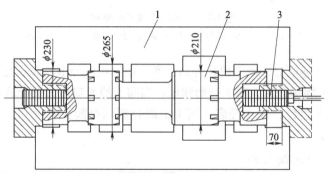

图 3-5　快速锻造液压机用一种大型滑阀结构
1—滑阀体　2—滑阀芯　3—控制活塞

快速锻造液压机用大型滑阀机能如图 3-6 所示，为一大型 2/3 位专用 5 通滑阀，换向时中间位置不停为 2 位滑阀；中间位置停就是 3 位滑阀，其中间位置为 O 形机能。

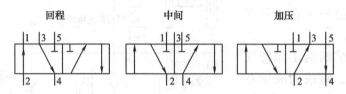

图 3-6　快速锻造液压机用大型滑阀机能

该滑阀由伺服阀直接驱动，控制系统通过检测滑阀芯位置信号进行闭环控制，由伺服阀根据给定信号控制滑阀的工作位置及动作速度，从而控制通过滑阀的油液流量大小及方向。控制滑阀的伺服阀为滑阀式直接位置反馈伺服阀，由动圈式力马达和两级滑阀式液压放大器组成，压力油由 P 口进入，A、B 口接滑阀两端的控制腔，T 口回油，其结构简单，工作流量大，可以直接驱动滑阀工作，图 3-7 所示为滑阀式直接位置反馈伺服阀工作原理。

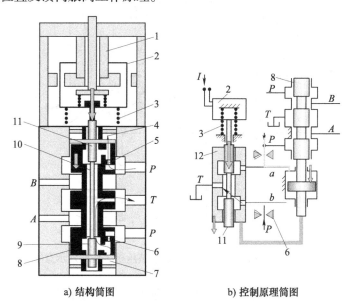

a) 结构简图　　　　　b) 控制原理简图

图 3-7　滑阀式直接位置反馈伺服阀工作原理

1—磁钢　2—线圈　3—调零弹簧　4—主阀驱动上腔　5—上固定节流孔　6—下固定节流孔
7—主阀驱动下腔　8—主阀芯　9—下先导阀口　10—上先导阀口　11—先导阀芯　12—先导阀套

滑阀式伺服阀的电—机械转换装置为动圈式力马达，线圈 2 下端固定有先导阀芯 11，由调零弹簧 3 支撑，如在线圈 2 中通正方向电流，线圈 2 在磁钢 1 的磁场作用下带动先导阀芯 11 向下运动，先导阀芯 11 与先导阀套 12 的相对位置发生变化，上先导阀口 10 关闭，下先导阀口 9 打开，控制油通过相同通径的上、下固定节流孔后作用在先导阀芯 11 上，由于下先导阀口 9 打开，控制油经此可变节流口排回油箱，造成主阀芯 8 的驱动下腔 7 压力下降，主阀芯 8 在上、下端面压差作用下向下移动，主阀油口 P 到 A 通，B 到 T 通。随着主阀芯 8 的下移，先导阀芯 11 的阀口关闭，主阀芯停留在给定的平衡位置。主阀芯 8 为空心结构，既是主阀的阀芯，又是先导阀芯 11 的阀套，先导滑阀系统构成位置闭环反馈系统，线圈 2 的输入电流大小控制先导阀的位移，从而控制主阀的开启位置、输出流量及执行机构的运动速度。如线圈 2 中通入反向电流，主阀芯 8 则向上成比例开启。

伺服滑阀控制的快速锻造液压机工作原理示意图如图 3-8 所示。伺服滑阀组成的液压传动系统简单，类似一般滑阀控制系统，滑阀行程采用闭环控制回路，伺服滑阀系统由滑阀、动圈式直接位置反馈伺服阀、滑阀阀芯位置反馈传感器构成闭环控制；主缸、回程缸的进、排液流量控制均由滑阀实现，通过调节滑阀某一通道的

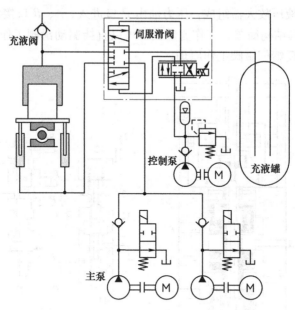

图 3-8　伺服滑阀控制的快速锻造液压机工作原理示意图

相角超前来改善该阀的流量梯度，降低传动刚度，减少液压冲击，使液压机运行平稳。采用伺服滑阀作为主控阀，液压机的主缸及回程缸进、排油均由滑阀完成，液压系统组成简单，控制方便，但由于主控滑阀容易磨损，滑阀开启时液动力大、平稳性差，故伺服滑阀系统只在中小吨位快速锻造液压机中应用。

伺服阀需采用专门的液压泵提供稳定的控制油源，并且对控制油液的清洁度要求较高。

3.2.3　双向变量泵（正弦泵）控制

双向变量泵是一种径向变量柱塞泵，也称正弦泵。工作过程中不仅输出流量可以变化，而且进、出油口可以进行转换，输出流量可以根据执行机构要求按正弦曲线变化，其结构及工作原理如图 3-9 所示。布置有径向柱塞孔的缸体 1 安装在配流轴 9 上，通过联轴器 11 与传动轴 12 相连，随传动轴一起旋转；柱塞 2 由静压润滑滑靴 4 支撑，在偏心力和液压力的作用下压向定子环 3；柱塞 2 底部的配流孔 8 实现油液平稳输出，柱塞回缩装置 10 使柱塞 2 在低速时与滑靴 4 可靠接触；定子环 3 随偏心摆 7 在摆动驱动机构 6 的驱动下绕芯轴 5 双向摆动，并改变缸体 1 中柱塞的运动距离。当定子环 3 偏摆在正中心时，缸体 1 上的柱塞缸既不吸油，也不排油；当定子环 3 偏摆在右边时，下边柱塞缸吸油，上边柱塞缸排油；当定子环 3 偏摆在左边时，上边柱塞缸吸油，下边柱塞缸排油。

双向变量泵采用液压缸驱动偏摆机构，液压缸由伺服阀控制，液压缸位移由位移传感器检测，伺服阀、液压缸、位移传感器组成闭环控制系统，其控制原理如

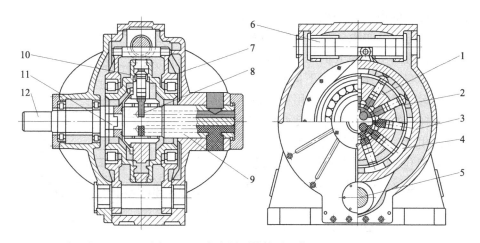

图 3-9 双向变量泵结构及工作原理

1—缸体 2—柱塞 3—定子环 4—滑靴 5—芯轴 6—摆动驱动机构
7—偏心摆 8—配流孔 9—配流轴 10—柱塞回缩装置 11—联轴器 12—传动轴

图 3-10 所示。液压泵的输出流量及方向由控制系统根据动作要求进行控制，应用在换向频繁的快速锻造液压机上时，其输出流量可以根据液压机的动作要求呈正弦规律进行输出。

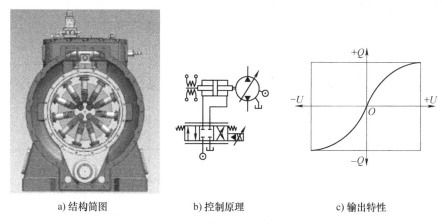

a) 结构简图　　　　　　b) 控制原理　　　　　　c) 输出特性

图 3-10 双向变量泵控制原理

当双向变量泵作为快速锻造液压机的主控元件时，要求其控制灵活、动作响应快，伺服控制采用力反馈型喷嘴挡板伺服阀，其电—机械转换装置为动圈式力矩马达，放大级为四通滑阀，工作原理如图 3-11 所示。衔铁 1 上缠绕线圈，由弹簧管 3 支撑在磁钢 2 中，衔铁 1 下面固定有薄挡板 4，挡板 4 下连接有弹性杆 6。当线圈中通不同方向电流时，衔铁 1 带动挡板 4 偏转，挡板 4 与喷嘴 5 之间的间距发生改变，形成可变节流孔。控制油经过滤器 10、固定节流孔 9 进入喷嘴 5 的进油腔，如线圈中通入的电流使挡板 4 向左偏转，则挡板 4 与左喷嘴间距变小、与右喷嘴 5 间距变大，滑阀 7 右腔 8 的压力下降大，滑阀在左、右腔液压力作用下向右运动，滑阀 7 的运动通过弹性杆 6 作用在挡板 4 上，弹性杆 6 的反馈力矩与挡板 4 的旋转力矩方向相反，构成负反馈系统。滑阀 7 的阀口开启位置与线圈的输入电流成正比，若线圈通反向电流则滑阀 7 向另一方向开启。

双向变量泵控制的快速锻造液压机工作原理如图 3-12 所示，液压系统组成简单，主要控制元件为双向变量泵，采用供液泵为双向变量泵补液。当液压机压下时，一部分泵从回程缸吸油排入主缸，另一部分泵从低压供液系统吸油排入主缸；

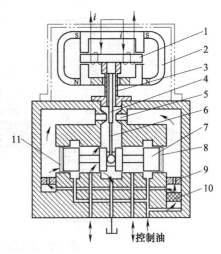

图 3-11　力反馈型喷嘴挡板伺服阀工作原理

1—衔铁　2—磁钢　3—弹簧管　4—挡板

5—喷嘴　6—弹性杆　7—滑阀　8—滑阀右腔

9—固定节流孔　10—过滤器　11—滑阀左腔

液压机回程时所有泵从主缸吸油，一部分泵将油排入回程缸，另一部分泵将油排入低压系统。液压机主缸的卸载一般通过三级插装阀完成，泄流由泵实现。

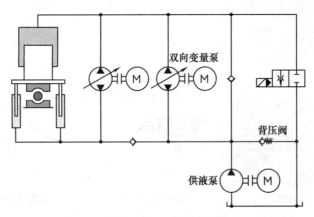

图 3-12　双向变量泵控制的快速锻造液压机工作原理

双向变量泵系统由伺服阀通过伺服液压缸来驱动定子按一定规律偏摆，泵按所需曲线输出流量，泵的实际偏转位置由反馈传感器检测，并构成位置闭环控制，其加压速度随泵的排量变化而变化，加压和回程的方向变换由泵本身的转换来实现，不需要其他液压系统常用的换向阀。液压机下降、加压和回程转换时没有冲击，完全消除了系统中因压力冲击引起的振动；同时，由于不用充液阀和换向阀，省去了大部分的操纵和控制液压阀，减少了这些阀门建压、卸压时间及节流的能量耗损，大大提高了传动效率，不仅增加了每分钟的行程次数，而且减少了维修工作，提高了运转率。液压机压下与回程动作及其速度与泵的排量精确地成比例，液压机反应灵敏，控制精度高；同时由于泵的排量可变，使用多台泵组合可得到适合于不同锻造工艺的运动曲线，系统能量损失少，能量利用率高，相对节能。其缺点是系统的成本与使用维护费用高，主泵伺服控制系统对油液的清洁度要求高，并且难以采用充液方式为压机的快下行程充液，双向变量泵构成的快速锻造液压机没有快下行程。

3.2.4 比例阀控制

比例阀控制系统采用大通径电液比例节流阀进行液压机流量控制与分配，大通径电液比例节流阀由比例电磁铁、先导液压控制桥路及插装式功率级主阀等组成。

图 3-13 所示为一种大通径电液比例节流阀的控制原理，一个小型比例节流阀作为先导控制阀，通过主阀芯圆柱形表面上的轴向窄槽构成液压位置反馈。该窄槽与阀套内侧节流棱边在阀的进口与主阀芯上部容腔之间形成可变节流口，随主阀芯的开启而变化，是液压桥路一臂的一部分，可提供内部位置反馈。先导比例节流阀打开后，主阀上部容腔中压力

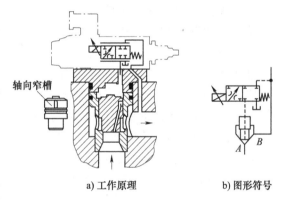

a) 工作原理　　b) 图形符号

图 3-13　一种大通径电液比例节流阀的控制原理

降低，主阀芯在液压力作用下上移，通过反馈液阻的流量随主阀芯位移的增大而增大，直至平衡位置。如果先导阀流量减少，则主阀芯力平衡被打破、主阀芯向下运动，减小窄槽面积并减小进入上腔的流量，直到恢复力平衡为止。

图 3-14 所示为另一种大通径电液比例节流阀的控制原理图，比例节流阀为 3 级控制结构：先导级为比例电磁铁控制的方向节流阀，中间级为控制弹簧与顺序阀芯，主级为阀芯与阀套组成的 2 通插件。比例电磁铁推动先导阀芯与控制弹簧的反馈力相平衡，并由此控制顺序阀芯的位置，而主阀芯则跟随顺序阀芯动作，从而控制 2 通插件油口的开口面积与比例电磁铁的输入电流成正比，且保证主阀芯的开口与阀口的压差无关，从而实现主阀流量的比例控制。

这种大通径电液比例节流阀一般采用液压反馈控制方案，利用自身液压设计来进行流量调节控制，从而实现对主阀芯的伺服型控制而不用电反馈传感器。大通径电液比例节流阀内部的控制油路可直接自阀口引入，在没有外部专供控制油的作用下也能正常工作。

主阀芯位移仅取决于比例电磁铁的输入电流。阀的控制流量可返回到主阀出

口，阀的能量效益高。由于没有内部
电反馈回路，结构简单，成本效益高，
使用维护方便；同时主阀芯位置受内
部液压闭环系统控制，其动态控制效
果好。

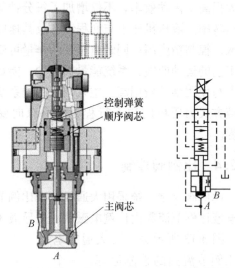

a) 比例节流阀工作原理　　　b) 图形符号

图 3-14　另一种大通径电液比例
节流阀的控制原理

采用多个大通径比例节流阀组成
快速锻造液压机系统，其液压系统组
成类似多级插装阀系统，但工作缸的
进、排液控制阀可以进行连续控制，
液压系统的调节与控制完全由控制系
统实现。通过液压机的压力、位移等
反馈信号修正控制系统给定信号，可
获得满意的加压及卸载曲线，完全排
除人为调节因素的影响，使调试过程
从多级插装阀的人工定性调节转变为
控制器定量控制。由于采用了电液比
例控制技术，控制系统的输出信号能按预定规律连续成比例地调节主缸、回程缸的
进、排液，使液压机在不同动作之间能平稳过渡，可有效地减轻系统的液压冲击与
振动强度，有利于提高锻造次数与控制精度，不仅改善了系统的控制性能，而且简
化了液压系统，提高了可靠性。但这类大通径比例节流阀采用内部液压负反馈，控
制精度、响应速度及阀的通流量均受到影响，一般应用在小型快速锻造液压机上。

3.2.5　高频响比例阀控制

高频响比例阀（又称伺服比例阀）是一种专门设计用于高速、大流量闭环控
制的 2 通比例插装阀，用于控制液流的流量和方向，通流量大、响应速度快，在各
种规格快速锻造液压机中广泛应用，图 3-15 所示为一种高频响比例阀控制原理。
先导伺服阀 1 通过控制器 7（控制器可分开，也可集成在阀上）实现给定比例电流
信号与先导阀的闭环位置控制；先导伺服阀 1 实现主阀芯 3 上的控制油腔 2 和控制
油腔 4 的流量控制，通过位移传感器 6、控制器 7 实现主阀芯 3 的位置控制，从而
控制主阀芯的开启动作与幅值、实现流量控制。主阀为 2 通插装阀，最大通流量每
分钟上万升，主阀的全开全关时间在几十毫秒之内。

图 3-15 所示高频响比例阀可以应用其安全功能来提高快速锻造液压机的安全
性，在压力油作用下，大通径主阀在中间开关阀断电时自动处于关闭或打开状态，
避免主阀在突然掉电或控制系统故障时发生不可预料的危险动作。

图 3-16 所示为另一种高频响比例阀控制原理，采用先导控制阀 4 对主阀芯 1 进
行控制，先导阀、主阀芯均采用传感器进行位置检测，并通过控制器构成闭环控制，

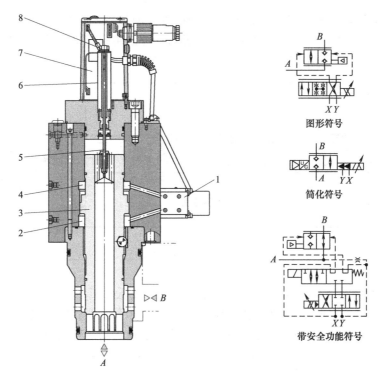

图 3-15 一种高频响比例阀控制原理

1—先导伺服阀 2、4—控制油腔 3—主阀芯 5—连接杆
6—位移传感器 7—集成控制器 8—传感器调节装置

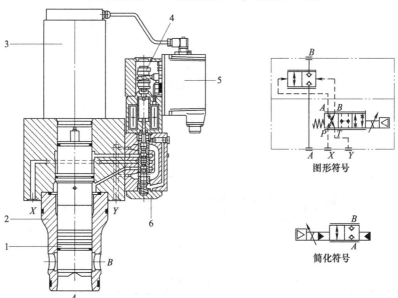

图 3-16 另一种高频响比例阀控制原理

1—主阀芯 2—阀套 3—主阀位移传感器 4—先导控制阀 5—控制器 6—先导控制阀

其控制如图 3-17 所示。高频响比例阀的内部为双闭环控制系统，使用时根据流量要求输入给定信号，高频响比例阀的控制器自动控制主阀阀口的开启位置及开启速度，实现输出流量的精确控制。

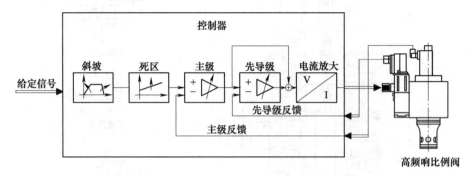

图 3-17　高频响比例阀控制

图 3-18 所示为高频响比例阀控制的快速锻造液压机工作原理，液压机的快下充液采用高位油箱实现，液压机的快锻回程动作采用蓄能器完成。主缸、回程缸控制阀可根据需要均采用高频响比例阀。在中大型快速锻造液压机中，在主泵配置有

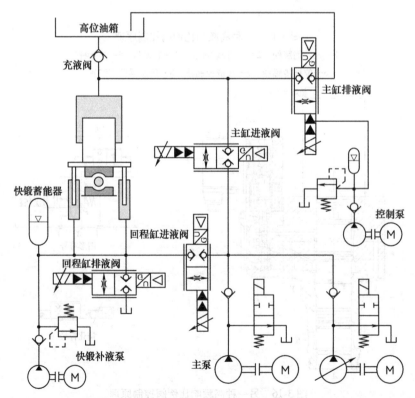

图 3-18　高频响比例阀控制的快速锻造液压机工作原理

部分比例控制变量泵时，液压系统中的主缸、回程缸进液等阀组也可采用开关阀组。在中小型快速锻造液压机中，主缸卸载阀采用高频响比例阀，其他阀也可采用一般的比例阀、开关阀。高频响比例阀与其他阀的不同配置形式在现有的快速锻造液压机中均有应用，具体配置情况根据液压机的吨位、用户的性价比要求确定。

采用高频响比例阀，主缸的进、排液过程控制灵活，卸载平稳、快速，可以实现压机较高的响应速度；液压机快下转加压、回程转快下等动作转换过程连贯、液压机运行时振动小。

目前，高频响比例阀价格较高、使用要求严格，需要控制泵提供稳定、清洁的外控控制油，但其控制特性好，响应速度快，规格齐全，目前已成为快速锻造液压机的主流控制阀，应用在各种规格的快速锻造液压机中。

3.2.6 伺服锻造阀控制

伺服锻造阀结构及工作原理如图 3-19 所示。主阀为大通径阀套 1、阀芯 2 组成的 2 通插装式结构，阀芯 2 与控制活塞 3 连接在一起，控制活塞由伺服阀 6 驱动，并与控制活塞位置传感器 5 组成闭环控制系统，通过高响应的伺服阀驱动控制活

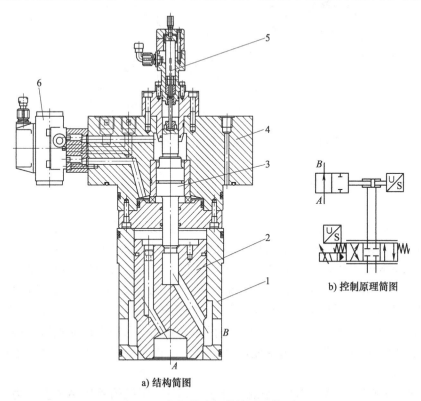

a) 结构简图

图 3-19　伺服锻造阀结构及工作原理

1—阀套　2—阀芯　3—控制活塞　4—控制盖板　5—控制活塞位置传感器　6—伺服阀

b) 控制原理简图

塞，从而实现对主阀的控制。这种伺服锻造阀结构简单、流量控制特性好，可以按需要做成较大规格，适用于快速锻造液压机这种高速、大流量液压传动系统。

伺服锻造阀的主要功能是控制主缸卸载，是一种专用阀组，其通流量大，中小型快速锻造液压机系统中采用一个锻造阀即能满足要求，工作原理如图 3-20 所示。图 3-20 中液压机的快下行程充液采用泵进行充液，快锻回程动作采用蓄能器完成。

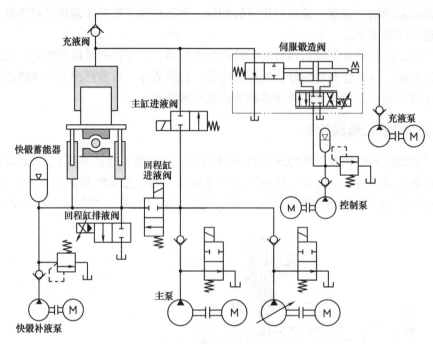

图 3-20 伺服锻造阀控制的快速锻造液压机工作原理

3.3 液压系统实例

随着液压技术的发展，快速锻造液压机中所用的泵、阀等元件已集中到少数厂家，根据所使用的液压元件特点，目前快速锻造液压机的液压系统可简单归纳为三大类：

1）Rexroth（力士乐，Bosch Rexroth，博世力士乐）类液压系统。采用力士乐通用的泵、阀组成各种配置的液压系统。定量泵、变量泵或定量泵加变量泵组合作为系统动力源，采用开关阀、比例阀、高频响比例阀控制主缸、回程缸进液，采用高频响比例阀（早期也采用开关阀）进行主缸卸载，采用低压充液罐或高位油箱为液压机快下行程充液，采用蓄能器（小型液压机直接采用阀控）实现液压机的快锻回程动作。

SMS（DEMAG、MEER）、辛北尔康普（SPS）压机的液压系统多为力士乐直接设计、选型、制造；其他如 ZDAS、原 HBE 等液压系统也多为力士乐设计；国内如兰石重工、西安重型机器研究所、青岛海德马克智能装备有限公司、太原重工股份有限公司等液压机系统基本与力士乐系统类似，采用的主要泵、阀也多为力士乐产品，也有部分厂家采用奥盖尔（Oilgear）、Wepuko PAHNKE、伊顿（Eaton）公司泵及 Eaton、阿托斯（atos）等公司阀产品。

2）Wepuko PAHNKE 类液压系统。采用该公司液压泵作为动力源，其特点是液压泵为双向变量泵（正弦泵），组成的液压系统为 PMSD 泵控系统，其他厂家一般不采用这类系统。

3）Oilgear 类液压系统。液压系统的泵、阀均为本公司产品，快速锻造液压机上使用的伺服锻造阀也为其专有，并配有专用的控制器，相应的液压系统也仅有该公司应用。

这三类液压系统中，力士乐类液压系统应用最广，其他两类也有较多应用。液压系统的具体实现形式可以根据实际应用进行灵活组合，形成不同压力等级、不同工作速度的快速锻造液压机产品。

3.3.1 兰石重工 8MN 三级插装阀系统

三级插装阀控制的液压系统在普通锻造液压机上应用较多，在快速锻造液压机上多用于中小吨位压机，早期的快速锻造液压机基本为此类系统。图 3-21 所示为三级插装阀控制的 8MN 快速锻造液压机液压系统原理（1992 年），其主要技术参数见表 3-1。

表 3-1　8MN 快速锻造液压机技术参数

主缸柱塞/mm	$\phi580$	
回程缸活塞/mm	$2\times\phi230/\phi130$	
额定工作压力/MN	常锻	快锻
	8	6.3
最大工作行程/mm	1000	
液体压力/MPa	31.5	
液体总流量/（L/min）	1400	
常锻次数	压下量：0~80mm，回程量 120~150mm	
	25~30 次/min	
快锻次数	压下量：5mm，回程量 25~30mm	
	80 次/min	
锻造精度/mm	±1	
最大加压速度/（mm/s）	85	
快锻加压最大速度/（mm/s）	105	
最大空程快降速度/（mm/s）	350	
最大回程速度/（mm/s）	350	

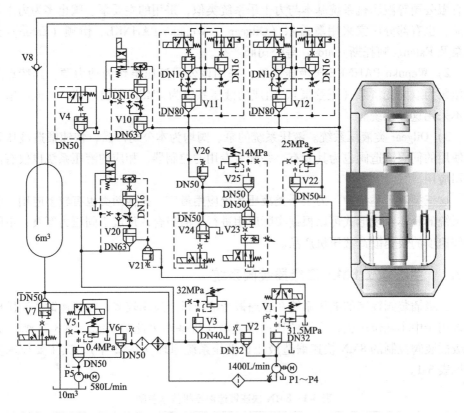

图 3-21　三级插装阀控制的 8MN 快速锻造液压机液压系统原理

1. 液压系统组成及主要元件功能

采用 2 台流量为 290L/min 的螺杆泵进行油液循环冷却、过滤，并与低压充液罐一起为主泵供液。

主泵为 4 台 A2FO250 定量柱塞泵，工作压力 31.5MPa，电动机转速为 1480r/min、功率 200kW、380V，主泵总流量约 1400L/min。

三级插装阀 V11、V12 为主缸卸载。三级插装阀 V10、V20 控制主缸、回程缸进液。带行程限位的二级插装阀 V7 控制充液罐液位，充液罐工作压力 0.3～0.6MPa、充液罐通过充液阀 V8 为液压机快下行程充液。

V5 控制循环供液泵 P5 工作及卸荷。压力插装阀单元 V1 控制主泵卸荷及上压，压力阀 V3 为泵组的安全阀，其调定压力略高于单个泵的调节压力。

V4 用来控制主泵出口到主、回程缸进液阀前管路压力，在液压机动作停止，主、回程缸进液阀关闭时，开启此阀排卸管路中的高压液体。

2. 主要工作回路

主缸控制回路：V10 控制主缸进液，为使主缸高压液体快速排出，采用 V11、V12 两个卸载阀进行卸载，充液阀 V8 为主缸充液。

回程缸控制回路：V20 控制回程缸进液，V22 控制回程缸的最高压力。V24 为回程缸排液阀，V25 为回程缸支撑阀，V23 为回程缸快降阀，V26 为快锻差动连通阀。快降阀 V23 的开启速度通过调节阀组中的节流阀进行控制，实现快下转加压、停止转快下时阀的速度控制，并控制自吸式充液阀 V8 的开启速度，减小液压冲击。

液压机快降时回程缸排液阀 V24、快降阀 V23 开启，回程缸油液直接排回油箱；液压机正常下行时回程缸排液阀 V24 开启、快降阀 V23 关闭，回程缸油液经支撑阀 V25、排液阀 V24 排回油箱。

3. 液压机动作循环

1）快下：主泵按时间节拍顺序带电上压，主缸进液阀 V10 开启、卸载阀 V11 及 V12 关闭；回程缸进液阀 V20 关闭，快降阀 V23、回程缸排液阀 V24 开启；液压机运动部分在自重作用下快速下行，主泵提供的油液满足不了快下时主缸流量要求，主缸中压力较低，在充液罐中上部气体压力作用下，充液罐中低压液体推开充液阀 V8 对主缸进行充液，满足快下行程中主缸的流量要求。

2）加压：当液压机运动到接近锻件时，控制系统发出信号使快降阀 V23 关闭，回程缸油液只能经支撑阀 V25 排出，回程缸压力上升，主缸产生的压力只有大于回程压力时才能下行，此时主缸内液体压力上升，高于充液罐的压力，充液阀 V8 关闭，主缸在液压泵输出液体压力作用下推动运动部分下行，液压机的运行速度即为加压速度。

3）卸压：液压机对锻件加压到给定尺寸后进行回程动作，由于主缸、机架等储存了大量的压力能与弹性能，只有主缸的压力快速平稳下降后才能进行回程动作。当卸压动作开始时，部分主泵按顺序失电，主缸进液阀 V10 关闭，卸载阀 V11、V12 开启，主缸先慢速卸压后快速泄流；回程缸排液阀 V24 关闭。阀 V4 短时间开启，降低系统高压管路压力。液压机的卸压时间影响液压机动作的连贯性，要求越快越好，既能使主缸压力快速下降，又不产生液压冲击。

4）回程：主缸压力下降到设定压力时开始回程动作，主泵按顺序上压，主缸卸载阀 V11、V12 继续开启，主缸继续排液；回程缸进液阀 V20 开启，回程缸压力上升，驱动运动部分回程。由于回程缸有效工作面积小，主泵提供的流量可以实现液压机的快速回程动作。

5）停止：液压机主、回程缸的进、排液阀关闭，主泵卸荷运行，同时 V4 阀开启，卸除高压管路的压力，液压机停止在任意位置。

4. 液压机自动方式

液压机的自动方式分为正常锻造（常锻）和精整快速锻造（快锻）两种。

常锻：控制系统根据设定的锻造尺寸、加压量、回程高度等参数自动执行快下、加压、卸压、回程等动作循环，液压机的动作完全由程序实现，动作转换由位置、压力信号控制。

快锻：快锻过程即是让回程缸保持高压，减少回程缸的建压时间、减少液压机行程来提高液压机的响应速度及动作频次。小型快速锻造液压机多采用阀控差动方式实现。

控制系统根据设定参数进行加压、卸压、回程等动作，没有快下行程。控制回程缸的快降阀 V23、排液阀 V24 关闭，回程缸油液通过阀 V26 与主缸形成差动回路。快锻时回程缸进液阀 V20 常开，主缸进液阀 V10 进液，卸载阀 V11、V12 关闭，主泵油液进入主缸，同时回程缸的油液也进入主缸，主缸工作在差动方式，液压机快速压下；回程时主缸进液阀 V10 关闭，卸载阀 V11、V12 开启，液压机在回程缸压力作用下快速回程。

快锻时液压机压力需去掉回程缸产生的压力，液压机压力比常锻小。

3.3.2 三菱 20MN 伺服滑阀系统

伺服滑阀系统采用伺服阀对大型滑阀进行闭环控制，利用滑阀的不同机能实现液压机动作控制，其组成的液压系统比较简单，但滑阀制造要求高，这种系统只在小型快速锻造液压机中应用，国内第一套（进口）快速锻造液压机即采用此类系统。图 3-22 所示为伺服滑阀控制的 20MN 快速锻造液压机液压系统原理（1980年），主要技术参数见表 3-2。

表 3-2　20MN 快速锻造液压机技术参数

主缸柱塞/mm	$\phi900$	
回程缸活塞/mm	$2\times\phi475/\phi280$	
额定工作压力/MN	常锻	快锻
	20	13.5
最大工作行程/mm	1600	
液体压力/MPa	31.5	
液体总流量/(L/min)	4320	
常锻次数	锻件变形：100mm，回程高度 200mm	
	22~25 次/min	
快锻次数	锻件变形：10mm，回程高度 30mm	
	80 次/min	
锻造精度/mm	±1	
最大加压速度/(mm/s)	110	
快锻加压最大速度/(mm/s)	165	
最大空程快降速度/(mm/s)	350	
最大回程速度/(mm/s)	350	

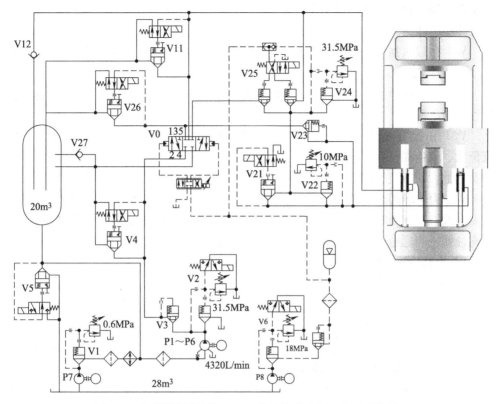

图 3-22　伺服滑阀控制的 20MN 快速锻造液压机液压系统原理

1. 液压系统组成及主要元件功能

流量为 1250L/min 的供液泵 P7 为螺杆泵（备用 1 台）用来进行油液循环冷却、过滤，并与充液罐一起为主泵供液。

流量为 90L/min 的变量柱塞泵 P8（备用 1 台）为主控伺服滑阀等提供控制油。

6 台主泵 P1~P6 为 1000mL/r 排量柱塞泵，工作压力 31.5MPa，采用 3 套双轴伸 6kV、1000r/min、500kW 电动机驱动。主泵在液压机工作时，根据手柄或自动运行信号，主泵泵头阀按时间顺序进行带电或失电，即 6 台泵按不同时间节拍投入工作或卸荷。

主控滑阀 V0 为通径 ϕ210mm 的大型 3 位 5 通正遮盖滑阀，由伺服阀进行闭环控制，阀口的开度、开启速度均可根据要求进行控制。V0 的开启幅值、速度直接控制主缸、回程缸的进、排液流量，即控制液压机的动作与速度，系统中的其他阀组均起辅助作用。

充液罐压力 0.3~0.6MPa，液压机快下行程时通过充液阀 V12 为主缸充液，同时与供液泵 P7 一起为主泵供液。

V4 控制主泵出口到滑阀 V0 之间管路的压力，在 V0 进行位置转换，即液压机动作发生转换瞬间，回程转下降、加压转回程时，V4短时间开启，以降低主泵出口管路中的压力。

V11在锻造加压完成转回程前为主缸卸压，只有主缸压力降低到7MPa以下，V0才能转换工作位置。

V26在回程动作结束时开启，降低回程缸压力，降低回程速度，以减少液压机行程的上超程。

V27用于消除滑阀V0的排液冲击。V0在执行主缸排液到充液罐（3→4）时，流量大、流速高，在V0突然换向、切断液流的瞬间会产生负压，此时吸开阀V27为其补油，使液流回路继续保持流动，消除V0对主缸排液产生的冲击。

V21为快降阀，V22为回程缸支撑阀，V23为回程缸进液单向阀，V24为回程缸安全阀。V25为回程缸差动控制阀组。当不通电时，回程缸排出油液经滑阀V0到充液罐；当通电时，回程缸排出油液进入主缸。

V5为充液罐液位控制阀。

2. 主要工作回路

循环供液回路：供液泵P7对油箱油液进行循环冷却、过滤，并与充液罐一起为6台主泵提供低压油。

主泵回路：6台主泵为液压机提供压力油，液压机不工作时主泵卸荷运行；通过阀V4消除主泵出口高压管路压力。

控制油回路：泵P8为滑阀V0等提供控制油，控制油过滤精度为5μm，并配置蓄能器保持控制油压力稳定。

主缸控制回路：滑阀V0（2→3）连通主泵油液到主缸；在液压机执行快下动作时，充液罐经充液阀V12对主缸充液；在进行快锻动作时，阀V25得电，回程缸排出油液经阀V25右边逻辑单元进入主缸，主缸与回程缸之间形成差动回路。滑阀V0（3→4）实现主缸到充液罐的卸压与泄流。

回程缸控制回路：滑阀V0（2→1）控制主泵油液经单向阀V23进入回程缸。回程缸油液在液压机执行加压动作时经支撑阀V22，在快降动作时经快降阀V21排出，再经阀V25左边逻辑单元后通过滑阀V0（5→4）回充液罐。

3. 液压机动作循环

1）快下：滑阀V0控制到右位，快降阀V21得电、阀V25失电，回程缸油液经快降阀V21，阀V25左边逻辑单元、滑阀V0（5→4）回充液罐，液压机在运动部分自重作用下快速下行；主泵按时间节拍投入，主泵油液经滑阀V0（2→3）到主缸，同时充液罐低压油经充液阀V12对主缸充液。

2）加压：在液压机快下接近锻件时，快降阀V21失电关闭，回程缸排出油液经支撑阀V22、阀V25左边逻辑单元、滑阀V0（5→4）回充液罐，回程缸压力上升；同时，主缸压力上升，充液阀V12关闭，液压机在主泵油液作用下慢速加压下行。

3）卸压：液压机加压到锻造尺寸后，滑阀 V0 控制到中位，同时阀 V11 对主缸进行卸压，当主缸压力下降到 7MPa 以下时，主缸卸压过程结束。

4）回程：当主缸压力下降到设定压力后，滑阀 V0 按一定规律控制到左位，主缸油液经滑阀 V0(3→4) 泄流；主泵按时间顺序上压，主泵油液经滑阀 V0(2→1)、单向阀 V23 进入回程缸，驱动液压机运动部分快速回程。

5）停止：滑阀 V0 控制到中位，主泵卸荷运行，同时 V4 阀开启，卸除高压管路的压力。如主泵停止，滑阀 V0 控制到左位，液压机停止在任意位置。

4. 液压机自动方式

常锻：控制系统根据设定参数自动执行快下、加压、卸压、回程等动作循环，液压机的动作转换根据位置、压力信号进行切换。

快锻：快锻时快降阀 V21 失电、阀 V25 得电，回程缸始终保持一定压力，同时回程缸油液经过阀 V25 右边逻辑单元进入主缸，即主缸、回程缸工作为差动方式，滑阀 V0 根据设定参数进行工作。压下时主泵油液进入主缸，回程缸油液排入主缸；回程时主缸油液排入充液罐，主泵油液进入回程缸，驱动液压机回程，同时回程缸多余油液排入主缸，同主缸油液一起排到充液罐。

滑阀 V0 的运动行程为 ±70mm，有效工作行程为 ±60mm。滑阀 V0 在不同方式下的工作位置参数见表 3-3。

表 3-3　主控滑阀 V0 工作位置　　　　　　　（单位：mm）

手动回程最大位置	27
手动压下最大位置	−27
常锻回程最大位置	25
常锻压下最大位置	−25
快锻回程最大位置	15
快锻压下最大位置	−20
中立位置	−5
停止位置	30

3.3.3　PAHNKE 22MN 正弦泵系统

正弦泵的输出流量可根据控制要求按正弦规律变化，非常适合快速锻造液压机这种工作速度快、换向频繁的成形装备。正弦泵系统在多种吨位的快速锻造液压机上均有应用，图 3-23 所示为 22MN 正弦泵控制的快速锻造液压机工作原理（1993 年），其主控元件为伺服阀控制的正弦泵，液压机的进、排液通过泵实现，液压系统没有设置快下补液装置，液压机没有快下行程，主要技术参数见表 3-4。

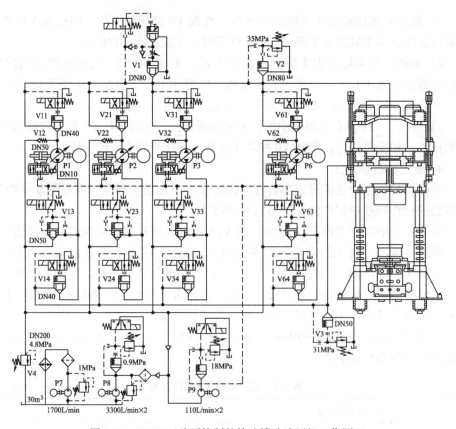

图 3-23　22MN 正弦泵控制的快速锻造液压机工作原理

表 3-4　22MN 快速锻造液压机技术参数

主缸柱塞/mm	$\phi650+2\times\phi450$	
回程缸柱塞/mm	$2\times\phi250$	
额定工作压力/MN	22	
最大工作行程/mm	1600	
液体压力/MPa	35	
液体总流量/(L/min)	4500	
锻造次数	行程	
	20mm	40mm
	80 次/min	60 次/min
锻造精度/mm	≤±1	
加压最大速度/(mm/s)	105	
快锻加压最大速度/(mm/s)	105	
回程最大速度/(mm/s)	150	

1. 液压系统组成及主要元件功能

主泵 P1~P6 为排量 750mL/r 的 RX360 双向变量径向柱塞泵（正弦泵），电动机功率 315kW、电压 6kV、转速 985r/min。

2 台流量为 3300L/min 的螺杆泵 P8 为供液回路提供稳定油源，主泵、控制泵等从供液回路吸油。

流量为 110L/min 的径向柱塞泵 P9（备用 1 台）为系统提供控制油。

6 台主泵的配置、功能、油路完全一致。阀 V11、V21 等将主泵上油口油路连通到液压机主缸；阀 V14、V24 等将主泵下油口油路连通到液压机回程缸；阀 V12、V22 等在主泵上油口为吸油口时为对应的主泵补充低压油；阀 V13、V23 等连通主泵下油口到供液回路。

主泵的工况根据液压机动作发生变化，液压机压下时主泵从供液回路或回程缸吸油，并将压力油排入主缸；液压机回程时主泵从主缸吸油，将压力油排入回程缸或供液回路。以 P1 泵为例，主泵具体工作流程如下：

P1 泵输出油液到主缸：即 P1 上油口为压力油输出油口，下油口为吸油口，阀 V11 得电打开，P1 泵通过阀 V11 将压力油输出到主缸。P1 泵的吸油分两种情况：①P1 泵作回程泵用，则阀 V13 失电关闭，阀 V14 得电打开，P1 泵下油口通过阀 V14 从回程缸吸油；②P1 泵不作回程泵用，则阀 V14 断电关闭，阀 V13 得电打开，P1 泵下油口通过阀 V13 从供液回路吸油。

P1 泵输出油液到回程缸：即 P1 上油口为吸油口，下油口为压力油输出口，阀 V11 得电打开，P1 泵通过 V11 从主缸吸油，并通过阀 V12 从供液回路补充低压油。P1 泵的输出油分两种情况：①P1 泵作回程泵用，则阀 V13 失电关闭，阀 V14 得电打开，P1 泵下油口通过阀 V14 将压力油输出到回程缸；② P1 泵不作回程泵用，则阀 V14 断电关闭，阀 V13 得电打开，P1 泵下油口通过阀 V13 将油排到供液回路。

V1 为三级插装阀，用来对主缸卸压。在液压机加压完毕，主泵开始向回程方向偏转时，阀 V1 带电打开为主缸卸压。液压机回程及停止过程中，V1 一直带电打开。

V2、V3 分别为主缸、回程缸安全阀。V4 为供液回路背压阀，控制主泵吸油、补油回路的压力。

2. 液压机动作循环

根据液压机的流量匹配关系，采用 2 台主泵回程即能满足回程速度要求，因此，液压机工作过程中需在 6 台主泵中任意选定 2 台主泵作为回程泵。如选择 P1、P2 主泵作为回程泵，液压机动作如下：

1）压下：6 台主泵的上油口连通阀 V11~V61 均带电打开，主缸卸压阀 V1 关闭，P1、P2 泵下油口回程缸连通阀 V14、V24 带电打开；P1、P2 泵从回程缸吸油，当吸油不够时，通过阀 V13、V23 从供液回路补油，其他泵与回程缸连通阀

V34～V64 关闭，与供液回路连通的阀 V33～V63 失电打开，泵从供液回路吸油；6 台主泵将压力油输出到主缸。

2）卸压：液压机加压到锻造尺寸时开始回程动作，此时，主缸卸压阀 V1 开启，主泵开始向回程方向偏转。

3）回程：油路连通与压下相同，6 台主泵均从压下方向偏转到回程方向，从主缸吸油；P1、P2 泵逐渐偏转到最大，阀 V14、V24 得电打开，阀 V13、V23 失电关闭，P1、P2 泵将压力油排入回程缸；P3～P6 泵偏转到回程 10% 的位置，阀 V33～V63 带电打开，V34～V64 失电关闭，低压油排入供液回路。

4）停止：油路连通保持不变，P1、P2 泵偏转到回程 10% 的位置，并将油液排入回程缸，其他泵偏转到压下 10% 的位置，将低压油排入主缸。由于主缸卸压阀 V1 保持开启，回程缸液压力与液压机运动部分质量处于一种动态平衡状态，即液压机运动部分处于浮动状态，控制系统需根据位移传感器检测的位置，微调回程泵的偏转量，使液压机活动横梁动态保持在相对固定的位置。

3. 液压机自动方式

系统没有阀控压机的常锻、快锻之分，控制系统设定锻造尺寸、回程高度参数，液压机自动执行压下、卸压回程动作，通过设定不同的回程高度来改变锻造频次，即设置回程高度大，锻造频次低；设置回程高度小，锻造频次高。

22MN 正弦泵控制液压机可根据控制系统设定压力及主缸压力传感器的检测压力值进行压力控制，在主缸压力达到设定压力时，所有主泵偏转到压下 10% 的位置，液压机主缸压力维持在设定压力值，从而实现压力控制。

液压机工作过程中主泵的偏转状态见表 3-5。

表 3-5　主泵最大偏转状态　　　　　（单位:%）

压下	压下泵	95
	回程泵	95
回程	压下泵	−10
	回程泵	−95
停止	压下泵	10
	回程泵	−10
停泵	压下泵	0
	回程泵	0

3.3.4　PAHNKE 60/70MN 正弦泵系统

PAHNKE 60/70MN 正弦泵系统（2010 年）液压机主缸采用单缸套缸结构，在镦粗及正常锻造时，大缸工作，小缸通低压，柱塞缸体与主缸柱塞组合在一起，作为大缸柱塞；在精整快锻时，小缸工作，大缸通低压，柱塞缸体与主缸体组合在一起，作为小缸缸体。液压机小缸快锻精整时采用蓄能器回程，液压机没有快下行程，主要技术参数见表3-6。

表 3-6　60/70MN 快速锻造液压机技术参数

主缸柱塞/mm	$\phi1480/\phi1000$			
回程缸柱塞/mm	$2\times\phi430$			
额定工作压力/MN	大缸		小缸	
	60		27	
镦粗工作压力/MN	70			
液体压力/MPa	镦粗		正常锻造	
	42		35	
最大工作行程/mm	2600			
液体总流量/(L/min)	8000			
最大下降速度/(mm/s)	大缸		小缸	
	140		200	
最大压下速度/(mm/s)	大缸		小缸	
	70		150	
最大镦粗速度/(mm/s)	45			
最大回程速度/(mm/s)	大缸		小缸	
	160		210	
锻造精度/mm	±1.5(热态测量)			
锻造次数 (次/min)	压力/MN	压下量/mm	回程高度/mm	次数
	27	5	25	79~82
	27	50	100	40~42
	60	100	200	22~23

1. 液压系统组成及主要元件功能

图 3-24 所示为 60/70MN 正弦泵控制液压机辅助泵液压回路原理。

P3 为供液泵，为液压机系统的控制泵、正弦泵等提供低压油源，采用 4 台（备用 1 台）螺杆泵，每台用 75kW、1500r/min 电动机驱动，流量为 3700L/min。

P4 为先导控制泵，为系统中所有的开关阀、伺服阀、快锻蓄能器补液，移动工作台、横向移砧装置等提供油源。先导控制泵为 4 台（备用 1 台）恒压变量泵，驱动电动机 250kW、1500r/min，流量 370L/min。阀 V3 控制先导控制泵提供两种不同压力的油源，分别用于控制和辅助动作；阀 V4 控制先导控制泵工作在卸荷或工作两种状态，失电时先导控制泵以 4MPa 压力低压运行，得电时快速上压。

P1 为控制泵，为低压循环系统提供控制油源，P1 泵在系统中最先起动，与先

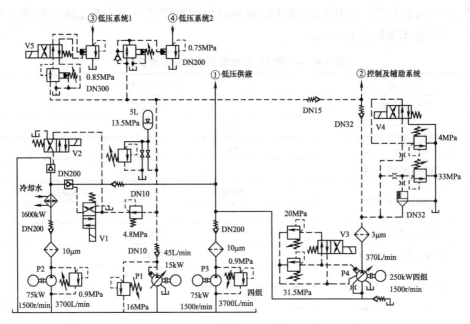

图 3-24　60/70MN 正弦泵控制液压机辅助泵液压回路原理

导控制泵 P4 一起为循环系统液控单向阀、供液回路背压阀等提供外控压力油。P1 泵采用恒压变量泵，驱动电动机 15kW、1500r/min，流量 45L/min。

P2 为循环冷却泵，驱动电动机 75kW、1500r/min，流量为 3700L/min。通过阀 V1、V2 控制循环冷却泵为低压系统供液或直接回油箱。

阀 V5 控制低压供液回路的背压，得电时会完全卸掉背压。

P1、P2 泵采用上述回路设置，P3、P4 泵不工作时也可进行液压回路检查调整等工作。

图 3-25 所示为 60/70MN 正弦泵控制液压机工作液压回路原理。

系统采用 8 台 RX500 双向变量径向柱塞泵（正弦泵），驱动电动机 450kW、380V、50Hz、1000r/min，星—三角起动。其中 4 台泵 P21~P24 既作压下泵，又作回程泵，另 4 台泵 P25~P28 只作压下泵，即工作时所有 8 台泵都可为主缸供液，但只有 P21~P24 泵可为回程缸供液。

液压机的主缸为套缸结构，每台泵的压下输出有两路，如泵 P21，分别通过阀 V21、V22 控制输出油液到大缸和小缸，通过阀 V23 控制输出压力；V24 控制输出油液到回程缸，V25 控制输出到回程缸油液的压力。

V10、V13 分别为大缸及小缸的卸压阀，采用三级阀结构。以大缸工作为例：在液压机加压完毕、液压机转回程前，V10 失电，三级阀开始慢速卸压，在压力下降到液动阀调定压力时，液动阀动作，V10 的大阀开启，快速泄流；通过并联的电磁换向阀 V11 可实现大阀开启过程的程序控制。

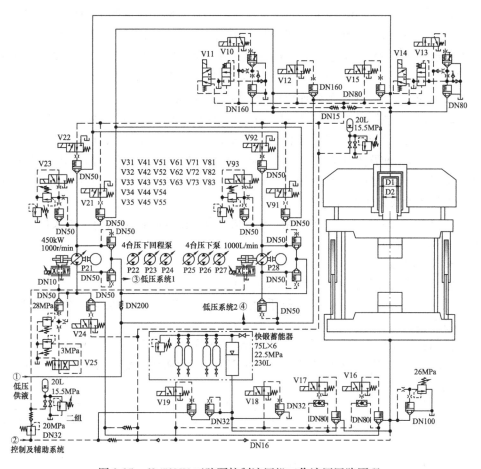

图 3-25 60/70MN 正弦泵控制液压机工作液压回路原理

V12 用于小缸工作时大缸与低压油相通；V15 用于大缸工作时小缸与低压油相通。

V16 控制回程缸进出油。

V17 为快锻时回程缸与快锻回程蓄能器的连通阀，只有在小缸自动，回程高度小于 150mm 时，蓄能器才可投入工作。

V18、V19 分别为快锻回程蓄能器排液阀和补液阀。

2. 液压机动作循环

液压机可工作在大缸和小缸两种状态，根据流量匹配关系，8 台泵的最大偏转存在一定差别：当大缸工作时，4 台压下泵 P25~P28 压下、回程时均偏转 100%，4 台压下回程泵 P21~P24 压下时偏转 70%、回程时偏转 100%；当小缸工作时，4 台压下泵压下、回程时均偏转 100%、4 台压下回程泵压下、回程时均偏转 80%。

以大缸工作为例，液压机动作如下。

1）压下：V15 得电打开，小缸与低压油相通。8 台主泵的上油口与大缸的连通阀 V21～V91 带电打开，大缸卸压阀 V10 带电关闭；泵 P21～P24 下油口与回程缸的连通阀 V24～V54 带电打开，回程缸进出油阀 V16 得电打开，泵 P21～P24 从回程缸吸油，当吸油不够时，通过单向阀从供液回路吸油；泵 P25～P28 直接从供液回路吸油，8 台主泵偏转到加压位置，将压力油输出到主缸。

2）卸压：液压机加压到锻造尺寸时开始回程动作，此时，大缸卸压阀 V10 失电打开，大缸开始卸压，压力下降到设定值，主泵开始向回程方向偏转。

3）回程：油路连通方式与压下相同，8 台主泵均从压下方向偏转到回程方向，从主缸吸油；泵 P21～P24 将油液排入回程缸，泵 P25～P28 将油液排入供液回路。泵的偏转角度决定了回程速度。

4）停止：泵偏转到零位，相应电磁阀失电，回程缸进出油阀 V16 关闭，液压机停止在任意位置。

3. 液压机工作方式

液压机手动操作分正常手动和镦粗两种：

手动：又分为大缸手动和小缸手动两种工作方式，8 台主泵均可参与工作，液压机按手柄动作运行。

镦粗：当工作为大缸方式时，由 4 台压下泵 P25～P28 完成，阀 V63～V93 得电，工作压力 42MPa，液压机工作压力 70MN。当镦粗到设定尺寸或镦粗到设定工作时间时，镦粗过程自动停止。

液压机自动有小缸自动和大缸自动两种方式。控制系统按设定锻造尺寸、回程高度参数，自动执行压下、卸压回程动作。通过设定不同的回程高度来改变锻造频次。

大缸自动：只能执行泵自动过程。

小缸自动（快锻）：如回程高度大于 150mm，控制系统执行泵自动过程，与大缸自动类似；如回程高度小于 150mm，液压机回程过程由蓄能器实现，此时，蓄能器与回程缸连通阀 V17 得电打开，回程缸与蓄能器常通，液压机压下时所有主泵均从供液回路吸油、排入小缸，液压机回程时所有主泵都从小缸吸油、排入供液回路。回程蓄能器的油液由控制系统根据压力信号进行补液。

3.3.5 兰石重工 16MN 比例阀系统

快速锻造液压机使用的电液比例阀有液压反馈比例阀和高频响比例阀，均为比例节流阀。液压反馈比例节流阀依靠阀内部液压回路可实现主阀的闭环控制，阀的先导控制油可直接引自内部，不需要外部专门控制油，无电反馈信号，应用简单，成本也相对较低，其响应速度一般，控制特性低于高频响比例阀，但远高于多级插装阀，在小型快速锻造液压机中应用较多。

液压反馈比例节流阀主要有两类产品，Vickers HFV 系列比例节流阀通流量小，工作死区小，重复精度<3%，其技术参数见表 3-7。

表 3-7 Vickers HFV 系列比例节流阀技术参数

通径	$\Delta p = 1\text{MPa}$ 流量/(L/min)	$\Delta p = 1\text{MPa}$ 阶跃响应时间/ms	
		开	关
DN40	810	240	130
DN50	1305	280	200
DN63	2160	340	300

Parker TDA 系列比例节流阀通流量大，重复精度<1%，但工作死区达 30%，其技术参数见表 3-8。

表 3-8 Parker TAD 系列比例节流阀技术参数

通径	$\Delta p = 1\text{MPa}$ 流量/(L/min)	控制压力 10MPa 响应时间/ms
DN40	1400	35
DN50	2300	45
DN63	4000	55
DN80	6000	65
DN100	9500	80

图 3-26 所示为 16MN 比例阀控制快速锻造液压机液压系统原理（2002 年），其主要技术参数见表 3-9。

表 3-9 16MN 快速锻造液压机技术参数

主缸柱塞/mm	$\phi 820$	
回程缸活塞/mm	$2 \times \phi 330/\phi 200$	
额定工作压力/MN	常锻	快锻
	16	12
最大工作行程/mm	1400	
液体压力/MPa	31.5	
液体总流量/(L/min)	2900	
常锻次数	行程≥100mm	
	20~45 次/min	
快锻次数	行程≤25mm	
	80~85 次/min	
锻造精度/mm	±1	
最大加压速度/(mm/s)	95	
快锻加压最大速度/(mm/s)	110	
最大空程快降速度/(mm/s)	350	
最大回程速度/(mm/s)	350	

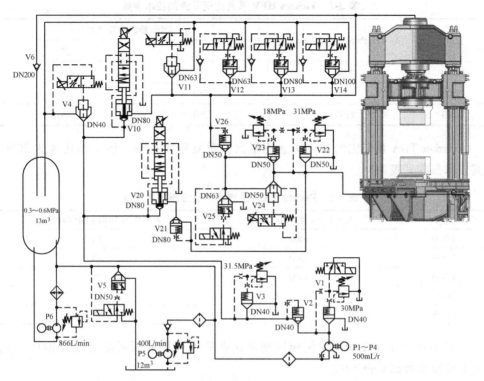

图 3-26 16MN 比例阀控制快速锻造液压机液压系统原理

1. 液压系统组成及主要元件功能

主泵 P1～P4 为 4 台 A4FO500 定量泵，电动机功率 355kW、电压 10kV、转速 1490r/min。

供液循环泵 P5 为流量 400L/min 的螺杆泵，与充液罐一起为主泵供液，并进行油液循环过滤。

冷却泵 P6 流量为 866L/min，对系统油液进行循环冷却。

阀 V1 控制主泵工作状态。阀 V3 控制主泵出口总压力。阀 V5 控制充液罐液位。

阀 V4 控制主泵出口到主缸、回程缸进液阀之间管路的压力，在主泵停止及液压机上、下点动作转换时，阀 V4 开启，降低高压管路压力，减少压力冲击，阀 V4 采用比例节流阀可按曲线对高压管路压力进行卸压。

V10、V20 采用比例节流阀分别控制主缸、回程缸进液。由于主泵为定量泵，采用比例阀节流阀可调节工作缸的进液流量，使液压机动作平稳，并能控制其运动速度。

比例节流阀 V11 和二级插装阀 V12、V13、V14 组成主缸卸载系统，比例节流阀 V11 实现主缸卸压，在主缸压力下降到一定压力时，控制系统使阀 V12、V13、

V14 按时间顺序带电打开，完成主缸的泄流过程。阀 V12、V13、V14 的通径按从小到大组合，且可通过控制盖板上的限程杆进行开度调节，从而控制每个阀的最大开启量。通过比例节流阀、开关阀的合理开启实现了主缸先慢速卸压、后快速泄流，从而低成本地实现液压机主缸的快速卸压与泄流。

阀 V22 为回程缸安全阀，可控制回程缸的最高压力。阀 V25 为回程缸排液阀，液压机向下运动时，回程缸油液需经此阀排出。

阀 V23 为回程缸支撑阀，在液压机下行时，回程缸通过 V23 产生一定背压，液压机主泵压力上升，液压机在主泵输出流量下加压下行。

阀 V24 为回程缸快降阀，在液压机快降时 V24 开启，回程缸油液直接通过阀 V25 排出，液压机在运动部分自重作用下快速下行。快降阀 V24 采用比例节流阀，能控制快降阀的开启及关闭过程，从而控制液压机从快下转加压的动作转换速度。

2. 主要动作

1）快下：回程缸快降阀 V24、排液阀 V25 打开，回程缸油液直接排回油箱，液压机在自重作用下快速下行；主缸卸载阀 V11、V12、V13、V14 关闭，主缸进液阀 V10 开启，主泵输出油液通过 V10 进入主缸；充液罐低压液体通过充液阀 V6 对主缸充液。

2）加压：当液压机上砧接近锻件时，快降阀 V24 关闭，回程缸油液只能通过支撑阀 V23 排出，此时主缸压力上升，充液阀 V6 关闭，液压机在主泵油液作用下加压下行。

3）卸压：液压机加压到锻造尺寸，主缸进液阀 V10 关闭，主缸卸压比例阀 V11 按曲线开启，以实现主缸快速卸压；当主缸压力下降到一定压力时，卸载阀 V12、V13、V14 顺序开启，从而对主缸泄流。在此过程中主泵会根据时间节拍卸荷，卸压阀 V4 也短暂开启，以降低泵出口管路压力。

4）回程：当主缸压力下降到一定压力时，回程缸排液阀 V25 关闭，进液阀 V20 开启，主泵按节拍投入工作，主泵油液进入回程缸实现液压机回程动作。

5）停止：主泵卸荷运行，系统卸压阀 V4 开启，液压机停在任意位置。

液压机的自动锻造过程分为常锻和快锻两种。

常锻：控制系统根据设定锻造尺寸、加压点、回程高度等参数，自动执行液压机的快下、加压、卸压、回程等动作。

快锻：控制系统根据设定的锻造尺寸、回程高度等参数自动进行动作循环，此时液压机只执行加压、卸压回程等动作。液压机快锻动作通过主、回程缸差动连接来实现，快锻时回程缸进液阀 V20 常开、排液阀 V25 保持关闭；主缸进液阀压下时开启、回程时关闭；主缸卸压阀压下时关闭、回程时开启。回程缸油液在液压机压下时通过差动连接阀 V26 排入主缸，快锻过程为差动锻造，锻造力比常锻小。

3.3.6 SPS 40/45MN 高频响比例阀系统

高频响比例阀控制精度高、响应速度快，使用、维护要求高，需提供专用的控制油，是目前快速锻造液压机上广泛应用的一种主控阀。

目前，高频响比例控制阀主要有两类产品，应用较广、性能较好的为 Rexroth 公司的 WRC 系列高频响应比例节流阀，滞环≤0.5%，电气系统工作死区为 0.2V，其技术参数见表 3-10。

表 3-10   Rexroth WRC 系列高频响 2 通比例节流阀技术参数

通径	$\Delta p = 0.5MPa$ 流量/ (L/min)	响应时间（$\Delta p = 20MPa$，50%行程）/ms	
		开	关
DN50	1600	70	60
DN63	2600	37	30
DN80	4100	32	25
DN100	6300	50	40
DN125	10100	70	60

atos 公司 LIQZO（P）系列高性能比例插装节流阀，重复精度为最大调节量的 ±0.1%，其工作死区超过 1V，技术参数见表 3-11。

表 3-11   atos LIQZO（P）系列高性能 2 通比例节流阀技术参数

通径	$\Delta p = 0.5MPa$ 流量/(L/min)	先导压力 14MPa 0~100%阶跃响应时间/ms
DN50	2000	20
DN63	3000	24
DN80	4500	30
DN100	7200	50

中大型快速锻造液压机，除主阀采用高频响比例阀外，主泵部分或全部采用变量泵，变量泵的输出流量按设定值变化。

对于快速锻造液压机上常用的 A4VSO、A4VBO 主泵，采用直动式比例阀控制泵的排量，可使其与控制系统的设定值成正比，并能进行压力与功率控制，其控制特性如图 3-27 所示。

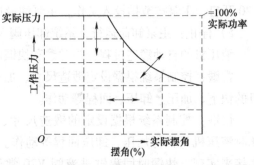

图 3-27   变量泵控制特性

图 3-28、图 3-29 为采用高频响比例阀控制的 40/45MN 快速锻造液压机液压系统组成及工作原理图（2003 年），主要技术参数见表 3-12。

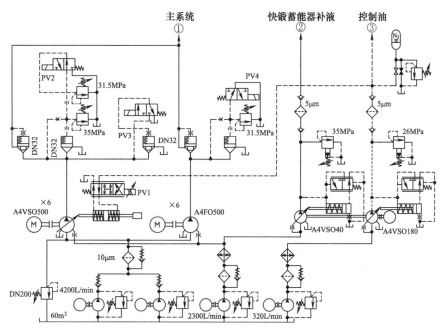

图 3-28　40/45MN 高频响比例阀控制液压机液压系统泵液压回路原理

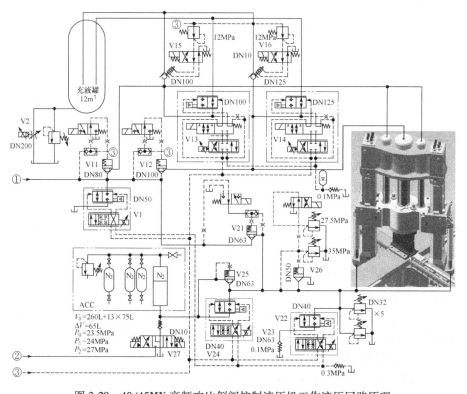

图 3-29　40/45MN 高频响比例阀控制液压机工作液压回路原理

表 3-12　40/45MN 快速锻造液压机技术参数

主缸柱塞/mm	$\phi1040 + 2\times\phi520$		
回程缸柱塞/mm	$2\times\phi330$		
额定工作压力/MN	两侧缸	中间缸	三缸
	13.3	26.7	40
镦粗工作压力/MN	45		
液体压力/MPa	镦粗		正常锻造
	35		31.5
最大工作行程/mm	2200		
液体总流量/(L/min)	8520		
最大空程快降速度/(mm/s)	250		
最大压下速度/(mm/s)	两侧缸	中间缸	三缸
	160	130	87
最大镦粗速度/(mm/s)	30		
最大回程速度/(mm/s)	250		
锻造精度/mm	±1.0		
锻造次数/(次/min)	两侧缸	中间缸	三缸
	80~90	50~60	20~30

1. 泵站系统组成及主要功能

40/45MN 高频响比例阀控制液压机液压系统泵液压回路原理图如图 3-28 所示。

主泵采用 6 台 A4FO500 定量泵和 6 台 A4VSO500H3 变量泵，电动机功率 400kW、电压 6.3kV、转速 1485r/min。正常工作时 12 台主泵输出压力均工作在 31.5MPa，镦粗时定量泵卸荷，变量泵工作在 35MPa。

2 台流量分别为 4200L/min，驱动功率 110kW、380V、转速 1485r/min 的螺杆泵为 12 台主泵供液。

采用 1 台流量为 2300L/min 的螺杆泵为主泵提供冲洗冷却低压油，以及为快锻回程蓄能器补液泵供液；1 台流量为 320L/min 螺杆泵为控制泵供液。这两台泵同时进行油液的冷却工作。

控制泵与快锻回程蓄能器补液泵分别为 A4VSO180、A4VSO40 恒压变量泵，2 台泵共用 1 台 150kW、380V、1485r/min 电动机驱动，这两台泵在系统中备用

1组。

阀 PV1 控制变量主泵的输出流量。阀 PV2 在镦粗时得电,使变量泵的输出最大压力为 35MPa;PV3、PV4 在液压机停止失电,主泵空载运行。

2. 主要控制元件及功能

40/45MN 高频响比例阀控制液压机工作液压回路原理如图 3-29 所示。

V11、V12 分别为两侧缸和中间缸进液阀,由于系统中采用了 6 台变量主泵,主缸进液阀采用开关阀也可满足进液流量控制要求。

V13、V14 分别为两侧缸和中间缸卸载阀,两卸载阀为高频响比例阀,并带有失电安全保护功能,即在控制油作用下,当高频响比例阀的安全阀电磁铁失电时,主阀自动打开,自动卸除工作缸压力。为提高高频响比例阀的响应速度,除采用稳定的控制油,其控制回油一般保持 0.1~0.3MPa 的背压。

V15、V16 分别为两侧缸、中间缸充液阀控制阀,失电时充液阀打开,得电时充液阀关闭。

V21 为回程缸进液阀。V22 为回程缸排液阀,控制 V22 的开启幅值与速度,可以实现液压机快下、加压过程的速度转换与控制。为避免快下时速度过快、通过阀 V22 的液流流速过高和阀突然关闭时造成吸空等,阀 V22 后面连通有一背压阀 V23。回程缸采用五组直动式溢流阀作为安全阀。

V24 为快锻回程蓄能器连通阀,在快锻时为回程缸提供压力油。

单向阀 V25 在快锻回程蓄能器空载时,通过液压机压下行程为蓄能器充液;在液压机工作过程中,快锻回程蓄能器会通过此阀吸收回程缸的压力波动及冲击。

V26 限制回程缸的压力,当正常锻造时阀 V26 失电,限制回程缸最高压力为 27.5MPa;当蓄能器回程快锻时,V26 得电,将回程缸最高压力限制在 35MPa。

V27 在快锻时为蓄能器补液,蓄能器为容积 260L 的活塞式蓄能器,配有 13 个 75L 高压气瓶。

V1 用来排卸主泵出口高压管路压力油。V2 用来控制充液罐液位。

3. 液压机动作

液压机主缸可分为三种工作模式:两侧缸工作、中间缸工作及三缸同时工作,分别对应三种不同的压力等级。

当两侧缸工作时,中间缸进液阀 V12、卸载阀 V14 关闭,充液控制阀 V16 失电,中间缸通过充液阀与充液罐常通;当中间缸工作时,两侧缸进液阀 V11、卸载阀 V13 关闭,充液控制阀 V15 失电,两侧缸通过充液阀与充液罐常通。其他动作与三缸工作方式相同。

三缸工作方式动作如下。

1)快下:回程缸排液阀 V22 打开,回程缸油液经阀 V22、V23 以较小阻力排入油箱,液压机在运动部分自重作用下快速下行。主缸卸载阀 V13、V14 关闭;主泵中定量泵按顺序得电上压、变量泵逐渐增加其输出流量，主泵输出压力油分别通过阀 V11、V12 进入 3 个主缸；充液阀控制阀 V15、V16 失电，充液阀打开，充液罐低压油通过充液阀进入主缸。

2）加压：液压机上砧接触锻件前，控制系统使回程缸排液阀 V22 逐渐关小，回程缸排液阻力增大，回程缸压力上升；同时，充液阀控制阀 V15、V16 得电，充液阀关闭，主缸压力上升，液压机在主缸液压力作用下加压下行。

3）卸压：当液压机加压到锻造尺寸时，主缸进液阀 V11、V12 关闭，主泵中定量泵按节拍卸荷、变量泵输出流量变小；主缸卸载阀 V13、V14 按规律开启，主缸开始卸压。

4）回程：主缸卸载阀 V13、V14 继续对主缸进行卸压泄流，主泵中变量泵流量逐渐增加，回程排液阀 V22 关闭、进液阀 V21 开启，泵输出油液进入回程缸，液压机在回程缸液压力作用下实现回程动作。

5）停止：所有主泵按节拍卸荷，阀 V1 按规律排出泵出口高压油路油液，主缸、回程缸进、排液阀关闭，液压机停止在任意位置。

6）镦粗：液压机镦粗为三缸手动工作方式，镦粗时 6 台定量泵不参加工作，6 台变量泵的泵头压力控制阀 PV2 得电，变量泵输出最高压力限制在 35MPa，液压机镦粗压力达到 45MN。

4. 液压机自动方式

液压机的自动方式有常锻和快锻两种，分为两侧缸、中间缸和三缸工作模式。

常锻：回程缸压力限制在 27.5MPa，控制系统根据设定锻造尺寸、压下量、回程高度自动执行快下、加压、卸压回程动作。

快锻：液压机的快锻回程动作采用蓄能器回程，回程缸压力限制在 35MPa，同时回程缸与蓄能器连通阀 V24 打开。控制系统根据设定的锻造尺寸、回程高度自动执行加压、卸压回程动作。快锻时主缸进液阀一直开启，主泵输出的油液始终保持一个方向流动，通过控制主缸卸载阀实现液压机的快速压下及回程。

快锻采用蓄能器进行回程，液压机压下时蓄能器储存能量，卸压回程时释放能量，减少了液压机建压时间，可以实现较高的锻造频次，同时使液压机的快锻动作更加平稳。

目前，大中型快速锻造液压机的快锻回程多采用蓄能器实现。

3.3.7　SMS 50/60MN 高频响比例阀系统

快速锻造液压机的液压系统在性能方面不断完善，如较多的采用变量泵、高频响比例阀均带安全保护功能、插装阀的控制油路从多个通道引入、回程缸排液增加防气蚀阀等。图 3-30、图 3-31 为 50/60MN 快速锻造液压机液压原理（2018 年），液压机可工作在中间缸、三缸方式下，其技术参数见表 3-13。

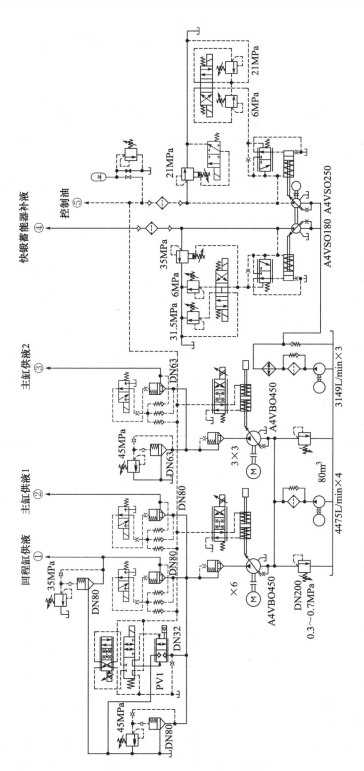

图 3-30 50/60MN 高频响比例阀控制液压机液压系统泵系液压回路原理

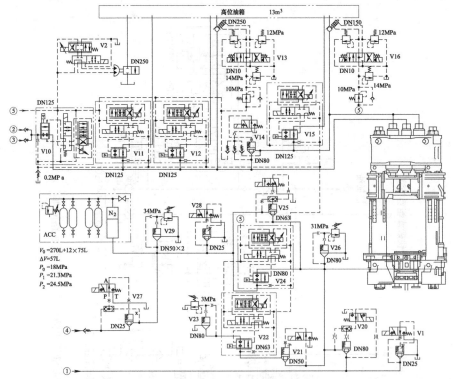

图 3-31　50/60MN 高频响比例阀控制液压机工作液压回路原理

表 3-13　50/60MN 快速锻造液压机技术参数

主缸柱塞/mm	$\phi 1110 + 2\times\phi 535$	
回程缸柱塞/mm	$2\times\phi 325$	
额定工作压力/MN	中间缸	三缸
	34	51
镦粗工作压力/MN	60	
液体压力/MPa	镦粗	正常锻造
	42	36
最大工作行程/mm	2500	
液体总流量/(L/min)	10500	
最大空程快降速度/(mm/s)	300	
最大压下速度/(mm/s)	中间缸	三缸
	165	110
最大镦粗速度/(mm/s)	70	
最大回程速度/(mm/s)	300	
锻造精度/mm	±1.0	
锻造次数/(次/min)	中间缸	三缸
	60~100	20~30

1. 泵站组成

50/60MN 高频响比例阀控制液压机液压系统泵液压回路原理如图 3-30 所示。

系统采用 4 台（1 台备用）流量为 4475L/min 的螺杆泵为主泵供液，驱动电动机 132kW、1500r/min。

主泵采用 15 台 A4VBO450HS5 变量泵（1 台备用），主泵电动机 355kW、380V、1500r/min。其中 6 台主泵流量汇集成一组，分别为回程缸、主缸、辅助系统提供不同等级的压力油，高频响比例阀 PV1 用于排卸管路高压液体，液压机工作时关闭；另外 9 台主泵每 3 台主泵流量汇集一起，即 3 台主泵共用一套泵头阀组，为主缸提供最高压力为 45MPa 的压力油。

采用 3 台流量为 3149L/min（1 台备用）的螺杆泵对系统油液进行循环过滤与冷却，并为控制泵、快锻回程蓄能器补液泵供液，驱动电动机 90kW、1500r/min。

采用 A4VSO250 恒压变量泵为系统的插装阀、比例阀等提供控制油，A4VSO180 恒压变量泵为快锻回程蓄能器补液，两台泵共用 1 台 250kW、1500r/min 电动机驱动，控制泵及快锻回程蓄能器补液泵共 2 套（1 套备用），这两台泵在不工作时以 6MPa 低压运行。

2. 液压机主要控制元件及功能

50/60MN 高频响比例阀控制液压机工作液压回路原理如图 3-31 所示。

高位油箱在快下时为主缸充液。高位油箱与主缸直接通过阀块相通，中间没有管路，中间缸使用一个充液阀，两侧缸共用一个充液阀。

采用单个高频响比例阀 V10 为主缸进液：当中间缸工作时，油液通过 V10 进入中间缸；当三缸工作时，V14 带电打开，油液同时进入两侧缸。

V11、V12 为中间缸卸载阀、V15 为两侧缸卸载阀。

V13、V16 分别控制中间缸和两侧缸的充液阀打开和关闭。

V20 为回程缸进液阀、V26 为回程缸安全阀。

V21、V22、V23 为回程缸排液阀组。V21 为普通插装阀，控制回程缸油液可靠关闭，液压机下降时得电打开。V22 为高频响比例阀，控制回程缸的排液速度，液压机快下时开启量大，回程缸排液流速快、流量大，液压机在自重作用下快速下行；液压机加压时开启量小，排液阻力增加，回程缸压力上升，液压机在主缸液压力作用下按工作速度下行。V23 为防气蚀背压阀，以避免快下时回程缸排液速度快，排液阀快速关闭时形成真空，造成气蚀。

V24 为快锻回程蓄能器连通阀，快锻时回程缸进、排液阀组均关闭，回程缸的动力来源于蓄能器。V27 在快锻过程中，当蓄能器压力低于设定压力时通过蓄能器补液泵进行补液。V29 为蓄能器安全阀。V28 用来排泄蓄能器压力油。

当 V25 失电，通过液压机压下行程时回程缸油液为快锻回程蓄能器补液，在正常工作时，回程缸的压力冲击通过此阀由蓄能器吸收；若 V25 带电，则关闭这一功能。

V1 用于排卸泵出口到回程管路压力油；V2 用于控制高位油箱液位。

3. 液压机动作

（1）中间缸工作

1）快下：回程缸油液通过排液阀组 V21、V22 及 V23 快速排入油箱，液压机在运动部分自重作用下快速下行；主泵输出油液通过阀 V10 进入中间缸，中间缸充液控制阀 V13 控制中间缸充液阀打开，高位油箱油液进入中间缸。

2）加压：当液压机上砧接近锻件时，控制系统使回程缸排液阀 V22 开度变小，回程缸排液阻力增加、压力上升；充液控制阀 V13 控制充液阀关闭，液压机在中间缸液压力作用下加压下行。

3）卸压：当液压机加压到锻造尺寸时，主缸进液阀 V10 关闭，主泵输出流量变小；卸载阀 V11、V12 按开启规律对中间缸卸压。

4）回程：回程缸排液阀组 V21、V22 关闭，阀 V11、V12 继续对中间缸卸压泄流，主泵流量逐渐增加，回程缸进液阀 V20 开启，液压机在回程缸液压力作用下实现回程动作。

5）停止：所有主泵输出流量变小，阀 V1 排掉泵出口高压油路液体，中间缸、回程缸进液阀关闭，液压机停止在任意位置。

在中间缸工作方式中，两侧缸的充液阀控制阀 V16 控制充液阀开启，两侧缸始终与高位油箱低压油连通。

（2）三缸工作　液压机的三缸工作方式与中间缸类似，在液压机快下、压下时开启阀 V14 使主泵输出油液进入两侧缸；卸压及回程时两侧缸压力油经过阀 V15 进行排卸；两侧缸充液阀工作原理与中间缸相同。

（3）镦粗　为三缸手动工作方式，当镦粗加压时，主泵输出压力为 45MPa，液压机达到 60MN 的镦粗力。

4. 液压机自动方式

液压机自动方式分为常锻和快锻，可分别在中间缸、三缸工作模式下进行。

1）常锻：控制系统根据设定锻造尺寸、压下量、回程高度自动进行快下、加压、卸压回程动作。

2）快锻：液压机的快锻回程采用蓄能器实现，回程缸与蓄能器连通阀 V24 打开。控制系统根据设定的锻造尺寸、回程高度自动执行加压、卸压回程动作。快锻时，主缸进液阀 V10 一直开启，主泵输出油液始终保持从主泵到工作缸的流动方向，通过控制主缸卸载阀来实现液压机的快锻动作。

3.3.8　MEER 60/70MN 高频响比例阀系统

图 3-32、图 3-33 为 60/70MN 快速锻造液压机液压原理简（2011 年），液压机可工作在中间缸、两侧缸、三缸三种压力等级下，其技术参数见表 3-14。

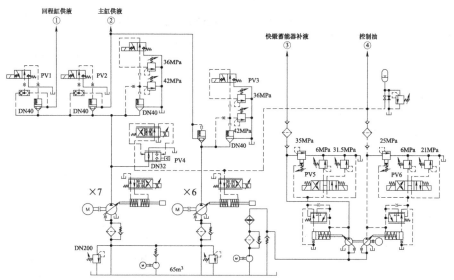

图 3-32 60/70MN 高频响比例阀控制液压机液压系统泵液压回路原理

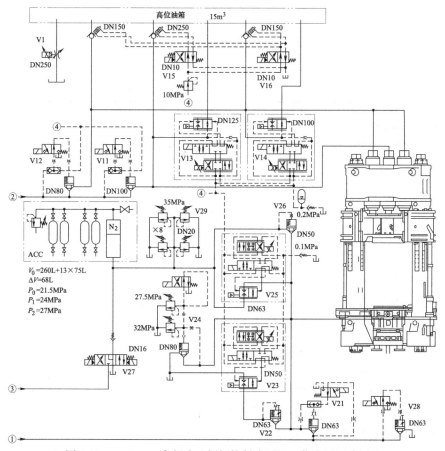

图 3-33 60/70MN 高频响比例阀控制液压机工作液压回路原理

表 3-14　60/70MN 快速锻造液压机技术参数

主缸柱塞/mm	$\phi1190 + 2\times\phi600$		
回程缸柱塞/mm	$2\times\phi380$		
额定工作压力/MN	两侧缸	中间缸	三缸
	20	40	60
最大工作行程/mm	3000		
镦粗工作压力/MN	70		
液体压力/MPa	镦粗		正常锻造
	42		36
液体总流量/(L/min)	8350		
最大空程快降速度/(mm/s)	300		
最大压下速度/(mm/s)	20MN	40MN	60MN
	175	120	83
最大镦粗速度/(mm/s)	55		
最大回程速度/(mm/s)	300		
锻造精度/mm	±1.0		
锻造次数/(次/min)	两侧缸	中间缸	三缸
	70~90	40~60	15~30

1. 泵站组成

60/70MN 高频响比例阀控制液压机液压系统泵液压回路原理如图 3-32 所示。

4 台（1 台备用）流量为 3150L/min 的螺杆泵为主泵供液，电动机 75kW、1500r/min。

主泵采用 13 台 A4VBO450HS4 变量泵（1 台备用），主泵电动机 400kW、1488r/min、380V，其中 7 台主泵为回程缸、主缸及辅助系统供液，每台主泵除配有两级调压阀，还配有比例节流阀进行流量调节并在停机时排卸管路压力，另 6 台主泵输出油液只到主缸。

主泵正常工作压力 36MPa，镦粗时工作压力 42MPa。

2 台流量为 2490L/min 的螺杆泵对系统油液进行循环过滤与冷却，并为控制泵、快锻回程蓄能器补液泵供液。

采用 A4VSO180 变量泵为系统的插装阀、变量泵、高频响比例阀等提供控制油；采用 A4VSO71 变量泵为快锻回程蓄能器补液。两台泵共用 1 台 160kW 电动机驱动，控制泵和补液泵共有 2 组，其中 1 组备用。

2. 液压机主要控制元件及功能

60/70MN 高频响比例阀控制液压机工作液压回路原理如图 3-33 所示。

高位油箱在快下时为三个主缸进行充液。三个主缸各有一个充液阀,两侧缸充液阀共用一个控制阀 V16。当主缸工作在中间缸、两侧缸方式时,不工作的主缸对应的充液阀打开,主缸与高位油箱低压油相通。

V11 为中间缸进液控制开关阀,V13 为中间缸卸载高频响比例阀,V15 为中间缸充液控制阀。

V12 为两侧缸进液控制开关阀,V14 为两侧缸卸载高频响比例阀,V16 为两侧缸充液控制阀。

V1 为气动控制比例蝶阀,用来控制高位油箱液位。

V21 为回程缸进液阀。V24 为回程缸压力阀,正常锻造时失电,回程缸最高压力限制在 27.5MPa,快锻时得电,回程缸最高压力限制在 32MPa。

V22、V23 为回程缸排液阀组。V22 为背压阀,在液压机快下时使回程缸保持一定背压。V23 为高频响比例阀,控制回程缸的排液速度,液压机快下时开启量大,回程缸排液流量大,液压机在自重作用下快速下行;液压机加压时开启量小,排液阻力增加,回程缸压力上升,液压机在主缸液压力作用下按工作速度下行。

V25 为快锻蓄能器连通阀。快锻时,回程缸进、排液阀组均关闭,回程缸通过 V25,利用蓄能器压力油进行回程动作。在快锻过程中,当蓄能器压力低于设定压力时,通过阀 V27 由蓄能器补液泵进行补液。阀 V29 为蓄能器安全阀组。

单向阀 V26 在蓄能器压力低时由回程缸为蓄能器补液,当正常工作时,蓄能器通过此阀吸收回程缸的压力冲击。

阀 V28 用于排卸泵出口回程管路压力。

3. 液压机动作

液压机动作分为两侧缸、中间缸、三缸工作方式,分别提供 20MN、40MN、60MN 的锻造压力,工作过程基本类似,以三缸工作为例,动作循环如下。

1)快下:回程缸油液通过阀 V22、V23 快速排入油箱,液压机运动部分在自重作用下快速下行;主泵输出油液通过阀 V11、V12 进入中间缸和两侧缸,充液控制阀 V15、V16 打开充液阀,高位油箱对主缸进行充液;中间缸、两侧缸卸载阀 V13、V14 关闭。

2)加压:控制系统使回程缸排液阀 V23 开度变小,回程缸排液阻力增加、压力上升;充液控制阀 V15、V16 失电,充液阀关闭,液压机在主缸液压力作用下加压下行。

3)卸压:当液压机加压到锻造尺寸时,主缸进液阀 V11、V12 关闭,主泵输出流量变小;卸载阀 V13、V14 按开启规律对主缸卸压。

4)回程:回程缸排液阀 V23 关闭,卸载阀 V13、V14 继续对主缸进行卸压泄流,主泵输出流量逐渐增大,回程缸进液阀 V21 开启,液压机在回程缸液压力作用下实现回程动作。

5）停止：所有主泵输出流量变小，主缸、回程缸进、排液阀关闭，液压机停止在任意位置。

6）镦粗：压机工作为三缸手动方式。当镦粗加压时，主泵泵头压力控制阀得电，主泵输出压力为 42MPa，液压机达到 70MN 的镦粗力。

4. 液压机自动方式

液压机自动方式分为常锻和快锻，可分别在两侧缸、中间缸、三缸工作模式下进行。

1）常锻：控制系统根据设定锻造尺寸、压下量、回程高度自动进行快下、加压、卸压回程动作。

2）快锻：液压机的快锻回程采用蓄能器实现，回程缸与蓄能器连通阀 V25 打开，控制系统根据设定的锻造尺寸、回程高度自动执行加压、卸压回程动作。快锻时，主缸进液阀一直开启，卸载阀关闭，液压机压下；卸载阀开启，在蓄能器压力作用下，液压机回程。

3.3.9 HBE 80/90MN 高频响比例阀系统

图 3-34、图 3-35 为 80/90MN 快速锻造液压机液压原理（2009 年），液压机采用三等径缸，可工作在三种不同压力等级下，其技术参数见表 3-15。

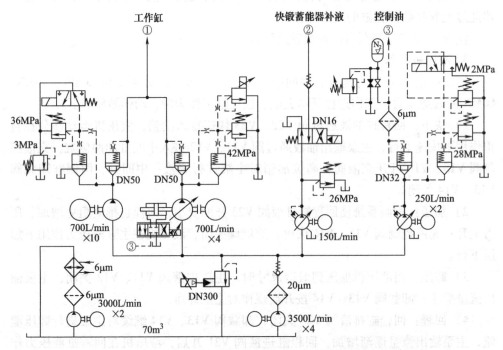

图 3-34　80/90MN 高频响比例阀控制液压机液压系统泵液压回路原理

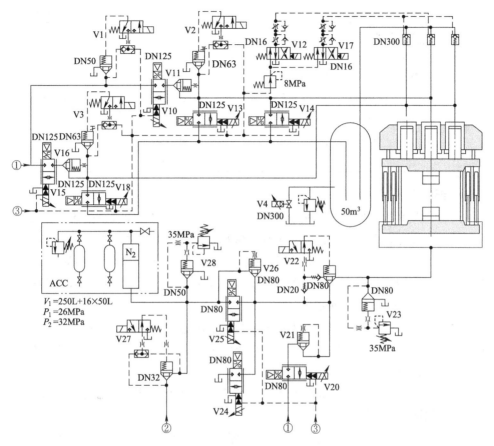

图 3-35 80/90MN 高频响比例阀控制液压机工作液压回路原理

表 3-15 80/90MN 快速锻造液压机技术参数

主缸柱塞/mm	3×φ960		
回程缸柱塞/mm	2×φ220+2×φ320		
额定工作压力/MN	中间缸	两侧缸	三缸
	25.3	50.6	75.9
最大工作行程/mm	3100		
液体压力/MPa	镦粗		正常锻造
	42		35
镦粗工作压力/MN	91.2		
液体总流量/(L/min)	9133		
最大空程快降速度/(mm/s)	300		
最大压下速度/(mm/s)	25.3MN	50.6MN	75.8MN
	220	114	76

（续）

	压力/MN	压下量/mm	回程高度/mm	次数/（次/min）
最大镦粗速度/（mm/s）		20		
最大回程速度/（mm/s）		300		
锻造精度/mm		±1.0		
锻造次数	75.9	50~150	100~300	10~30
	50.6	50~100	100~200	25~35
	20.3	5	25	80~82

1. 泵站组成

80/90MN 高频响比例阀控制液压机液压系统泵液压回路原理如图 3-34 所示。

供液泵装置为主泵供液，包括 4 台 3000L/min、0.7MPa 离心泵。

主泵为 4 套 RX360 型高压伺服变量泵，采用 2 套双轴伸 900kW、6.3kV、1000r/min 电动机驱动；10 套 RF650 型高压定量泵，采用 5 套双轴伸 900kW、6.3kV、1500r/min 电动机驱动。

主泵定量泵工作在 36MPa，为保证定量泵上压速度快，主泵空载时以 3MPa 低压运行；伺服变量泵采用比例溢流阀进行压力调节，为主缸、回程缸、辅助系统等提供不同压力及流量的油源，最高工作压力 42MPa。

采用 RKP250 型高压变量泵 1 套（备用 1 套）为系统提供控制油；A10VSO28 变量泵为快锻蓄能器补液。

两台离心泵的电动机转速 1500r/min、流量为 4000L/min、额定压力 0.55MPa，对系统油液进行循环冷却、过滤。

2. 液压机主要控制元件及功能

80/90MN 高频响比例阀控制压机工作液压回路原理如图 3-35 所示。

V10 为中间缸进液控制高频响比例阀，V13、V14 为中间缸卸载高频响比例阀。

V16 为两侧缸进液控制高频响比例阀，V18 为两侧缸卸载高频响比例阀。

充液阀控制阀 V12、V17 分别控制中间缸、两侧缸充液阀开启和关闭，通过两组叠加式单向节流阀控制充液阀的开启及关闭速度。

液压系统控制阀组位于地下，利用开关阀 V2、V3 排泄中间缸、两侧缸进液阀出口到液压机主缸之间管路的液压油。

V1 用于排卸主泵出口高压管路油液。

V4 为气动控制比例蝶阀，用来控制充液罐液位。

V20 为回程缸进液控制高频响比例阀。V22 为回程缸进排液开关阀，液压机动作时得电打开。V23 为回程缸安全阀。

V24 为回程缸排液高频响比例阀，控制回程缸的排液速度，当液压机快下时开启量大，回程缸排液流量大，液压机在自重作用下快速下行；当液压机加压时开启量小，排液阻力增加，回程缸压力上升，液压机在主缸液压力作用下按工作速度下行。

V25 为快锻回程蓄能器连通阀，快锻时，回程缸进、排液阀组均关闭，回程缸通过阀 V25，利用蓄能器压力油进行回程动作。在快锻过程中，当蓄能器压力低于设定压力时，通过阀 V27 由蓄能器补液泵进行补液。V28 为蓄能器安全阀组。

单向阀 V26 在蓄能器压力低时由回程缸为蓄能器充液，当正常工作时，蓄能器可通过此阀吸收回程缸的压力冲击。

3. 液压机动作

液压机可工作在中间缸、两侧缸、三缸方式下，提供三种不同的锻造压力，以三缸工作为例，其动作过程如下。

1）快下：回程缸油液通过阀 V22、V24 快速排入油箱，液压机在运动部分自重作用下快速下行；主泵输出油液通过阀 V10、V11 进入中间缸，经 V15、V16 进入两侧缸，充液控制阀 V12、V17 打开，低压充液罐油液对主缸进行充液；中间缸、两侧缸卸载阀 V13、V14、V18 关闭，管路泄油阀 V2、V3 关闭。

2）加压：控制系统使回程缸排液阀 V24 开度变小，回程缸排液阻力增加，回程缸压力上升；充液控制阀 V12、V17 失电，充液阀关闭，液压机在主缸液压力作用下加压下行。

3）卸压：液压机加压到锻造尺寸，主缸进液阀 V10、V15 关闭，主泵中定量泵按节拍卸荷运行、变量泵输出流量变小；卸载阀 V13、V14、V18 按开启规律对主缸卸压。

4）回程：回程缸排液阀 V24 关闭，卸载阀 V13、V14、V18 继续对主缸卸压泄流，主泵中变量泵输出流量逐渐增加、定量泵按节拍投入，回程缸进液阀 V20 开启，液压机在回程缸液压力作用下回程。

5）停止：主泵中变量泵输出流量变小、定量泵卸荷运行，主缸及回程缸进液阀、回程缸排液阀关闭，液压机停止在任意位置。

6）镦粗：液压机以三缸手动方式工作，由变量泵实现，变量泵输出压力自动调节到 42MPa，液压机达到 90MN 的镦粗力。

4. 液压机自动方式

液压机自动方式分为常锻和快锻，可分别在中间缸、两侧缸、三缸工作模式下进行。

1）常锻：控制系统根据设定锻造尺寸、压下量、回程高度自动进行快下、加压、卸压回程动作。

2）快锻：采用蓄能器回程，根据设定的锻造尺寸、回程高度自动执行加压、卸压回程动作。回程缸与蓄能器连通阀、主缸进液阀常开，卸载阀关闭，液压机压下；卸载阀开启，在蓄能器液压力油作用下液压机回程。

3.3.10 Oilgear 20/25MN 伺服锻造阀系统

快速锻造液压机的快下行程需要提供额外的流量，多采用低压充液罐或高位油箱进行充液。采用泵进行充液是另一种简单、方便、经济的实现方式，图 3-36 所示是采用低压泵进行充液、应用伺服锻造阀进行卸载控制的 20/25MN 快速锻造液压机液压系统工作原理（1985 年），液压机主机为缸动式结构，其主要技术参数见表 3-16。

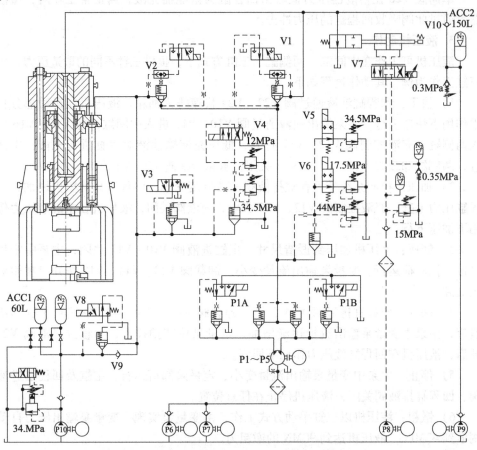

图 3-36　20/25MN 快速锻造液压机液压系统工作原理

表 3-16　20/25MN 快速锻造液压机技术参数

主缸柱塞/mm	$\phi815$	
回程缸柱塞/mm	$2\times\phi220$	
额定工作压力/MN	镦粗	锻造
	20	25
最大工作行程/mm	1300	

（续）

液体压力/MPa	镦粗	正常锻造
	44	34.5
常锻次数	锻件变形：50mm，回程高度 100mm	
	30~40 次/min	
快锻次数	锻件变形：5mm，回程高度 20mm	
	120 次/min	
锻造精度/mm	±1	
最大加压速度/(mm/s)	110	
最大空程快降速度/(mm/s)	250	
最大回程速度/(mm/s)	230	

1. 液压系统组成及主要元件功能

主泵 P1~P5 采用 5 组 PFCS440 分级定量输出泵，每台泵有 2 个输出油口，分别对应总流量的 1/3 和 2/3。PFCS 泵采用两级输出模式，一个大排量主泵将流量按不同的比例从不同油口排出，相当于减小主泵排量，增加主泵数量，控制系统采用不同的投泵及切泵顺序，可方便地改变各液压回路的流量，采用开关阀也能很好地进行速度控制。

采用 P6、P7 两台离心泵为 5 台主泵供液。P8 为伺服锻造阀等提供控制油。P10 为快锻回程蓄能器补液泵。

P9 为离心泵，在液压机快下行程时为主缸充液，在液压机主缸附近配置充液蓄能器 ACC2，为主缸快速提供充液流量，同时吸收充液阀 V10 关闭时的压力冲击。

阀 P1A、P1B 分别控制 PFCS 主泵两个油口的压力油输出。

V1、V2 分别为主缸、回程缸进液阀，V3 为快降阀。

V4 为回程缸压力控制阀，液压机正常加压时 V4 得电，控制回程缸背压为 12MPa，快锻时 V4 失电，控制回程缸最高压力为 34.5MPa。

V5、V6 为系统调压阀，控制主泵出口油路压力，液压机回程时 V5、V6 失电，主泵输出压力为 17.5MPa，正常锻造时 V6 得电，主泵输出压力为 34.5MPa，镦粗时 V5、V6 同时得电，主泵输出压力为 44MPa。

V7 为伺服锻造阀，用来为主缸卸载。

V8 为快锻回程蓄能器连通阀，V9 为单向阀用于蓄能器吸收回程缸的压力冲击。

2. 液压机动作

1）快下：伺服锻造阀 V7 关闭，5 台主泵的 A、B 电磁铁及 V6 电磁铁均得电，主泵输出油液经阀 V1 进入主缸，主缸最高压力为 34.5MPa；回程缸压力控制阀 V4 得电，将回程缸背压调定在 12MPa，同时回程缸快降阀 V3 得电打开，回程缸油液直接排回油箱，液压机工作部件快速下行；充液泵 P9 及充液蓄能器 ACC2 对主缸充液。

2）加压：当上砧接近锻件时，回程缸快降阀 V3 关闭，回程缸油液以 12MPa 的背压从阀组 V4 中排出，主缸压力上升，充液阀关闭，充液泵油液从旁路排出，主缸在主泵油液作用下带动上砧对锻件进行成形。

3）卸压：主缸进液阀 V1 关闭，5 组主泵的泵头阀按顺序及规律卸荷，同时伺服锻造阀 V7 按一定的斜坡进行开启，主缸卸压。

4）回程：主泵泵头阀根据选择的速度按顺序得电投入，回程缸进液阀 V2 打开，主缸锻造阀 V7 开到最大，液压机进行回程动作。

5）停止：主泵按顺序卸荷，所有控制阀电磁铁失电，液压机停止在任意位置。

6）镦粗：工作方式与加压类似，但系统调压阀 V5、V6 均得电，主缸最高压力限定为 44MPa，每个主泵的泵头只有 B 电磁铁得电，主缸以较高的压力及较低的工作速度对锻件进行镦粗成形。

3. 液压机自动方式

1）常锻：液压机按设定参数自动进行快下、加压、卸压回程动作。

2）快锻：采用回程蓄能器进行快速自动锻造。回程缸进液阀 V2、快降阀 V3、调压阀 V4 关闭，回程缸最高压力限定在 34.5MPa，回程缸通过快锻连通阀 V8 与快锻回程蓄能器组 ACC1 相通，蓄能器的压力由蓄能器补液泵 P10 根据压力信号进行补充。5 组主泵根据速度选择投入工作，油液经主缸进液阀 V1 进入主缸。通过控制锻造阀 V7 的开启及关闭来实现液压机的快锻动作，即液压机回程缸与蓄能器常通，主泵出口与主缸油路常通，锻造阀 V7 关闭，主缸压力推动运动部分下行进行成形，并在回程蓄能器组 ACC1 中储存能量；锻造阀 V7 打开，主缸油液排回油箱，蓄能器组 ACC1 释放能量，回程缸推动运动部分回程。

采用这种快锻方式，回程缸的作用类似于液压弹簧，主泵出来油液单方向流向主缸，同时锻造阀具有通流量大、响应速度快的特点，在小行程快锻时能够达到较高的锻造频次。

3.3.11 Oilgear 45/50MN 伺服锻造阀系统

伺服锻造阀是一种专用的卸载阀，用来用于液压机加压完成后主缸高压液体的卸载，其卸载特性由控制器的给定参数控制，控制精度高，响应特性好。伺服锻造阀在各种规格的快速锻造液压机中均有应用，图 3-37、图 3-38 为采用伺服锻造阀作为卸载阀的 45/50MN 快速锻造液压机工作原理图（2014 年），其技术参数见表 3-17。

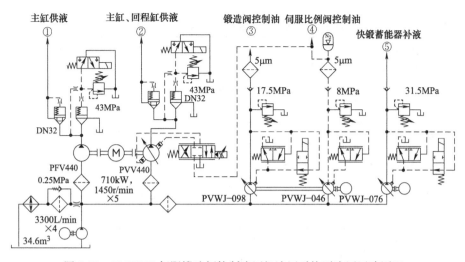

图 3-37 45/50MN 伺服锻造阀控制液压机液压系统泵液压回路原理

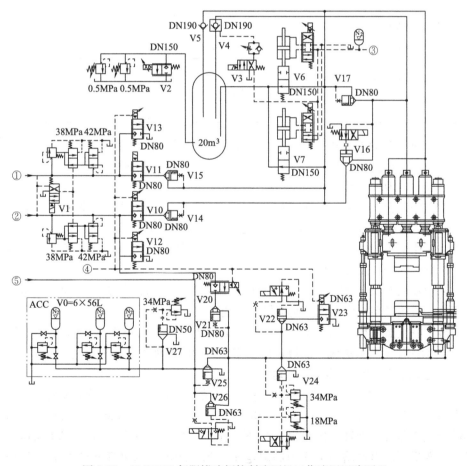

图 3-38 45/50MN 伺服锻造阀控制液压机工作液压回路原理

表 3-17 45/50MN 快速锻造液压机技术参数

主缸柱塞/mm	3×φ705	
回程缸柱塞/mm	2×φ380	
额定工作压力/MN	两侧缸	三缸
	30	45
镦粗工作压力/MN	50	
液体压力/MPa	镦粗	正常锻造
	42	38
最大工作行程/mm	2400	
液体总流量/（L/min）	6100	
最大空程快降速度/（mm/s）	250	
最大压下速度/（mm/s）	两侧缸	三缸
	130	87
最大镦粗速度/（mm/s）	87	
最大回程速度/（mm/s）	250	
锻造精度/mm	≤±1.0	
锻造次数（次/min）	两侧缸	三缸
	80～120	30～60

45/50MN 伺服锻造阀控制压机液压系统泵液压回路原理如图 3-37 所示。

采用 4 套流量为 3300L/min 的离心泵装置为主泵及控制泵、快锻补液泵供液，并进行油箱油液的循环过滤与冷却。

主泵为 5 台 PFV440 定量泵和 5 台 PVV440 的伺服变量泵，采用 5 台双轴伸 10kV、1450r/min、710kW 电动机进行拖动。5 台定量泵和 5 台变量泵通过不同的通道为液压机系统供液：定量泵输出油液到液压机的主缸；变量泵输出油液到液压机的主缸、回程缸及液压机辅助系统。

采用双联变量泵 PVWJ098、PVWJ046 分别为液压机的伺服锻造阀、变量泵的伺服变量机构及系统中的比例阀提供控制油。

液压机快锻回程采用蓄能器实现，采用变量泵 PVWJ076 为快锻蓄能器组补液。

45/50MN 伺服锻造阀控制液压机工作液压回路原理如图 3-38 所示。

1. 主缸工作主要元件及回路功能

阀 V1 控制主泵输出回路中的最高工作压力。泵出口控制阀限定泵的最高工作压力为 43MPa，V1 在液压机正常工作时失电，定量泵、变量泵输出油路中的压力阀限定在 38MPa，即液压机在 38MPa 下工作；当液压机进行镦粗时，V1 得电，定量泵、变量泵输出油路中的压力阀限定压力为 42MPa，即液压机镦粗时工作压力为 42MPa。

V2 为充液罐液位循环阀，控制充液罐的液位在正常工作范围，V2 为气动比例调节控制阀。

V3 控制中间缸充液阀 V4 开启。液压机工作方式为两侧缸工作或三缸同时工作，但液压机的三个工作缸共用 2 个卸载阀 V6、V7，如液压机为两侧缸工作方式时，中间缸不工作，通过 V3 开启充液阀 V4，使中间缸在两侧缸工作时进行低压随动。

V4、V5 分别为中间缸、两侧缸的充液阀，在液压机执行快下动作时，充液罐中低压油液为三个工作缸充液。

V6、V7 为伺服锻造阀，当液压机加压锻造完毕时，V6、V7 对工作缸进行卸压泄流，按控制系统设定规律，快速平稳地排出工作缸高压大流量液体，实现液压机的快速动作。

V12、V13 为比例节流阀，分别控制主泵变量泵、定量泵出口高压管路液体的排泄，在液压机动作停止时排卸管道中的高压液体，在液压机动作转换时降低高压管路的压力。

主缸进液回路：液压机主泵中定量泵输出油液经进液阀 V11 及单向阀 V15、变量泵输出油液经进液阀 V10 及单向阀 V14 后，两路油液汇合在一起，直接进入液压机两侧缸，同时油液可通过阀 V16 进入中间缸。

主缸排液回路：两侧缸油液直接通过伺服锻造阀 V6、V7 排卸，中间缸油液经单向阀 V17 后再经伺服锻造阀 V6、V7 排卸。

2. 回程缸工作主要元件及回路功能

阀 V24 控制回程缸压力，在液压机正常工作时，V24 失电回程缸最高压力为18MPa，当液压机进行蓄能器回程快速锻造时，V24 得电回程缸最高压力为 34MPa。

单向阀 V25 在回程缸压力超过蓄能器组压力时，使回程缸高压液体排入蓄能器组，用来吸收液压机回程缸的压力冲击；同时，也可在蓄能器空载时，利用回程缸对其充液。

V26 为蓄能器快锻连通阀，在液压机进行蓄能器回程快锻时带电打开。

V23 为液压机回程缸排液阀，通过阀 V23 可以控制液压机的下降速度。为避免比例节流阀泄漏或失电打开，防止液压机下滑，在比例节流阀前面配置了插装阀V22，以保证回程缸可靠关闭。

回程缸进油回路：当正常锻造时，主泵变量泵输出油液经比例节流阀 V20、单向阀 V21 进入回程缸；当快速锻造时，蓄能器组油液经快锻连通阀 V26 进入回程缸，如蓄能器组油液压力低于系统设定参数，泵组中的蓄能器补液泵会对蓄能器进行补液。

回程缸排油回路：当液压机快下时，回程缸排液阀 V23 开度大，回程缸油液经阀 V22、V23 直接回油箱，液压机在运动部分自重作用下快速下行；当液压机常锻加压下行时，回程缸排液阀 V23 开度变小，回程缸油液经阀 V22、V23 有一定阻力地排回油箱，液压机在主泵油液驱动下加压下行；当快速锻造时，阀 V24 得电，回程缸压力调到 34MPa，快锻连通阀 V26 打开，回程缸与蓄能器组连通，回程缸相当于液压弹簧。

3. 液压机动作如下

（1）两侧缸工作

1）快下：主泵得电上压，输出油液分别通过阀 V11 与 V15、阀 V10 与 V14 进入两侧缸，充液罐低压油通过充液阀 V5 进入两侧缸；回程缸油液通过阀 V22 及 V23 排入油箱，液压机在运动部分自重作用下快速下行。

2）加压：在液压机上砧接触锻件前，控制系统使回程缸排液阀 V23 开度变小，回程缸排液阻力增加，两侧缸压力上升，充液阀 V5 关闭，液压机在两侧缸液压力作用下加压下行。

3）卸压：当液压机加压到锻造尺寸时，主缸进液阀 V11、V10 关闭，主泵中定量泵按节拍卸荷、变量泵输出流量变小；伺服锻造阀 V6、V7 按开启规律对两侧缸卸压。

4）回程：回程缸排液阀 V22、V23 关闭，伺服锻造阀 V6、V7 继续对两侧缸卸压泄流，主泵中变量泵流量逐渐增加，回程缸进液比例阀 V20 开启，油液通过单向阀 V21 进入回程缸，液压机在回程缸液压力作用下实现回程动作。

5）停止：所有主泵按节拍卸荷，阀 V12、V13 按规律排出泵出口高压油路液体，两侧缸、回程缸进液阀关闭，液压机停止在任意位置。

在两侧缸工作方式中，中间缸的充液阀控制阀 V3 带电，充液阀 V4 打开，中间缸在液压机动作时始终与充液罐低压油连通。

（2）三缸工作　液压机的三缸工作方式与两侧缸类似，当液压机快下、压下时通过控制阀 V16 使泵输出油液进入中间缸；当卸压及回程时中间缸压力油经过单向阀 V7 后再由伺服锻造阀 V6、V7 进行排泄；中间缸充液阀 V4 的工作原理与两侧缸充液阀 V5 相同。

（3）镦粗　镦粗为三缸手动工作方式。当镦粗加压时，阀 V1 带电，主泵输出油路最高压力调整为 42MPa，即镦粗时最高工作压力为 42MPa，液压机达到 50MN 的镦粗力。

4. 液压机自动方式

液压机自动方式分为两缸、三缸常锻和快锻。

1）常锻：控制系统根据设定锻造尺寸、压下量、回程高度自动进行快下、加压、卸压回程动作。

2）快锻：液压机的快锻回程采用蓄能器实现。阀 V24 带电，回程缸最高压力限定为 34MPa，同时回程缸与蓄能器组连通阀 V26 打开。控制系统根据设定的锻造尺寸、回程高度自动执行加压、卸压回程动作。快锻时主缸进液阀一直开启，主泵输出油液始终保持从主泵到工作缸的流动方向，系统中没有油液回流，通过控制伺服锻造阀来实现液压机的压下、回程动作。

3.3.12 节能型35MN叠加供液系统

快速锻造液压机的装机功率按最大工作压力和最高工作速度进行配置，造成机组的装机功率高、能耗大，用户使用成本高，经济性差。Wepuko PAHNKE的正弦泵传动系统及SMS等采用的全比例变量泵传动系统虽然都使主泵的输出流量与液压机的工作速度相匹配，减少了系统中的节流损失，以达到实现节能的目的，但却无法改变机组装机功率与实际能耗需求的匹配问题，造成机组的能耗仍然很高。作者在开发的35MN快速锻造液压机组中采用叠加供液技术，将机组的装机功率降低到传统机组的1/3左右，节能效果明显，使用成本低。

节能型35MN快速锻造液压机技术参数见表3-18。

表3-18 节能型35MN快速锻造液压机技术参数

序号	项目	参数			
1	工作缸柱塞/mm	等效直径φ1190			
2	工作压力/MN	常锻		快锻	
		35		17.5	
3	液体工作压力/MPa	常锻		快锻	
		31.5		16	
4	工作行程/mm	2000			
5	传动方式	泵—蓄能器—增压器传动			
6	最大空程下降速度/(mm/s)	250			
7	最大回程速度/(mm/s)	250			
8	锻造速度/(mm/s)	90			
9	锻造控制精度/(mm)	±1			
10	锻造次数	压力/MN	压下量/mm	回程高度/mm	频次/(次/min)
		17.5	3~5	20~30	≥90
		35	40~50	80~150	25~45

快速锻造液压机生产过程中存在许多辅助工步，多数时刻液压机、操作机的所有电动机均处于空载运行状态；在一个工作循环中，机组多数时刻处于轻负荷运转，只在极短时间内处于高负荷状态。35MN快速锻造液压机组（2021年）采用中低压液压储能技术及充液罐、蓄能器、增压器叠加供液技术，在低装机功率下可实现机组的正常运行并达到相关技术指标，其液压工作原理如图3-39所示。

1. 蓄能器中低压储能

P1~P12为12台排量为250mL/r、工作压力为16MPa的液压泵，每台液压泵

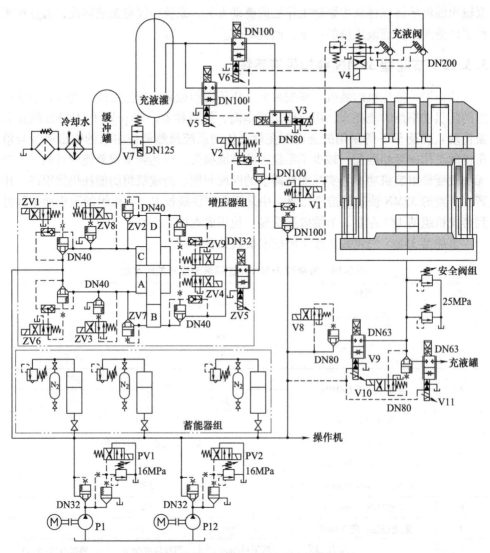

图 3-39　节能型 35MN 液压机液压系统原理

由 110kW 转速为 1480r/min 的电动机驱动。12 台液压泵同时为 6 组蓄能器储能。采用中低压储能方式能降低液压泵的需求，减少高压溢流损失，提高储能效率；同时，液压系统的多数回路处于中低压运行，液压系统的安全性提高，泄漏等故障减少。蓄能器储存的能量不仅提供给液压机使用，而且也提供给两台锻造操作机，以及作为机组的比例阀、逻辑阀等控制阀的控制油源，操作机等不需要配置电动机及液压泵。

2. 增压器增压

采用 6 组增压器为系统提供高压油，增压器为双向工作连续增压器，双向增压的工作转换由闭环控制程序自动实现，在工作过程中由控制系统根据主缸工作压力自动投入或停止工作。增压器的工作过程为：

1）向下增压。阀 ZV1 得电，从蓄能器来的压力油进入增压器的 C 腔，并通过单向阀 ZV2 进入 D 腔，阀 ZV3 得电，A 腔油液排回油箱，增压器活塞对 B 腔油液增压，阀 ZV4 得电，B 腔高压油液经比例阀 ZV5 输出。

2）向上增压。阀 ZV6 得电，从蓄能器来的压力油进入增压器的 A 腔，并通过单向阀 ZV7 进入 B 腔，阀 ZV8 得电，C 腔油液排回油箱，增压器活塞对 D 腔油液增压，阀 ZV9 得电，D 腔高压油液经比例阀 ZV5 输出。

3. 充液罐低压充液及冷却

液压机快下行程油液由充液罐提供，当液压机在手动、自动等方式执行快下动作时，充液控制阀 V4 得电，主缸充液阀打开，充液罐低压油液进入主缸，满足主缸快下行程流量的需求。当主缸卸载时油液排回充液罐，通过循环控制阀 V7 将充液罐的多余油液引入缓冲罐，由缓冲罐对油液进行降压、稳压，然后缓冲罐中具有一定压力的油液进入热交换器，实现油液的循环冷却。

4. 液压机工作过程

1）快下：阀 V10 得电、比例阀 V11 开度较大，回程缸油液直接回充液罐，活动横梁在自重作用下快速下行；主缸充液控制阀 V4 得电，充液阀打开，充液罐为主缸充液，提供主缸快下所需的所有流量。

2）加压：阀 V11 开度变小，回程缸存在排油背压，液压机下降速度减慢；阀 V4 失电，充液阀关闭；阀 V1 得电打开，比例阀 V3 控制从蓄能器进入主缸的油液流量，活动横梁在主缸压力作用下加压下行；在加压过程中，当主缸压力上升到设定压力时，增压器组按节拍投入，阀 V2 打开、V1 关闭，增压器出来油液经阀 V3 进入主缸，实现主缸的高压加压。

3）卸压及回程：液压机加压到设定的锻造压力，主缸进液阀 V3 关闭，主缸卸载阀 V5、V6 按规律对主缸卸压泄流；当主缸压力下降到一定压力时，阀 V10、V11 关闭，阀 V8、V9 开启，蓄能器压力油进入回程缸，液压机实现回程动作。

4）停止：控制液压机动作的阀组失电，液压机停止在任意位置。当液压机停止动作，蓄能器组的压力达到设定储能压力时，主泵卸荷运行，如持续卸荷一定时间，则主泵电动机自动停机。

5. 液压机自动方式

液压机自动方式分为常锻和快锻两种。

1）常锻：液压机按设定的锻造压力、回程高度自动执行快下、加压、卸压回程等动作，液压机的最大工作压力为 35MN。

2）快锻：增压器不投入工作，液压机按设定的锻造压力、回程高度自动执行加压、卸压回程动作，液压机的最大工作压力为 17.5MN。

3.4 液压系统设计计算及分析

快速锻造液压机液压系统组成及配置决定其工作特性，液压系统设计计算可以确定其配置及主要元件参数，但其性能分析一般采用仿真软件完成。

3.4.1 液压系统设计计算

快速锻造液压机属典型大功率传动系统，在液压机的基本参数确定后，一般采用液压静力学方法对组成液压系统的主要元件进行计算选型。

下面以 31.5MN 快速锻造液压机为例，进行主要元件的参数计算选型，其技术指标见表 3-19。

表 3-19　31.5MN 快速锻造液压机技术指标

公称压力 F/MN	31.5
液体压力 p/MPa	31.5
加压速度 v/(mm/s)	90
快下速度 v_1/(mm/s)	250
回程速度 v_2/(mm/s)	300
工作行程/mm	2000

1. 液压缸设计计算

快速锻造液压机主液压缸均采用柱塞液压缸，31.5MN 液压机多采用三等径主缸布置，若不考虑机械效率，则主缸直径 D 为

$$D = 2\sqrt{\frac{F}{3\pi P}}$$

将表 3-19 中 $F=31.5$MN，$p=31.5$MPa 代入上式，得 $D=651$mm≈660mm。

根据运动部分质量及回程加速度要求，回程力为 3MN，回程缸柱塞为 280mm。

2. 液压系统流量

液压机加压时流量 Q_1 由主泵提供：

$$Q_1 = vS \approx 5540\text{L/min}$$

式中，S 为主缸面积：$S=\pi D^2/4$。

快下时流量 Q_2 由充液部分与主泵提供：

$$Q_2 = v_1 S \approx 15390\text{L/min}$$

需要由充液部分提供的流量 Q_3 为

$$Q_3 = Q_2 - Q_1 = 9850\text{L/min}$$

3. 主泵与电动机选择

主泵选 A4FO500/A4VSO500 柱塞泵，转速 1480r/min，容积效率取 0.96，选定

泵排量为 500mL/r，则系统所需的主泵台数 n：

$$n = \frac{Q_1}{Q_2} = \frac{5540\text{L/min}}{500\text{mL/r} \times 1480\text{r/min} \times 0.96} = 7.798 \approx 8$$

电动机的传动轴功率等于输出的最大液压能除以机械效率。取机械效率为 0.92，则传动轴功率 N：

$$N = \frac{p \times q}{0.92} = \frac{31.5\text{MPa} \times 500\text{mL/r} \times 1480\text{r/min}}{0.92} = \frac{31.5 \times 500 \times 1480}{1000 \times 60 \times 0.92} = 422\text{kW}$$

自由锻造工艺在一个动作循环中满负荷做功的时间短，且有很多辅助工步，电动机带液压泵工作时累积的热量容易散发，故多数厂家在实际选定电动机时，电动机的功率可比计算所得功率略小。此时，电动机在工作过程中过载工作时间短，既不会损坏电动机，还可以降低电动机成本，实际多选用了 55kN 电动机。

4. 辅助泵及电动机选择

大排量高转速主泵须提供低压油源才能正常工作，采用离心泵或螺杆泵供液，并考虑将总流量的 40% 左右作为循环过滤冷却流量，则系统的总供流量 Q_0 为

$$Q_0 = 500\text{mL/r} \times 1480\text{r/min} \times 8 \text{ 台} \times 1.4 = 8288\text{L/min}$$

实际选用两台离心泵或螺杆泵，每台泵流量 4200L/min，每台泵电动机功率 110kW，最高工作压力 0.7MPa。

选用一台 125L/min 恒压变量泵为系统变量泵、比例阀、外控插装阀等提供控制油，电动机功率 55kW。

5. 主油箱容积

$$\text{油箱总有效容积} = 5 \text{ 倍} \times \text{总供流量} = 5 \text{ 倍} \times 8400\text{L} = 42000\text{L}$$
$$\text{总容积为} \ 1.2 \times 42000 \approx 50000\text{L} = 50\text{m}^3$$

当 8 台主泵全部工作时，供液泵除满足主泵流量，其他流量进行冷却循环，油箱中油液全部循环一次所需时间 t 为

$$t = 42000\text{L}/(8400\text{L/min} - 500\text{mL/r} \times 1480\text{r/min} \times 8 \text{ 台}) \approx 16\text{min}$$

6. 充液罐容积

根据充液罐充气推荐的容积估算公式：

$$V_1 = 5.4V_{\text{工作}} = 5.4 \times 3(\text{主缸}) \times \frac{\pi}{4} \times (0.66\text{mm})^2 \times 2 = 11.08\text{m}^3$$

考虑充液罐到主缸管道等容积，充液罐总容积选 12m³。

7. 充液阀计算

充液罐充液流量为 9850L/min，每个阀的充液流量为 9850/3 = 3283L/min。阀口流速系数取 4.5mm/s，计算通径为 DN124，选取 DN150 充液阀。

系统的其他控制阀根据所选阀的流量曲线和实际通流量进行选取。

3.4.2　液压系统建模与仿真

快速锻造液压机液压系统的计算多用于主要元件的设计选型，采用液压仿真技

术可以对系统的性能进行动态分析，为系统的设计、调试提供技术指导。

目前，液压系统建模、仿真基本采用 AMESim（Advanced Modelling and Simulation Environment for Systems Engineering）。AMESim 采用直观的图形化建模方式，不用进行烦琐的数学建模和程序开发，根据模型数学特征自动选择求解算法，利用基本元素完成复杂元件或系统的搭建，并提供多学科模型库，具有与其他仿真软件的交互接口。

以图 3-23 所示 22MN 正弦泵控制的快速锻造液压机为例，主要控制元件为正弦泵，通过电液伺服阀控制对称液压缸来驱动泵芯偏摆，偏摆的幅度和方向决定了液压泵输出流量的大小和液压泵油液的进出方向，控制系统通过对液压泵偏摆机构进行位置闭环控制，可使液压泵的输出流量按需要的正弦曲线变化。利用 AMESim 的机械库、液压库、信号库建立正弦泵控制机构模型如图 3-40 所示。

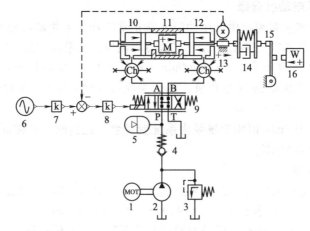

图 3-40　22MN 正弦泵偏摆控制机构 AMESim 仿真模型

1—电动机　2—液压泵　3—溢流阀　4—单向阀　5—蓄能器　6—输入信号　7、8—比例环节　9—伺服阀
10、12—单活塞液压缸　11、16—质量块　13—位移传感器　14—弹簧阻尼　15—杠杆

根据上述液压机系统中所用正弦泵的实际参数，设定输入信号为 2Hz 正弦信号（针对锻造频次 120 次/min），最大偏摆对应液压缸位移 50mm，液压缸位移（泵偏摆）随输入信号响应仿真曲线如图 3-41 所示，图中偏摆机构的跟随性好，响应速度快。

将液压机系统的工作缸进行等效变化，去掉一些对仿真结果影响不大的元件，6 台泵中选取正弦泵 15、17 作为压下回程泵，其他泵作为压下泵，22MN 正弦泵控制快速锻造液压机 AMESim 仿真模型如图 3-42 所示。

在液压机仿真模型中，正弦泵接收来自偏摆机构的控制，并与液压机位移传感器 24 的反馈信号比较，由 PID 控制器进行调节整定，输出到正弦泵控制器，控制其输出流量大小和进排液方向；负载信号发生器 21 和比例环节 22 组合后经力转换装置 23 转换后模拟锻件变形抗力。

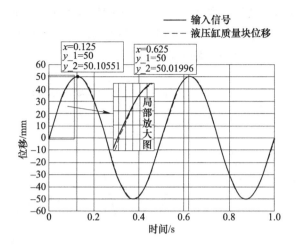

图 3-41　正弦泵控制特性仿真曲线

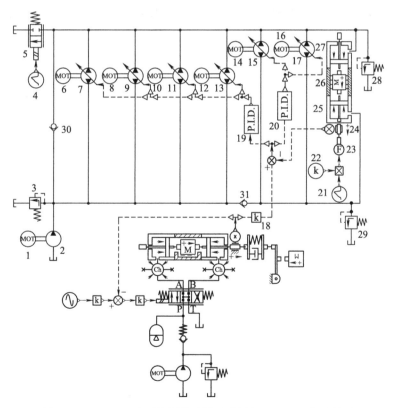

图 3-42　22MN 正弦泵控制快速锻造液压机 AMESim 仿真模型

1、6、8、10、12、14、16—电动机　2—液压泵　3、28、29—溢流阀　4—电磁阀控制信号　5—电磁阀

7、9、11、13、15、17—正弦泵　18、22—比例环节　19、20—PID 控制器　21—负载信号发生器

23—力转换装置　24—位移传感器　25、27—单活塞液压缸　26—质量块　30、31—单向阀

输入信号为1Hz，液压机空程10mm，以10MN压力压下10mm，然后回程，液压机位移随输入信号响应的仿真曲线如图3-43所示，空载时液压机位移接近输入信号，有负载时液压机位移落后输入信号。

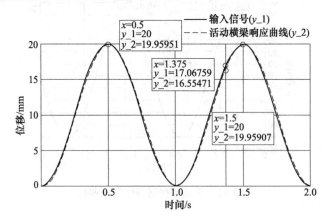

图3-43　22MN正弦泵控制快速锻造液压机位移随输入信号响应的仿真曲线

第❹章

锻造操作机

锻造操作机与快速锻造液压机组成机组，一人操作，实现了自由锻造生产的机械化和自动化。

与快速锻造液压机配套的锻造操作机为轨道式全液压锻造操作机。锻造操作机不仅能用来夹持锻件，实现锻造过程中锻件的送进、翻转等动作，而且须完成行走位置、旋转角度等控制，并且与快速锻造液压机一起进行联动控制。

到目前为止，锻造操作机的结构形式和功能实现已形成基本定式：锻造操作机均具有钳口张开与闭合、钳杆平行升降、钳杆上下倾斜、钳杆左右侧移、钳杆左右摆动、夹钳正反向旋转、操作机车体前后行走、钳杆水平缓冲及横向缓冲等功能，这些功能互相配合可实现比较复杂的锻造操作，能满足各种锻造工艺的操作要求。

锻造操作机结构根据提升机构分为摆动杠杆结构和平行连杆结构两大类，Wepuko PAHNKE、SMS 等厂家的锻造操作机多采用摆动杠杆结构；DDS、GLAMA 等采用平行连杆结构。国内锻造操作机早期多采用摆动杠杆结构，目前多为 DDS 平行连杆结构。相同结构形式的锻造操作机根据制造厂家的不同，液压系统的配置及液压控制原理有一定的差异，其使用性能也存在一定差别。

4.1 组成

图 4-1~图 4-3 所示为三种不同结构形式的锻造操作机，其组成及功能基本类似，主要包括以下几大部件：

1）机架。机架由焊接钢结构和附加部件组成，用于安装操作机的其他部件，同时安装有便于维护检修的梯子走台等。

2）夹钳。用于夹持工件，夹钳的钳口由液压缸驱动，以实现钳口的张开与闭合动作。

3）夹钳旋转装置。夹钳与钳杆装配在一起，由液压马达、减速器组成的驱动机构带动夹钳正反向转动。

4）提升机构。提升机构将夹钳及夹钳旋转装置等悬吊在机架上，并实现夹钳

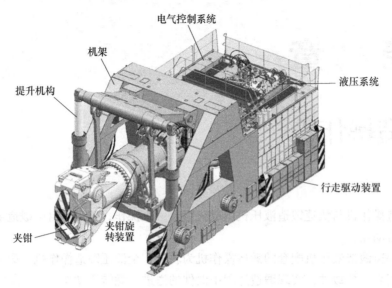

图 4-1 ZDAS 摆动杠杆结构锻造操作机

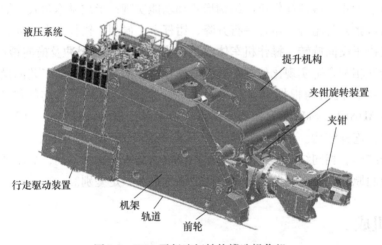

图 4-2 DDS 平行连杆结构锻造操作机

的升降、倾斜、侧移、侧摆、缓冲等功能。

5）车轮。机架前、后部位分别配有 4（2）、2 个带沿车轮（大吨位操作机前部每边 2 个轮子，共 4 个；小吨位操作机前部每边 1 个轮子，共 2 个；操作机后部一般每边 1 个轮子，共 2 个），在轨道上行走，并支承操作机全部重量。

6）行走驱动装置。由液压马达、减速器等带动链轮旋转，链轮与安装在基础上的销齿条啮合，驱动锻造操作机车体前进或后退。

7）轨道。由安装在基础上的钢轨组成，承载车体重量及导向。

8）液压系统。安装在锻造操作机车体后部，由油箱、液压泵、蓄能器、各种

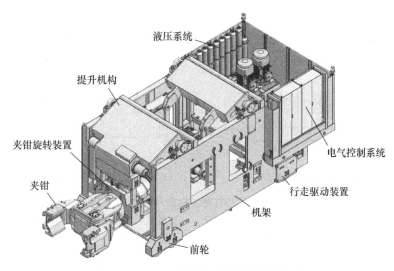

图 4-3　GLAMA 平行连杆结构锻造操作机

控制阀等组成，为锻造操作机动作提供动力和控制，也有与快速锻造液压机共享油箱及液压泵的应用。

9）润滑系统。采用干油自动润滑系统，对提升机构的关节轴承、夹钳旋转装置等进行定期润滑。

10）电气控制系统。实现锻造操作机的液压、润滑等控制，以及各种动作的手动、自动及与液压机的联动控制。

4.2　提升机构原理

锻造操作机夹持锻件后，通过其提升机构完成旋转、升降、倾斜、侧移、侧摆和缓冲等各种动作。该提升机构不仅要能完成各种动作，而且还要具有足够的刚度和强度。在实际生产应用中，发展了几种成熟的提升机构，并形成了具有各自特色的锻造操作机产品。

4.2.1　摆动杠杆结构原理

摆动杠杆结构提升机构采用杠杆原理进行操控，由多个可以摆动的杠杆和液压缸组成，如图 4-4 所示。驱动杠杆摆动的液压缸与摆动杠杆可以共轴，也可以分开，在实际中根据机器结构灵活组合。

前后吊杆 5、2 分别在前吊臂 4、后吊臂 3 的带动下摆动，前后吊臂 4、3 分别在倾斜液压缸 6、升降液压缸 1 驱动下绕 O_2、O_1 点转动，前后吊杆 5、2 共同带动钳杆 8 动作。由于驱动钳杆 8 动作的两个液压缸 6、1 没有机械联锁，液压缸 6、1 在液压系统中采用串联工作方式：升降液压缸 1 的上腔面积与倾斜液压缸 6 的下腔

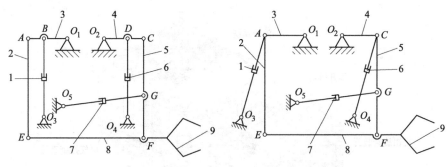

a) 吊杆与提升液压缸分开铰接结构   b) 吊杆与提升液压缸铰接在一起结构

图 4-4　摆动杠杆结构提升机构模型

1—升降液压缸　2—后吊杆　3—后吊臂　4—前吊臂　5—前吊杆　6—倾斜液压缸
7—水平缓冲液压缸　8—钳杆　9—夹钳

面积相等，两腔油液直接相通，控制升降液压缸 1 下腔进油，升降液压缸 1 上腔排出的油液直接进入倾斜液压缸 6 下腔，驱动倾斜液压缸 6 同步动作。

1）平行升降：升降液压缸 1 下腔进压力油，活塞杆伸出，推动活塞向上运动，驱动铰链使后吊臂 3 绕 O_1 点顺时针转动；同时升降液压缸 1 上腔排出油液进入倾斜液压缸 6 下腔，液压缸 6 活塞杆伸出，驱动前吊臂 4 绕 O_2 点逆时针转动。前后吊臂 4、3 的长度相等，摆动角度相同，钳杆 8 实现平行上升。反之，升降液压缸 1 下腔排油，钳杆 8 平行下降。

2）上下倾斜：倾斜液压缸 6 下腔进压力油，活塞杆伸出，前吊臂 4 绕 O_2 点逆时针转动，带动前吊杆 5 使钳杆 8 铰接点 F 绕 E 点向上转动，钳杆 8 向上倾斜；反之，倾斜液压缸 6 下腔排油，活塞杆缩回，钳杆 8 绕 E 点向下转动，钳杆 8 向下倾斜。

3）左右侧移：左右侧移由前、后侧移液压缸共同完成。侧移液压缸为两端相同的柱塞液压缸组成，横向水平安装，前侧移液压缸铰接在 F 处，后侧移液压缸铰接在 E 处。当前、后侧移液压缸左边同时进压力油、右边排油，则前、后侧移液压缸分别带动钳杆 8 前、后部右移，实现钳杆 8 向右平行侧移；反之，前、后侧移液压缸右边同时进压力油、左边排油，则钳杆 8 向左平行侧移。

4）左右侧摆：由左、右侧移液压缸单独或联合动作来实现钳杆的侧向摆动。当前侧移液压缸左侧进压力油、右侧排油，前侧移液压缸带动钳杆 8 前部向右侧移动，或后侧移液压缸右侧进压力油、左侧排油，钳杆 8 后部向左移动，实现钳杆向右摆动。反之，则实现钳杆向左摆动。

如前侧移液压缸左侧进压力油、右侧排油及后侧移液压缸右侧进压力油、左侧排油，则钳杆向右侧摆动的角度增大一倍，反之向左侧摆动角度增大一倍。

5）缓冲：水平缓冲液压缸 7 采用左右布置结构，一端与机架铰接，另一端与前吊杆 5 铰接，与蓄能器配合吸收和缓冲生产过程中的水平冲击和惯性。升降液压缸 1、倾斜液压缸 6 与蓄能器配合，也用于生产过程中的垂直缓冲。

4.2.2 平行连杆结构原理

平行连杆结构提升机构由多个平行铰链四杆机构、转动杠杆和液压缸组成，具体实现上有两类：DDS 平行连杆结构和 GLAMA 平行连杆结构。

1. DDS 平行连杆结构

其简化模型如图 4-5 所示。

图中杠杆 O_2ACO_1 和 $BHGE$ 均为可移动的平行铰链四杆机构，前转动杠杆 O_1CDE （前转臂 2）与后转动杠杆 O_2AB （后转臂 1）通过连杆 9 连成一体，形成平行铰链四杆机构，实现钳杆 6 的升降动作。

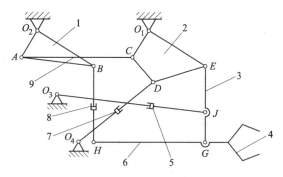

图 4-5 DDS 平行连杆结构提升机构模型
1—后转臂 2—前转臂 3—前吊杆 4—夹钳
5—水平缓冲液压缸 6—钳杆
7—升降液压缸 8—倾斜液压缸 9—连杆

1）平行升降：升降液压缸 7 下腔进压力油，活塞杆伸出，推动铰链 D 使前转臂 2 绕 O_1 点逆时针转动，同时通过连杆 9 带动后转臂 1 绕 O_2 点逆时针转动，从而带动前吊杆 3、倾斜液压缸 8（平行升降时倾斜液压缸类似刚性吊杆）上升，由于 O_2AB 和 O_1CE 为全等三角形、O_2ACO_1 和 $BHGE$ 为平行四边形，钳杆 6 平行上升；升降液压缸 7 下腔排压力油，活塞杆缩回，则钳杆 6 平行下降。

2）上下倾斜：倾斜液压缸 8 下腔进压力油，活塞杆伸出，钳杆 6 尾部 H 绕 G 点向下转动，钳杆 6 向上倾斜；反之，倾斜液压缸 8 上腔进压力油，活塞杆缩回，钳杆 6 尾部 H 绕 G 点向上转动，钳杆 6 向下倾斜。

3）左右侧移：左右侧移由前、后侧移液压缸共同完成。侧移液压缸为两端相同的柱塞液压缸组成，横向水平安装，前侧移液压缸铰接在 E 处，后侧移液压缸铰接在 B 处。当前、后侧移液压缸左边同时进压力油、右边排油，则前侧移液压缸带动前吊杆 3 使钳杆 6 前部右移，后侧移液压缸带动倾斜液压缸 8 使钳杆 6 后部右移，钳杆 6 向右侧平行移动；反之，前、后侧移液压缸右边同时进压力油、左边排油，钳杆 6 向左侧平行移动。

4）左右侧摆：由前、后左右侧移液压缸单独或联合动作，实现钳杆的侧向摆动。

5）缓冲：水平缓冲液压缸 5 采用左右对称布置结构，一端与可转动的缓冲架铰接，另一端与前吊杆 3 铰接，与蓄能器配合用来吸收和缓冲生产过程中的冲击和惯性。升降液压缸 7 与蓄能器配合，也用于生产过程中的垂直缓冲。

2. GLAMA 平行连杆结构

钳杆的提升仍由多个平行四连杆机构实现，但连杆的结构及驱动方式与 DDS 平行连杆结构相比发生了变化，其简化模型如图4-6所示。

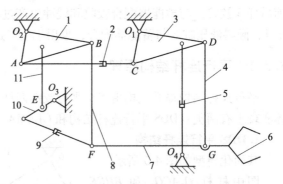

图 4-6　GLAMA 平行连杆结构提升机构模型
1—后转臂　2—倾斜液压缸　3—前转臂　4—前吊杆
5—升降液压缸　6—夹钳　7—钳杆　8—后吊杆
9—缓冲液压缸　10—缓冲杠杆　11—缓冲吊杆

杠杆 O_2ACO_1 和 $BFGD$ 为可移动的平行铰链四杆机构，前转动杠杆 O_1CD（前转臂 3）与后转动杠杆 O_2AB（后转臂 1）为全等三角形，通过倾斜液压缸 2 连成一体，形成平行铰链四杆机构。

1）平行升降：升降液压缸 5 下腔进压力油，活塞杆伸出，推动铰链使前转臂 3 绕 O_1 点逆时针转动，同时通过倾斜液压缸 2 带动后转臂 1 绕 O_2 点逆时针转动，从而带动前吊杆 4、后吊杆 8 上升，由于 O_2AB 与 O_1CD 为全等三角形、O_2ACO_1 和 $BFGD$ 为平行四边形，钳杆 7 平行上升；升降液压缸 5 下腔排油，活塞杆缩回，则钳杆 7 平行下降。

2）上下倾斜：倾斜液压缸 2 一端进压力油，活塞杆伸出，使后转臂 1 绕 O_2 点顺时针转动，钳杆 7 尾部 F 绕 G 点向下转动，钳杆 7 向上倾斜；反之，倾斜液压缸 2 另一端进压力油，活塞杆缩回，后转臂 1 绕 O_2 点逆时针转动，钳杆 7 尾部 F 绕 G 点向上转动，钳杆 7 向下倾斜。

3）左右侧移：左右侧移由前、后侧移液压缸共同完成。侧移液压缸为两端相同的柱塞液压缸组成，横向水平安装，前侧移液压缸铰接在 D 处，后侧移液压缸铰接在 F 处。当前、后侧移液压缸左边同时进压力油、右边排油，则前侧移液压缸带动前吊杆 4 使钳杆 7 前部右移，后侧移液压缸使钳杆 7 后部右移，钳杆 7 向右侧平行移动；反之，前、后侧移液压缸右边同时进压力油、左边排油，则钳杆 7 向左侧平行移动。

4）左右侧摆：由后侧移液压缸控制钳杆的侧向摆动。

5）缓冲：水平缓冲液压缸 9 采用左右对称布置结构，一端通过缓冲架与缓冲杠杆 10 铰接，另一端与后吊杆 8 铰接。缓冲杠杆 10 中部与缓冲吊杆 11 铰接，缓冲杠杆 10 可绕 O_3 点转动，并通过缓冲吊杆 11 与后转臂 1 铰接在一起，自动适应钳杆 7 的位置变化。水平缓冲液压缸 9 与蓄能器配合，用来吸收和缓冲车体运动过程中钳杆 7 水平方向产生的冲击及惯性。升降液压缸 5 与蓄能器配合，也用于吸收钳杆 7 上下运动时垂直方向产生的冲击及惯性。

4.3　技术参数

锻造操作机用来夹持坯料，配合快速锻造液压机完成各种锻造工艺。锻造操作机的技术参数反映其生产能力、性能指标，不同制造厂家生产的锻造操作机主参数基本相同，但技术性能指标存在一定的差异。

国内生产锻造操作机的厂家众多，规格也较多，部分小吨位操作机采用摆动杠杆结构，绝大多数采用 DDS 平行连杆结构，表 4-1 所列为国产 100kN、400kN 及 700kN 全液压锻造操作机技术参数。

表 4-1　国产 100kN、400kN 及 700kN 全液压锻造操作机技术参数

序号	项目		数值		
1	最大夹持力/kN		100	400	700
2	最大夹持力矩/kN·m		250	1200	1500
3	旋转驱动转矩/kN·m		—	100	—
4	夹钳夹持直径/mm	最大	$\phi1000$	$\phi1650$	$\phi1860$
		最小	$\phi150$	$\phi165$	$\phi175$
5	钳杆中心高度/mm	最大	1800	2700	3210
		最小	800	900	1120
6	钳杆水平侧摆角度/(°)		—	±8	±8
7	钳杆上下倾斜角度/(°)		+9/−9	+7.5/−9.5	+6/−9
8	钳杆水平侧移距离/mm		±160	±210	±230
9	钳杆水平缓冲行程/mm		±150	±165	—
10	夹钳旋转最大直径/mm		≤2000	2520	3030
11	夹钳开闭	时间/s	—	—	12/17
		速度/(mm/s)	50	100	
12	钳杆平行升降速度/(mm/s)		0~100	0~100	0~120
13	钳杆上下倾斜速度/[(°)/s]		0~3	0~2.5/0~3.5	0~2.5
14	钳杆水平侧移速度/(mm/s)		0~100	0~100	0~100
15	夹钳旋转最大速度/(r/min)		18	18	18
16	夹钳旋转定位精度/(°)		±0.5	±0.5	±1
17	车体轨距/mm		1900	3600	4500
18	推荐车体行程/mm		14000	20000	22000
19	车体行走最大速度/(m/min)		30	40	36
20	车体行走加速度/(m/s²)		2	0.9/1.8	2
21	车体行走定位精度/mm		±5	±5	±5

（续）

序号	项目	数值		
22	车体抗倾覆力矩/kN·m	—	5000	8600
23	车体抗倾覆系数	—	2.3	2.5
24	液压系统工作压力/MPa	16	16	20
25	夹钳夹紧最大压力/MPa		18	20
26	总功率/kW	114	272	—

　　DDS 锻造操作机是国内进口应用最多的操作机，其结构形式为平行连杆结构，规格齐全，表 4-2 所列为 DDS 200kN、600kN 及 800kN 全液压锻造操作机技术参数。

表 4-2　DDS 200kN、600kN 及 800kN 全液压锻造操作机技术参数

序号	项目		数值		
1	最大夹持力/kN		200	600	800
2	最大夹持力矩/kN·m		500	1500	2000
3	旋转驱动转矩/kN·m		60	180	320
4	夹钳夹持直径/mm	最大	ϕ1400	ϕ1850	ϕ2250
		最小	ϕ140	ϕ200	ϕ150
5	钳杆中心高度/mm	最大	2250	3050	3250
		最小	1450	1050	1150
6	钳杆水平侧摆角度/(°)		±5	±4.5	±8
7	钳杆上下倾斜角度/(°)		+7/−11	+7/−10	+6/−9
8	钳杆水平侧移距离/mm		±200	±300	±250
9	钳杆缓冲（水平）行程/mm		±320	±400	—
10	夹钳旋转最大直径/mm		2187	2806	3370
11	夹钳开/闭	时间/s	6/9	7/10	—
		速度/(mm/s)	—	—	120
12	钳杆平行升降速度/(mm/s)		0~200	0~180	0~130
13	钳杆上下倾斜速度/[(°)/s]		0~3	0~3	0~2
14	钳杆水平侧移速度/(mm/s)		0~100	0~100	0~100
15	夹钳旋转最大速度/(r/min)		25	25	12
16	夹钳旋转定位精度/(°)		±0.15	±0.25	±0.25
17	车体轨距/mm		3200	4200	4500
18	推荐车体行程/mm		20000	20000	25000
19	车体行走最大速度/(mm/s)		1000	1000	1000

（续）

序号	项目	数值		
20	车体行走加速度/(m/s²)	5	4	2
21	车体行走定位精度/mm	±1.5	±2	±2
22	车体抗倾覆力矩/kN·m	>1754	>5824	—
23	车体抗倾覆系数	>2	>2	—
24	液压系统工作压力/MPa	20	20	20
25	夹钳夹紧最大压力/MPa	23.5	23	20
26	总功率/kW	200	530	645
27	设备总质量/kg	76000	185000	273000

GLAMA 锻造操作机技术特点独特，在国内进口应用也较多，采用其独特的平行连杆结构形式，表 4-3 所列为 GLAMA 250kN、400kN 及 800kN 全液压锻造操作机技术参数。

表 4-3 GLAMA 250kN、400kN 及 800kN 全液压锻造操作机技术参数

序号	项目		数值		
1	最大夹持力/kN		250	400	800
2	最大夹持力矩/kN·m		500	800	2000
3	旋转驱动转矩/kN·m		60	80	—
4	夹钳夹持直径/mm	最大	φ1450	φ1600	φ2180
		最小	φ100	φ400	φ200
5	钳杆中心高度/mm	最大	2550	2650	3250
		最小	950	1050	1150
6	钳杆水平侧摆角度/(°)		±4	±4	±8
7	钳杆上下倾斜角度/(°)		+6/-10	+10/-10	+7.5/-12
8	钳杆水平侧移距离/mm		±200	±200	±300
9	钳杆垂直缓冲行程/mm		—	—	±330
10	夹钳旋转最大直径/mm		2370	2480	3290
11	夹钳开/闭时间/s		7/7	7/9	10/10
12	钳杆平行升降速度/(mm/s)		0~200	0~150	0~150
13	钳杆上下倾斜速度/[(°)/s]		0~3	0~2	0~3

（续）

序号	项目	数值		
14	钳杆水平侧移速度/(mm/s)	0~100	0~100	0~100
15	夹钳旋转最大速度/(r/min)	26	30	20
16	夹钳旋转定位精度/(°)	±0.25	±0.25	±0.25
17	车体轨距/mm	3500	3500	4500
18	推荐车体行程/mm	20000	—	20000
19	车体行走最大速度/(mm/s)	750	800	800
		1000	1000	1000
20	车体行走加速度/(m/s²)	4	4	3
21	车体行走定位精度/mm	±1.5	±1.5	±2
22	车体抗倾覆力矩/kN·m	2230	3870	8800
23	车体抗倾覆系数	1.73	2.28	2.0
24	液压系统工作压力/MPa	17.5	18	18
25	夹钳夹紧最大压力/MPa	19	20	22
26	总功率/kW	195	280	465
27	设备总质量/kg	95000	125000	270000

4.4 机械结构

锻造操作机采用轨道行走方式，可完成车体行走、钳口夹持、夹钳旋转、钳杆水平升降、钳杆倾斜、钳杆侧移及侧摆等动作，这些动作均由液压系统实现。车体行走和夹钳旋转采用液压马达驱动，钳口夹持、钳杆平行升降、钳杆倾斜、钳杆侧移及摆动、缓冲等采用液压缸实现，锻造操作机的机械结构须满足这些动作要求。

图 4-7 所示为一种摆动杠杆结构锻造操作机结构，这种结构在早期锻造操作机上应用较多。

图 4-8 所示为另一种摆动杠杆结构锻造操作机的结构，这种结构在各种规格锻造操作机上均有应用。

图 4-9 所示为 DDS 平行连杆结构锻造操作机结构，这种结构在众多厂家的各种规格锻造操作机上均有应用。

图 4-10 所示为 GLAMA 平行连杆结构锻造操作机结构，这种结构仅在 GLAMA 锻造操作机上应用。

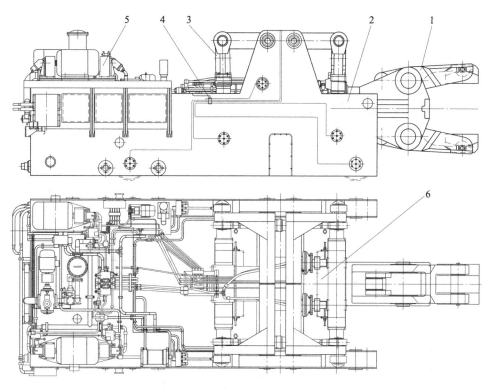

图 4-7 一种摆动杠杆结构锻造操作机结构

1—夹钳 2—机架 3—提升机构 4—润滑系统 5—液压系统 6—钳杆

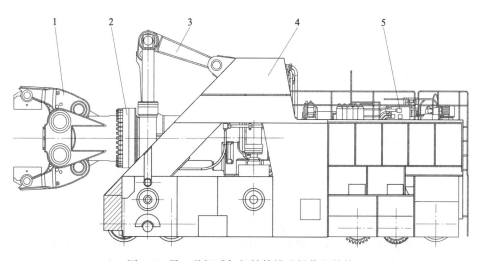

图 4-8 另一种摆动杠杆结构锻造操作机结构

1—夹钳 2—钳杆 3—提升机构 4—机架 5—液压系统

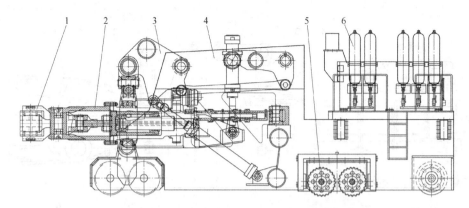

图4-9 DDS平行连杆结构锻造操作机结构

1—夹钳 2—钳杆 3—提升机构 4—机架 5—行走驱动 6—液压系统

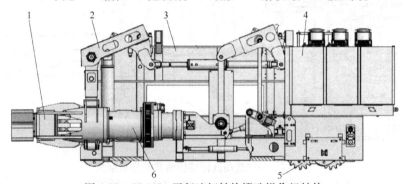

图4-10 GLAMA平行连杆结构锻造操作机结构

1—夹钳 2—提升机构 3—机架 4—液压系统 5—行走驱动 6—钳杆

4.4.1 车体及行走机构

车体及行走机构由左右两侧墙板、侧板连接机构、车轮组、液压驱动装置组成。

1. 车体框架

车体由左右两侧墙板及中间连接机构组成车体框架，并由前、后车轮组支承在轨道上。

两侧墙板分别采用厚板、支撑筋焊接成封闭结构，构成整体式墙板。有多种方式可组成车体框架。

图4-11所示为两个焊接成的整体墙板采用支架、套管、拉杆等组成的预应力车体框架。

图4-12所示为两个焊接成的整体墙板采用套管等预紧后焊接成的整体车体框架。对于大吨位操作机，车体框架可分体制造。安装夹钳、钳杆、提升机构等的车体前部单独组成框架，安装液压系统、车体驱动等部分的后部组成另一框架，安装时通过螺栓连接成一个整体车架。

图4-13所示为另一种焊接式车体框架。

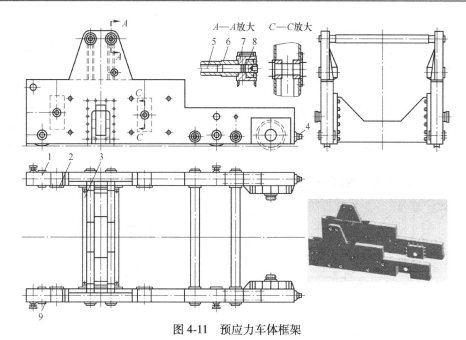

图 4-11 预应力车体框架

1—左墙板 2—内墙衬板 3—支架 4—防撞装置 5—拉杆 6—套管 7—轴套 8—锁紧螺母 9—右墙板

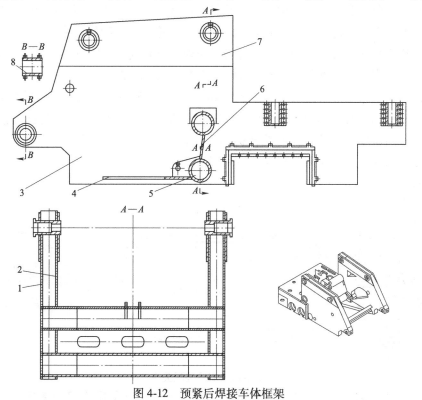

图 4-12 预紧后焊接车体框架

1—外侧板 2—内侧板 3—左右墙板 4—连接板 5—连接管 6—立板 7—加强板 8—套

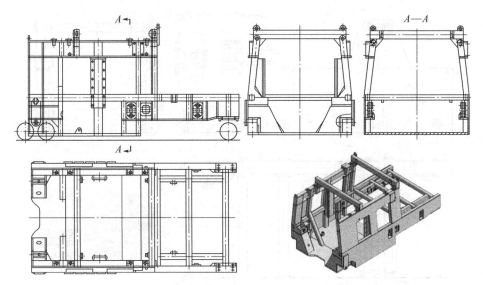

图 4-13 焊接式车体框架

2. 行走车轮

行走部分由多套车轮组构成。车轮仅支承重量，不传递转矩，4 套前轮组（小吨位操作机 2 套前轮组）和 2 套后轮组均为从动轮，左右两侧对称布置，其中一侧的车轮均为平面，另一侧的车轮均为带沿车轮，这种配置可降低两侧钢轨在铺设时的平行度要求（也有两侧车轮均采用带沿车轮的结构形式）。

前车轮组装成整套车轮箱，如图 4-14 所示为前轮装配关系。车轮箱体与车体框架通过铰轴连接，车轮箱体可绕该铰轴一定角度转动，使两车轮与轨道面充分接触，便于前车轮的承载；同时检修拆卸方便，只要将待拆车轮箱体的车体部位垫起，取下铰轴，整个车轮箱就与车体分离。

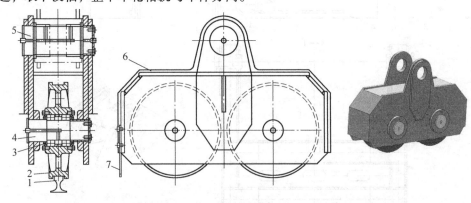

图 4-14 前轮装配关系

1—轨道 2—带沿车轮 3—轴承 4—轮轴 5—铰轴 6—前轮箱体 7—扫轨板

后车轮也制作成车轮箱形式，以部件形式与车体框架找正后焊接在一起。

3. 行走驱动

车体行走采用 4 套（小吨位操作机多采用 2 套）低速大转矩液压马达—减速器—链轮驱动，与固定在轨道基础上的销齿条啮合传动，如图 4-15 所示为车体行走驱动的一种布置形式。

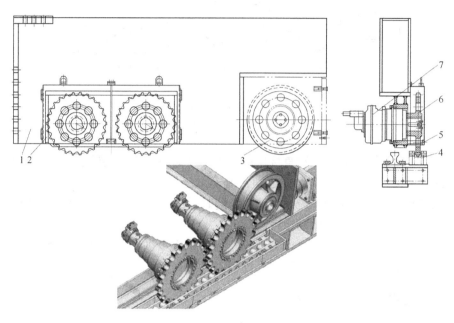

图 4-15　车体行走驱动

1—左后侧板　2—链轮罩　3—后轮　4—销齿条　5—连接座　6—链轮　7—行走驱动装置

车体行走由电液比例换向阀控制，控制系统采用一定的控制策略使车体在起动、行走、停止及换向时链轮与销齿无侧隙传动，实现车体平稳起停、快速动作。

车体驱动采用链轮、销齿条驱动，避免了车轮相对轨道滑动，可精确检测车体所处的位置和行走的距离；采用大功率液压马达实现加减速驱动，保证车体运动速度，满足锻造生产中的工件进给量要求，减少等待时间，提高生产率。

GLAMA 操作机采用"质量分离"原理设计制造行走驱动系统，行走驱动装置采用液压缸直接驱动钳杆架，图 4-16 所示为其行走驱动装置，图 4-17 所示为其连接结构。

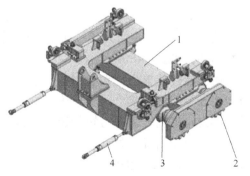

图 4-16　"质量分离"行走驱动装置

1—行走驱动机架　2—链轮　3—行走液压
马达及减速器　4—连接液压缸

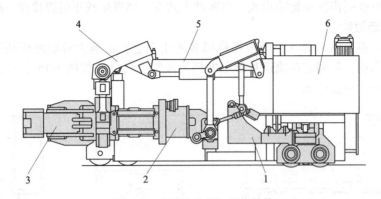

图 4-17 "质量分离"连接结构

1—行走驱动装置　2—钳杆旋转装置　3—夹钳　4—提升机构　5—车体框架　6—液压系统

行走驱动装置通过液压缸直接连接到钳杆（夹钳及钳杆旋转装置），当操作机行走时，驱动装置直接带动钳杆运动，由于钳杆部分的质量远小于车体等其他质量，钳杆夹持坯料会快速响应系统动作，同时通过连接机构带动操作机车体框架以较低的加速度、速度自动跟随运动。

采用这种质量分离方式可以实现高速、高精度步进，同时所需的液压功率小。在一些锻造操作中，也可通过液压系统暂停这种质量分离。

4.4.2　夹钳及钳杆旋转装置

夹钳用于在锻造过程中夹紧坯料，可夹持圆形和方形坯料。锻造操作机的夹钳采用短臂杠杆形式，用液压缸进行驱动。夹紧液压缸的形式有多种，夹紧时为保证夹紧压力，液压系统应配备专用的保压泵及蓄能器进行保压。

夹钳按最小夹紧和最大张开距离参数进行设计，一般配备大、小两套钳口，同时夹钳可以装配很长的延长臂（抱钳），锻造时用来夹持环形件和饼形件，如图 4-18 所示。

钳杆旋转装置由夹钳、钳杆、液压马达、啮合齿轮等零部件组成。液压马达通过减速器输出轴的小齿轮将旋转驱动力矩传递到大齿轮上，从而带动夹钳及钳杆平稳起动、正反向转动、制动及无级调速、连续旋转等。

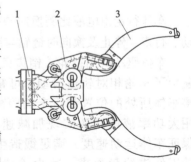

图 4-18　安装延长臂的夹钳

1—钳壳　2—钳臂　3—延长臂

1. 夹紧液压缸位于钳壳内部的夹钳及钳杆旋转装置

如图 4-19 所示，夹紧液压缸 6 为双作用液压缸，安装在钳杆头部（钳壳）位置，液压缸的两端分别与两个钳臂 3 铰接，钳臂 3 通过销轴 4 安装在钳壳上，两个钳臂上加工有导向齿。夹紧液压缸一端进油，另一端排油，液压缸活塞杆伸出，在导向齿的约束下，两个钳臂绕销轴同步转动，从而使钳口1闭合，夹紧坯料；反之，液压缸活塞杆缩回，钳口张开。钳口与钳臂通过销轴连接，夹持工件时销轴2不受力，受力面为钳臂3与钳口1相配合的圆弧面，受力面积大。

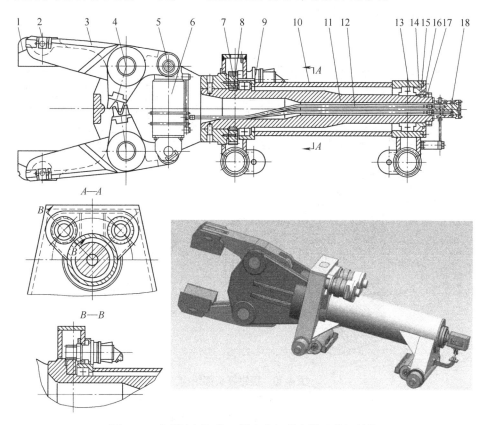

图4-19 夹紧液压缸位于钳壳内部的夹钳及钳杆结构

1—钳口 2、4、5—销轴 3—钳臂 6—夹紧液压缸 7—齿轮 8、15—键 9—液压马达及减速器 10—钳杆架 11—钳杆 12—油管 13—轴承 14—压盖 16—挡圈 17—螺母 18—液压旋转接头

钳壳与钳杆11可做成一体，也可做成分体连接在一起。钳杆11通过轴承安装在钳杆架10内，钳杆架10由提升机构支撑。安装在钳杆架10上的液压马达及减速器9驱动齿轮7转动，齿轮7与装配在钳杆11上的大齿轮啮合，带动钳杆及夹钳旋转。

钳杆11为空心轴，内部安装夹紧液压缸的液压油管，钳杆尾部安装液压旋转接头18，将液压系统油液引入夹紧液压缸。

由于夹紧液压缸安装在钳壳内部，夹紧液压缸尺寸受限，没有连杆，液压缸输出压力直接作用在夹紧臂上，夹紧臂的杠杆放大作用小，钳臂较长，钳头尺寸较大，但该结构简单，零件数量少。因此这种结构一般在小吨位操作机上应用。

2. 夹紧液压缸位于钳杆内部、缸动式钳口夹紧及钳杆旋转装置

如图 4-20 所示，夹钳由钳壳 5、钳臂 3、钳口 1、连杆 9 等组成，通过与夹紧液压缸连接的连杆 9 来带动钳臂 3 转动，实现钳口 1 的闭合与张开。夹紧液压缸伸出，连杆 9 压紧钳臂 3，使钳臂 3 转动，驱动钳口 1 夹紧坯料；反之，夹紧液压缸缩回，通过连杆 9 拉动钳臂 3，张开钳口 1。

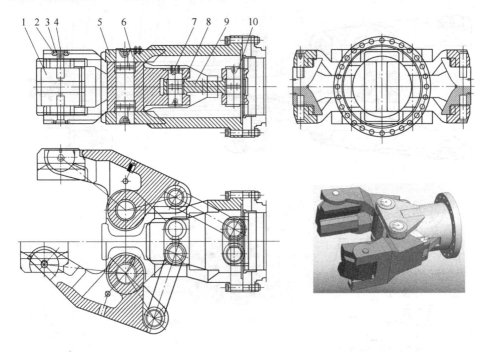

图 4-20　短钳杆头部结构

1—钳口　2—开口销　3—钳臂　4—钳口销轴　5—钳壳　6—钳臂销轴　7—连杆销轴 1
8—轴套　9—连杆　10—连杆销轴 2

图 4-21 所示为与上述钳头配套的夹紧液压缸及钳杆旋转装置结构。空心轴 1 通过螺栓与钳杆头部组件连接成一体，空心轴 1 内部安装有夹紧液压缸 4。夹紧液压缸 4 的活塞杆与空心轴采用键连接成一体，活塞杆的末端安装有液压旋转接头 17，控制夹紧液压缸的液压油通过液压旋转接头及活塞杆中油路进入夹紧液压缸。夹紧液压缸 4 伸出的支耳与钳头中的连杆铰接，夹紧液压缸为双作用液压缸，由于夹紧液压缸活塞杆固定，一端通液压油，另一端排油，夹紧液压缸缸体伸出，压缩钳头连杆，使钳口闭合；反之，夹紧液压缸缸体缩回，拉动钳头连杆，使钳口张开。

采用这种缸动式夹紧结构，可以方便地进行拆卸、维护；同时，当钳口夹紧时，液压油作用在无杆腔一侧，同样直径的液压缸可产生大的夹紧力。

空心轴 1 后部外圈装有大齿轮 13，并通过轴承安装在钳杆架 11 上，钳杆架由提升机构支撑，图 4-22 所示为夹钳（缸动式）及钳杆旋转装置。

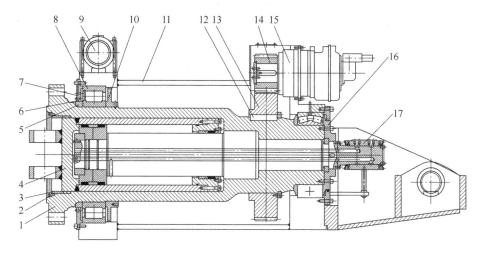

图 4-21 缸动式夹紧液压缸及钳杆旋转装置结构
1—空心轴 2—挡圈 3—铜套 4—夹紧液压缸 5—定位套 6—压盖 7—前轴承端盖 8—轴承
9—钳杆横向缓冲机构 10—定位套 11—钳杆架 12—键 13—大齿轮 14—小齿轮
15—液压马达及减速器 16—后端盖 17—液压旋转接头

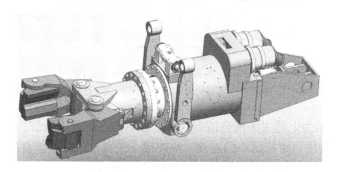

图 4-22 夹钳（缸动式）及钳杆旋转装置

采用大转矩液压马达后置驱动，液压马达及减速器 15 输出轴的小齿轮 14 与位于空心轴 1 上的大齿轮 13 啮合，将旋转动力传递到空心轴，空心轴与钳头由螺栓连接为一体，从而带动钳头旋转。

液压马达驱动采用比例换向阀控制，可实现钳杆绕轴线平稳旋转。夹紧液压缸所需液压油通过液压旋转接头送至夹紧缸。采用大功率驱动实现旋转运动，可以夹持一定偏心的工件，同时具有较高的旋转速度和加速度，保证锻造加工的响应速度及生产率。

空心轴前后轴承均采用调心滚子轴承，前调心滚子轴承主要用于承载径向力，后调心滚子轴承消除钳杆在旋转过程中弯曲变形对轴承产生的附加力。

3. 夹紧液压缸位于钳杆中部、活塞杆式钳口夹紧及钳杆旋转装置

如图 4-23 所示，夹钳由钳杆筒 8、钳臂 3、钳口 1、连杆 6、连接滑块 7 等组成。连接滑块在钳杆筒 8 中滑动，一端与夹紧液压缸活塞杆连接，另一端与带动钳臂 3 转动的连杆 6 连接。夹紧液压缸活塞杆伸出，连接滑块 7 压缩连杆 6，连杆 6 推动钳臂 3 向夹紧方向转动，驱动钳口 1 夹紧坯料；反之，夹紧液压缸活塞杆缩回，连接滑块 7 拉动连杆 6，使转臂往松开方向转动，钳口 1 张开。

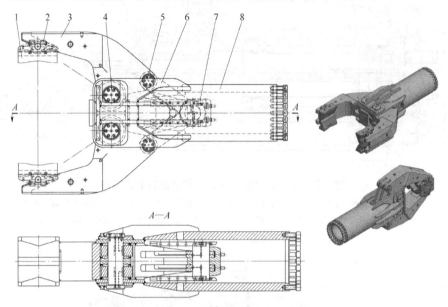

图 4-23　活塞杆夹紧的钳杆头部结构

1—钳口　2—开口销　3—钳臂　4—钳臂销轴　5—连杆销轴　6—连杆　7—连接滑块　8—钳杆筒

图 4-24 所示为上述钳头配套的夹紧液压缸结构，夹紧液压缸为双作用液压缸，活塞杆伸出端直接与钳杆筒中的连接滑块连接，夹紧液压缸缸体直接作为钳杆旋转装置的一部分，其与旋转驱动装置的装配如图 4-25 所示。

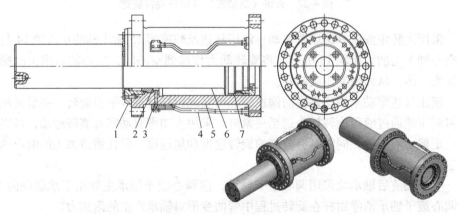

图 4-24　夹紧液压缸结构

1—端盖　2、7—导向套　3—油口法兰　4—油管　5—缸体　6—活塞杆

提升机构通过链轮式装置将钳杆前部悬挂起来，后部通过尾架进行支撑，旋转液压马达、减速器等驱动夹紧液压缸、夹钳一起旋转。

这种结构不需要钳杆箱，部件由螺栓连接组成，质量轻，维护更换比较方便。

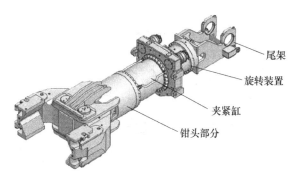

尾架
旋转装置
夹紧缸
钳头部分

图 4-25　活塞杆式钳口夹紧及钳杆旋转装置

4.4.3　提升机构

钳杆提升机构将操作机的夹钳、钳杆旋转部分悬吊起来，使操作机在生产过程中夹持锻件时能进行平行升降、上下倾斜、左右侧移、左右侧摆，以及实现钳杆水平、侧向、垂直缓冲等动作。提升机构的各个液压缸可安装位移检测传感器，由控制系统根据要求进行速度或位置控制。

根据提升机构的具体实现方法，主要有三种较为典型的结构形式：摆动杠杆结构提升机构、DDS 平行连杆结构提升机构、GLAMA 平行连杆结构提升机构。

1. 摆动杠杆结构提升机构

如图 4-26 所示，摆动杠杆结构提升机构由 2 个升降液压缸、2 个倾斜液压缸、2 组侧移液压缸、2 个水平缓冲液压缸及吊杆、吊臂、球面轴承、轴套等组成。

（1）钳杆平行升降　提升机构前部采用左右对称的两个液压缸驱动前吊臂转动，通过前吊杆 2 带动钳杆前部动作；同样，提升机构后部两个左右对称的液压缸驱动钳杆后部动作。提升机构前部的两个液压缸为倾斜液压缸 1，采用柱塞缸，后部两个液压缸为升降液压缸 4，采用活塞缸，液压系统中将升降液压缸 4 和倾斜液压缸 1 组成串联缸形式，且作用面积相等。当执行钳杆平行升降动作时，升降液压缸 4 进压力油，同时升降液压缸 4 另一腔油排入倾斜液压缸 1，升降液压缸 4 与倾斜液压缸 1 同步动作，驱动钳杆水平升降。

（2）钳杆倾斜　单独控制倾斜液压缸 1 进、排油，则实现钳杆前部的上倾或下倾动作。

（3）钳杆缓冲　缓冲机构分为垂直缓冲和水平缓冲，采用液压缸及蓄能器进行缓冲。

1）垂直缓冲。由升降液压缸 4 及与其并联的蓄能器实现。当需要垂直缓冲时，外力将升降液压缸 4 中油液压入蓄能器；当外力消失后，蓄能器再将油液排入升降液压缸 4，钳杆回复到原来位置。

2）水平缓冲。水平缓冲由左右水平缓冲液压缸 7 构成，吸收锻造生产过程中钳杆的轴向冲击，便于控制钳头的位置。

（4）钳杆侧移　由前后侧移液压缸、侧移横梁等构成。侧移液压缸 6 带动钳

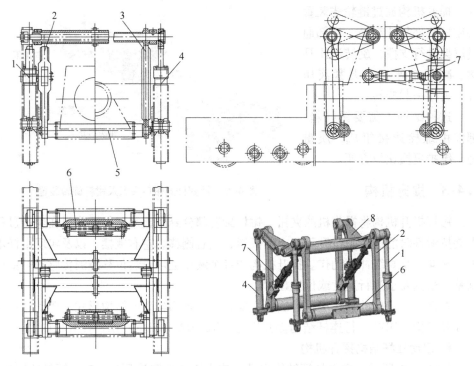

图 4-26　摆动杠杆结构提升机构结构

1—倾斜液压缸　2—前吊杆　3—后吊杆　4—升降液压缸　5—轴　6—侧移液压缸　7—水平缓冲液压缸　8—吊臂

杆在侧移横梁上动作，实现钳杆的侧向移动。

2. DDS 平行连杆结构提升机构

如图 4-27 所示，平行连杆结构提升机构由 2 个升降液压缸、1 个倾斜液压缸、2 组侧移液压缸、2 个水平缓冲液压缸以及杠杆、连杆、转臂、球面轴承、轴套等组成。

（1）钳杆平行升降　升降液压缸 1 驱动四连杆机构，带动钳杆架平行升降。升降液压缸 1 无杆腔为高压腔，提升时只有两个升降液压缸工作，通过机械连杆构成平行四连杆机构，倾斜液压缸 6 对钳杆架的作用力为内力，升降液压缸 1 不承受倾斜液压缸 6 的作用力。升降液压缸直接驱动转臂，两个升降液压缸同步工作，转臂芯轴不承受转矩。这种结构合理、传动机构简单，使用维修方便。

（2）钳杆倾斜　采用一个倾斜液压缸驱动。倾斜液压缸 6 的中上端固定在后转臂 7 上，液压缸活塞杆的头部吊在钳杆架的后端，当钳杆架的前吊点固定不动时，通过倾斜液压缸活塞杆的伸出和缩回，带动钳杆架后部吊点上下升降，夹钳随之进行倾斜动作。

（3）钳杆缓冲　钳杆缓冲由垂直缓冲装置、水平缓冲装置、左右缓冲装置组成。

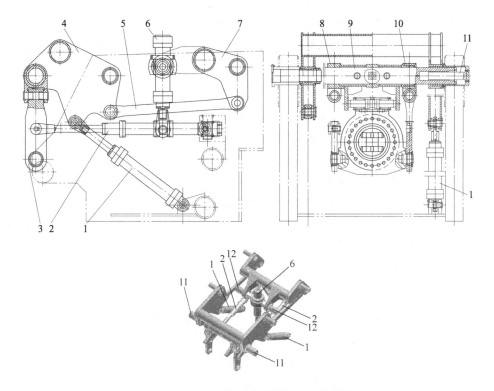

图 4-27 DDS 平行连杆结构提升机构结构

1—升降液压缸 2—水平缓冲液压缸 3—前吊杆 4—前转臂 5—连杆 6—倾斜液压缸
7—后转臂 8—前吊杆组件 9—前侧移轴 10—可动吊耳 11—前侧移液压缸 12—后侧移液压缸

1）垂直缓冲。垂直缓冲机构由升降液压缸 1、蓄能器、控制阀等构成。

升降液压缸并联蓄能器，当需要垂直缓冲量时，外力迫使升降液压缸将多余液压油排入蓄能器；当外力消失后，蓄能器将液压油重新排入升降液压缸 1，钳杆回复到原有高度。

2）水平缓冲。水平缓冲装置由钳杆左右水平缓冲液压缸 2 等构成。水平缓冲装置通过铰链与车体连接，便于钳杆架水平摆动。水平缓冲为双作用缓冲，即对钳杆架前、后均能缓冲，两端通过球铰分别连接。

3）左右缓冲。左右缓冲安装在钳杆架箱体的前端上部，用于克服夹钳旋转过程中带来的惯性冲击。左右缓冲可以做成弹簧缓冲或液压缓冲。

（4）钳杆侧移 由前后侧移液压缸、前后侧移横梁、侧移径向定位及缓冲装置等构成。

侧移横梁与侧移液压缸为一体结构，通过横梁在前后转臂中的移动带动吊杆及钳杆架一同实现侧向移动。采用两个前侧移液压缸 11 和两个后侧移液压缸 12 驱动。整个钳杆悬挂在前后两根侧移轴上，侧移轴与侧移液压缸一体设计，在每根侧移轴的两端各有一个柱塞腔。柱塞杆固定在前后转臂上，当前后同一侧的两个柱塞腔内同时通入压力油时，前后侧移轴向相反方向沿着前后转臂内的滑动轴承移动，从而实现钳杆的平移。当单独前侧移柱塞液压缸（或后侧移柱塞液压缸）动作或前后不同侧的两个侧移柱塞液压缸同时动作时，前后侧移轴向各自相反方向沿着前后摆臂内的滑动轴承移动，从而实现钳杆的侧向摆动动作。

3. GLAMA 平行连杆结构提升机构

该提升机构结构如图 4-28 所示，由 2 个升降液压缸、2 个倾斜液压缸、2 组侧移液压缸、2 个水平缓冲液压缸及杠杆、连杆、转臂、球面轴承、轴套等组成。

（1）钳杆平行升降　平行升降液压缸 10 驱动前转臂 4 转动，通过倾斜液压缸 11 带动后转臂 6 转动，驱动前后吊杆 1、7 升降，由于转臂、吊杆等为平行连杆结构，单独控制升降液压缸即可实现钳杆架平行升降动作。

（2）钳杆倾斜　采用对称布置的两个倾斜液压缸 11 驱动。钳杆主要质量由前部升降液压缸 10 支撑，后吊杆 7 控制钳杆的尾部。当倾斜液压缸 11 进压力油时，后转臂 6 转动，带动后吊杆 7 上下动作，以实现钳杆头部绕前吊杆 1 轴上下倾斜。

（3）钳杆缓冲　钳杆缓冲机构由垂直缓冲装置、水平缓冲装置组成。

1）垂直缓冲。垂直缓冲机构由升降液压缸、蓄能器、控制阀等构成。

升降液压缸 10 并联蓄能器，当需要垂直缓冲量时，外力迫使升降液压缸将多余液压油排入蓄能器；当外力消失后，蓄能器将液压油重新排入升降液压缸，钳杆回复到原有高度。

2）水平缓冲。水平缓冲装置由钳杆左右水平缓冲液压缸 9、杠杆机构等构成。水平缓冲装置通过铰链与车体连接，并通过杠杆与后转臂铰接，吸收钳杆架的水平摆动。水平缓冲液压缸可随钳杆架一起进行上下动作。

（4）钳杆侧移　由前后侧移液压缸、前后侧移横梁等构成。

前侧移液压缸安装在前转臂 4 中，后侧移液压缸直接与钳杆架安装在一起。钳杆前部悬挂在前侧移轴上，后部安装在后侧移轴上。前侧移液压缸 3 通过横梁在前转臂 4 中移动，带动前吊杆 1 及钳杆架前部移动，后侧移液压缸直接控制钳杆尾部移动。侧移液压缸两端各有一个柱塞腔，当前后同一侧的两个柱塞腔内同时通入液压油时，前后侧移轴向相反方向沿侧移轴内的滑动轴承移动，钳杆进行平行侧移。当单独前侧移液压缸（或后侧移油缸）动作或前后不同侧的两个侧移液压缸同时动作时，前后侧移轴向各自相反方向沿着前后摆臂内的滑动轴承移动，钳杆进行侧向摆动。

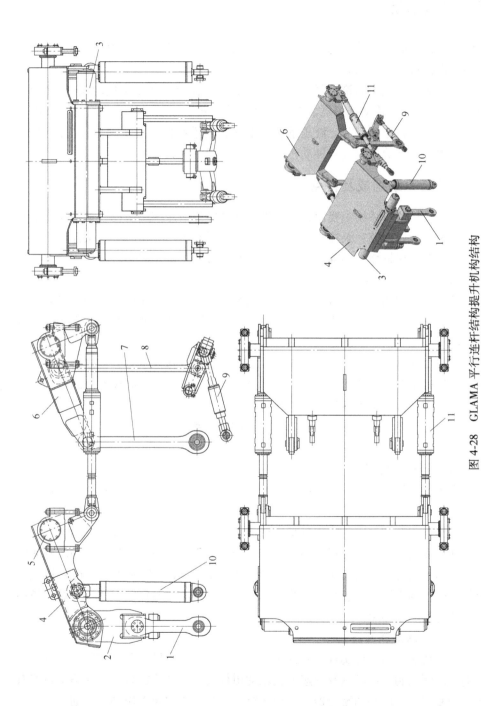

图 4-28 GLAMA 平行连杆结构提升机构结构

1—前吊杆 2—可动吊耳 3—前侧移液压缸 4—前转臂 5—销轴 6—后转臂 7—后吊杆 8—缓冲吊杆 9—水平缓冲液压缸 10—升降液压缸 11—倾斜液压缸

4.5 液压系统

锻造操作机的所有动作均由液压系统实现，液压系统的性能决定了操作机的性能指标、操作特性及故障率。

操作机液压系统由油箱、泵站、蓄能器组、控制阀组（比例控制阀、插装阀、普通控制阀）、各种检测传感器、液压管路、管接头、油液过滤装置、加热及冷却器等构成，安装在车体后部。液压系统与电气控制系统配合，实现操作机的温度、液位、压力、位移等检测及各种动作、速度、位置、压力等控制。

4.5.1 液压系统组成及特点

锻造操作机液压系统主要由完成各种不同功能的液压回路组成，根据功能及组成可分为多个液压回路：泵控制、车体行走、夹钳旋转、夹钳闭合与张开、钳杆平行升降及倾斜、钳杆横向侧移及摆动、钳杆水平缓冲等液压回路。

1. 泵控制液压回路

泵控制液压回路为操作机液压系统的动力源。主泵多采用恒压控制变量泵，多个主泵单元出口油路并联工作，即使在一个泵单元发生故障的情况下，操作机也可以工作。

主泵出口油路配大容量蓄能器组，在操作机没有动作时主泵为蓄能器充液，操作机有动作时主泵与蓄能器组同时为执行机构供液，不仅能提高操作机动作的响应速度与控制性能，而且可降低系统的装机功率、缓冲动作过程中的压力冲击。

泵控制回路还为液压系统中的比例控制阀提供稳定的控制油及进行循环过滤、冷却等。

2. 车体行走液压回路

操作机车体行走液压回路采用比例控制阀控制液压马达，液压马达驱动减速机构和链轮实现无侧隙起停及行走。车体行走液压回路中设置有低压补油回路、低压补油蓄能器、安全阀组等。操作机车体行走多采用前后两组液压马达驱动。

实现车体无侧隙起停及行走的方法有多种，采用液压及控制技术使相同侧的两个液压马达驱动链轮与销齿于不同方向啮合在一起，如图4-29所示。在操作机车体定位阶段，两组液压马达驱动，两组液压马达支撑，使操作机车体行走具有较高的定位精度和驱动功率。

3. 夹钳旋转液压回路

夹钳旋转液压回路可实现夹钳的正反向转动、连续旋转、角度定位等控制，采用比例控制阀控制液压马达及减速齿轮驱动钳杆旋转。夹钳旋转液压回路中设置有低压补油回路、低压补油蓄能器、安全阀组等。多采用双速液压马达驱动，以实现高力矩—低速度，或低力矩—高速度，即小步长高转矩，加速度增加，动作响应

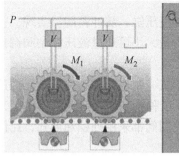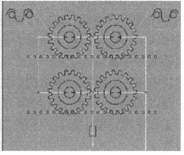

图 4-29　操作机车体无侧隙起停行走原理

快；大步长低转矩，速度增加，动作速度快。

4. 夹钳张开与闭合液压回路

夹钳张开与闭合液压回路可实现夹钳夹紧及松开。夹钳夹紧动作开始时采用高速、低压闭合；当夹钳接触坯料后，采用高压进行夹紧动作；夹钳夹紧坯料后采用专用的保压泵与蓄能器进行保压。夹钳的夹紧压力可以根据坯料大小进行调节。

5. 钳杆平行升降及倾斜液压回路

钳杆平行升降及倾斜液压回路可实现钳杆的平行升降、上下倾斜动作。钳杆平行升降、钳杆倾斜均设有蓄能器缓冲回路，并通过控制阀使动作速度稳定。钳杆平行升降具有钳杆高度自动缓冲复位功能，使操作机提升机构的动作与压机同步，如图4-30所示。

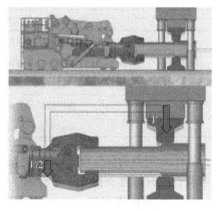

图 4-30　操作机提升机构自动
适应压机行程

操作机钳杆平行升降回路的缓冲有两种方式：

（1）被动缓冲　由与操作机平行升降液压缸相通的缓冲蓄能器被动实现，当压机压力作用在夹持的坯料上时，平行升降液压缸和缓冲蓄能器起类似液压弹簧的作用。

（2）主动缓冲　操作机控制系统接收压机控制系统给定的位置信号，在锻造过程中控制升降液压缸主动与压机的压下动作同步运动，通过增大或降低平行升降液压缸的压力使其位移与压机相适应。

6. 钳杆侧移及摆动液压回路

实现钳杆向两侧平行移动，或钳杆向两侧进行摆动。该回路还能实现钳杆的自动对中功能。

7. 钳杆水平缓冲液压回路

钳杆水平缓冲液压回路通过控制缓冲液压缸、缓冲蓄能器实现，吸收缓冲压机作用在钳杆上的水平作用力。水平缓冲力量大小可通过液压控制阀调整，可以进行被动缓冲及主动缓冲等操作。

锻造操作机液压系统根据具体结构形式、制造成本等在液压元件选型及应用上存在差别，下面以 ZDAS、DDS、GLAMA 三种不同结构形式的操作机为例介绍锻造操作机的液压工作原理，图中所有比例控制阀都采用外控油形式，比例阀外控制油路在图中均省略。

4.5.2 ZDAS 1000kN 液压系统

ZDAS 1000kN 锻造操作机（2009 年）提升机构采用摆动杠杆结构，其主要技术参数见表 4-4。

表 4-4 ZDAS 1000kN 锻造操作机主要技术参数

序号	项目	数值
1	最大夹持力/kN	1000
2	最大夹持力矩/kN·m	2500
3	钳杆水平侧摆角度/(°)	±4.5
4	钳杆上下倾斜角度/(°)	+10/−10
5	钳杆水平侧移距离/mm	±300
6	夹钳旋转最大速度/(r/min)	10
7	车体行走最大速度/(mm/s)	650

液压系统分为泵控制、车体行走、夹钳旋转、钳口张开与闭合、钳杆平行升降及倾斜、钳杆侧移及摆动、钳杆水平缓冲等 7 个液压回路。

1. 泵控制液压回路

如图 4-31 所示，主泵 P1~P4 为恒压变量泵，排量为 300mL/r，驱动电动机功率 160kW、转速 1485r/min，工作压力 20MPa。主泵出口压力油经单向阀后汇集在一起，然后分配到操作机的各个控制阀块，为操作机的各个动作提供动力；同时主泵出口油路配有 2 组蓄能器，并通过液控单向阀 V1、V2 为蓄能器充液；该蓄能器组为操作机提供辅助动力源，在操作机进行动作时控制阀 V1、V2 得电，蓄能器释放能量，使主泵出口油路快速建压，提高操作机各动作的快速响应能力。液压系统中每台主泵均安装有电磁卸荷阀，主泵输出压力由压力传感器检测。

控制泵 P5 为恒压变量泵，为液压系统中的比例控制阀提供控制油，油泵排量 71mL/r，电动机功率 22kW、转速 1485r/min，工作压力 14MPa。控制泵的出口过滤器精度为 6μm。

保压泵 P6 为齿轮泵，排量 25mL/r、电动机功率 15kW、转速 1460r/min，工作

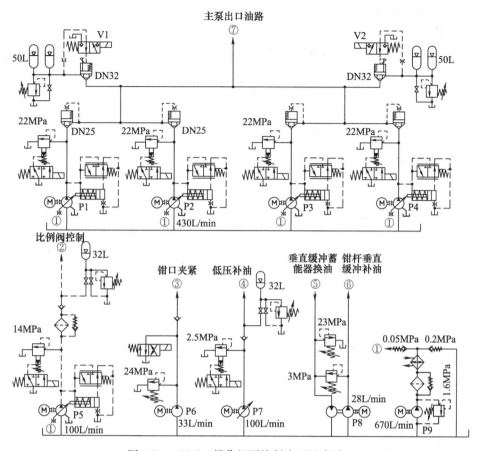

图 4-31　1000kN 操作机泵控制液压回路原理

压力 24MPa，在操作机钳口完成夹紧动作后，提供高压油用来实现钳口的高压夹持工作。

低压补油泵 P7 为可变排量叶片泵，排量 71mL/r、电动机 5.5kW，工作压力 1.7MPa，为操作机车体行走和夹钳旋转液压马达的补油蓄能器，以及钳杆横向移动液压缸等补液。

P8 为换油单元，由液压泵与液压马达并联工作，马达与泵的排量均为 20mL/r，电动机功率 5.5kW、转速 1450r/min，液压泵工作压力 20MPa，用来交换垂直缓冲蓄能器中的油液。当垂直缓冲蓄能器中的油温≥50℃时，泵与液压马达组合单元开始工作，并且控制阀同时切换，进行液压油交换，使油液温度降低；如果温度<50℃，则换油单元停止工作（见钳杆平行升降及倾斜液压回路原理图 4-35）。换油单元中的液压马达用来回收垂直缓冲蓄能器能量，以降低换油单元的电动机能耗。

P9 为循环过滤冷却螺杆泵，共 2 组。过滤冷却单元同时与主泵 P1~P4、控制泵 P5、车体行走液压马达及夹钳旋转液压马达的冲洗油路连接。

2. 车体行走液压回路

操作机车体行走驱动采用两组液压马达、每组左右各一个，1000kN 操作机车体行走控制液压回路原理如图 4-32 所示。

行走驱动液压马达为双速马达，一挡转速 6.17r/min、转矩 95.5kN·m，二挡转速 12.34r/min、转矩 47.75kN·m。通过阀 V7～V10 控制马达的双速切换，实现行走液压马达的高速小转矩快速运动。

行走液压马达带有制动器，在进行车体行走动作前，需控制阀 V15 使液压马达的制动器释放，才能进行车体行走操作。

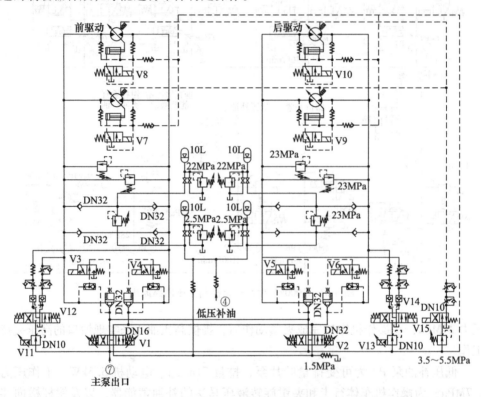

图 4-32　1000kN 操作机车体行走控制液压回路原理

操作机车体前进和后退动作由比例方向阀 V1 和 V2 控制，这两个比例阀并联工作，避免一个比例阀发生故障后车体无法动作，同时采用两个不同通径的比例阀方便进行各种速度控制。两个比例阀的出口配有插装式开关阀 V3～V6 进行比例阀出口油路封闭，确保车体行程锁定。

当操作机车体前进或后退时，阀 V15 通电，制动器松开，控制系统给定比例阀 V1、V2 正向动作信号，同时比例阀的出口控制阀 V3～V6 得电打开，主泵出口高压油作用在液压马达的一腔、另一腔通过背压阀回油，液压马达向一个方向旋转，驱动操作机车体运动；如给定比例阀 V1、V2 反向动作信号，则马达向另一方向旋转，车体向反方向运动。

在液压马达的驱动回路中，四个单向阀组成液压桥式回路，驱动马达旋转的高压腔通过单向阀连接高压蓄能器，蓄能器吸收行走过程中的液压冲击；液压马达的低压腔通过单向阀连接低压补油蓄能器，在液压马达控制阀关闭、液压马达停止时两腔始终有低压油，以避免液压马达吸空。低压补油蓄能器的油液由低压补油泵补充。

液压马达的驱动回路中还并联有一套液压控制阀组，在操作机车体起动或停止时动作。通过控制比例减压阀 V11 和 V13、根据车体运动方向切换阀 V12 和 V14来进行车体起停时液压马达两腔的压力控制，使车体同侧两套液压马达驱动的链轮与销齿在两个不同方向啮合，实现无侧隙起停，使操作机车体起动及停止时动作平稳。

3. 夹钳旋转液压回路

夹钳旋转采用双液压马达驱动，两个液压马达布置在钳杆两侧，液压马达为带制动器的双速液压马达，可为操作机分别提供 300kN·m、150kN·m 旋转力矩及 5r/min、10r/min 旋转速度，1000kN 操作机夹钳旋转控制液压回路原理如图 4-33所示。当操作机夹钳需要小的旋转力矩及高的转速时，通过阀 V7、V8 改变双速液压马达的状态，从而改变夹钳的最大旋转速度。

夹钳旋转液压马达的液压制动器由阀 V6 控制，当该阀打开时，制动器被释放。在执行夹钳旋转动作前，制动器必须释放。

夹钳旋转由比例阀 V1 和 V2 控制，控制比例阀 V1、V2 的输出改变夹钳旋转方向和速度，采用两个不同通径的比例阀可以实现夹钳旋转的不同速度级控制及提高可靠性。比例阀 V1、V2 的出口配有开关阀 V4 及 V5，以保证比例阀出口油路的可靠关闭。比例阀的回油设置有背压阀。夹钳旋转控制比例阀的入口处配有蓄能器，用来提高夹钳旋转动作的响应速度及控制性能。

在夹钳旋转驱动回路中，四个单向阀组成液压桥式回路，安全阀在比例阀调整到位时完成对夹钳旋转的制动，液压马达的高压腔通过单向阀连接高压蓄能器，高压蓄能器吸收旋转过程中的液压冲击；液压马达的低压腔通过单向阀连接低压回油及低压补油蓄能器，保证在液压马达控制阀关闭后，液压马达停止时两腔始终通有低压油。低压补油蓄能器由低压补油泵补液。

比例溢流阀 V3 用来控制夹钳的旋转力矩。

4. 钳口张开与闭合液压回路

钳口张开与闭合液压缸为活塞缸，当执行夹紧动作时，使用主泵的大流量进行夹紧，当夹紧压力达到一定压力值时，采用小流量泵进行夹持，同时采用蓄能器进行夹持保压，1000kN 操作机钳口张开与闭合控制液压回路原理如图 4-34 所示。

夹钳钳口的张开与闭合由比例阀 V1、V2 控制，比例溢流阀 V8 用于调节夹钳的夹紧压力，阀 V7 是夹钳的夹紧压力关断阀。

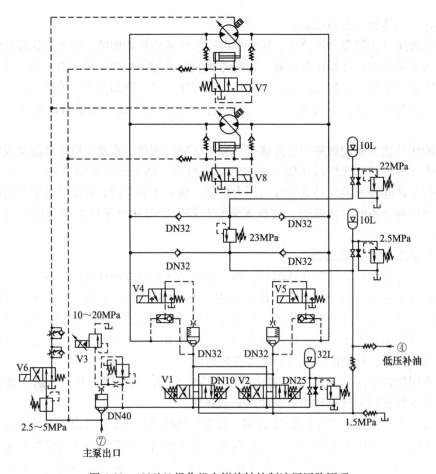

图 4-33　1000kN 操作机夹钳旋转控制液压回路原理

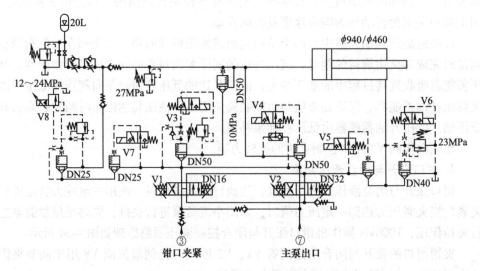

图 4-34　1000kN 操作机钳口张开与闭合控制液压回路原理

　　钳口张开：比例阀 V1、V2 工作在左位状态，V5 阀得电打开，压力油进入夹紧缸的有杆腔，同时阀 V4 得电打开，活塞杆缩回，夹钳钳口张开。

　　钳口闭合：比例阀 V1、V2 工作在右位状态，活塞杆腔经 V5、V1、V2 排油；当钳口夹紧压力低于 10MPa 时，阀 V3 得电，主泵来的压力油经 V1、V2、V3 阀进入夹紧液压缸；当夹紧压力上升到 10MPa 以上时，阀 V3 失电关闭、阀 V7 得电打开，比例阀 V2 关闭，从保压泵来的高压油经阀 V1、V7、V8 进入夹紧液压缸，从而实现钳口的高压夹持动作。

　　在钳口夹紧过程中，从保压泵来的高压油不仅会对夹紧液压缸进行高压夹持，而且也会对保压蓄能器充液。在钳口夹持保压过程中，利用蓄能器进行保压，控制系统通过压力信号控制保压泵对保压蓄能器进行补液。

5. 钳杆平行升降及倾斜液压回路

　　钳杆的前、后升降液压缸分别采用柱塞缸与活塞缸，前后液压缸作用面积相等，并且组成串联液压缸形式，控制后部升降的同时控制了前部升降，1000kN 操作机钳杆平行升降及倾斜控制液压回路原理如图 4-35 所示。

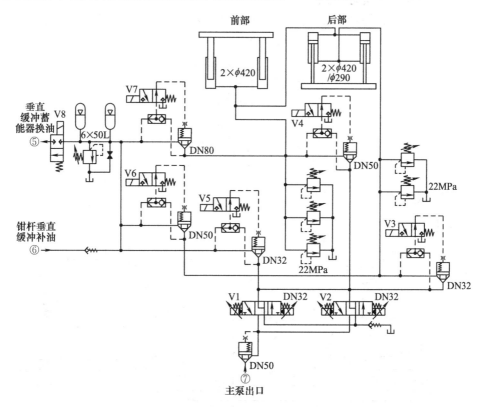

图 4-35　1000kN 操作机钳杆平行升降及倾斜控制液压回路原理

　　钳杆的平行升降及上下倾斜由并联在一起的比例阀 V1、V2 控制。

阀 V3 打开，比例阀 V1、V2 工作在右位状态，则压力油进入后部升降活塞缸的有杆腔，无杆腔排出油液进入前部倾斜柱塞缸，由于升降活塞缸的无杆腔面积与倾斜柱塞缸面积相等，倾斜液压缸和升降液压缸以相同的速度同时上升，钳杆平行提升；当比例阀 V1、V2 工作在左位状态，则钳杆平行下降。

阀 V3 关闭，阀 V4 打开，比例阀 V1、V2 工作在右位状态，则压力油进入前部倾斜柱塞缸及后部升降活塞缸的无杆腔，由于后部升降液压缸无法排油，因此前部倾斜液压缸上升，钳杆前部向上倾斜；当比例阀 V1、V2 工作在左位状态，则钳杆前部向下倾斜。

操作机钳杆平行升降及上下倾斜液压缸分别通过阀 V6、V7 与垂直缓冲蓄能器组相通，由蓄能器实现钳杆垂直缓冲。阀 V5 用于垂直缓冲蓄能器组的充、排液。

操作机的钳杆垂直缓冲蓄能器组工作负荷重，长时间工作后蓄能器组油液温度上升，通过阀 V8 将高温油液排入换油单元，同时换油单元又对蓄能器补入低温油液，从而控制垂直缓冲蓄能器中的油液温度在合适范围内。

6. 钳杆侧移及摆动液压回路

1000kN 操作机钳杆侧移及摆动控制液压回路原理如图 4-36 所示。钳杆侧移采

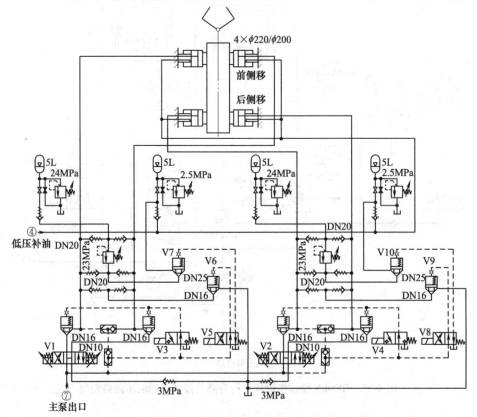

图 4-36　1000kN 操作机钳杆侧移及摆动控制液压回路原理

用四个活塞缸,活塞杆固定,当一侧的两个液压缸无杆腔进油、另一侧的两个液压缸有杆腔排油,则钳杆平行侧移;当前、后部或前、后对称位置两个液压缸分别进、排油时,钳杆进行摆动运动。

钳杆横向侧移和侧摆由比例方向阀 V1 和 V2 控制。阀 V1、V2 分别控制钳杆的前、后部运动,阀 V3、V4 用于比例阀 V1、V2 的出口可靠关闭。

当比例阀 V1、V2 不动作时,阀 V5、V8 通电,阀 V7、V10 关闭,将低压缓冲蓄能器与侧移动作油路断开,阀 V6、V9 打开,4 个侧移液压缸无杆腔油液排回油箱,4 个侧移液压缸有杆腔与低压补油系统相通,在低压补油系统的压力作用下钳杆自动回中(自动对中)。

当比例阀 V1、V2 动作时,V3、V4 得电,V1、V2 的出口阀打开,V5、V8 失电,阀 V6、V9 关闭,阀 V7、V10 打开,比例阀 V1、V2 出来的压力油分别进入同一侧的前、后侧移液压缸,另一侧的前、后侧移液压缸排油,钳杆实现侧移动作;如单独控制阀 V1、V2 或控制阀 V1、V2 工作在不同方向,则钳杆进行摆动动作。

在钳杆进行侧移或摆动的过程中,4 个单向阀组成的液压桥式回路可实现侧移缸的液压缓冲及反向补油。高压蓄能器吸收动作过程中的压力冲击,比例阀的回油背压使动作平稳,低压缓冲蓄能器在控制阀关闭后为侧移液压缸提供反向低压补油。

7. 钳杆水平缓冲液压回路

钳杆水平缓冲液压缸与蓄能器常通,可以实现钳杆沿操作机车体运动方向的回弹缓冲动作,钳杆水平缓冲可分为主动缓冲与被动缓冲,1000kN 操作机钳杆水平缓冲控制液压回路原理如图 4-37 所示。

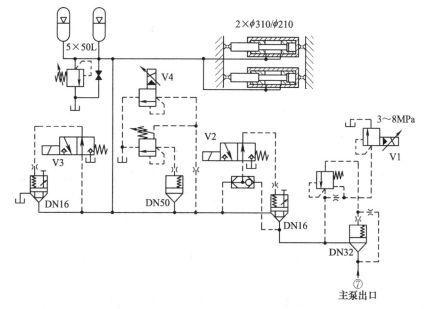

图 4-37 1000kN 操作机钳杆水平缓冲控制液压回路原理

比例溢流阀 V1 用于调节蓄能器充液油液压力，阀 V2 控制蓄能器充液，阀 V3 用于排泄蓄能器中的油液。

比例溢流阀 V4 的压力相对于阀 V1 的设置进行调整，阀 V4 在生产过程中会根据操作机车体运动方向及速度调节蓄能器的压力。例如 V4 压力调节较高，则蓄能器吸收钳杆水平缓冲液压缸压力，钳杆缓冲为被动缓冲；如在车体运动过程中控制系统主动调高或降低阀 V4 的压力，则能改变钳杆的缓冲速度及位移，钳杆缓冲为主动缓冲。

4.5.3 DDS 600kN 液压系统

DDS 锻造操作机采用平行连杆结构，其 600kN 锻造操作机（2018 年）主要技术参数见表 4-5。

表 4-5   DDS 600kN 锻造操作机主要技术参数

序号	项目	数值
1	最大夹持力/kN	600
2	最大夹持力矩/kN·m	1500
3	钳杆水平侧摆角度/(°)	±4.5
4	钳杆上下倾斜角度/(°)	+7/-10
5	钳杆水平侧移距离/mm	±300
6	夹钳旋转最大速度/(r/min)	25
7	车体行走最大速度/(mm/s)	1000

液压系统分为泵控制、车体行走、夹钳旋转、钳口张开与闭合、钳杆平行升降、钳杆倾斜、钳杆侧移及摆动、钳杆水平缓冲等 8 个液压回路。

1. 泵控制液压回路

操作机主泵采用两台排量为 500mL/r 的恒压控制变量泵，每台主泵电动机功率 250kW、转速 1488r/min，600kN 操作机泵控制液压回路原理如图 4-38 所示。

两台主泵采用并联工作方式，阀 V1 同时控制两台主泵卸荷，两台主泵的出口连通在一起，为操作机动作及控制提供压力油源。

系统中配置 9 组 50L 蓄能器，采用液控单向阀 V2 与主泵出口油路连接。当阀 V2 失电时，主泵为蓄能器组充液，蓄能器也吸收操作机动作过程中的液压冲击；当阀 V2 得电时，蓄能器与主泵一起提供压力油，提高操作机动作的响应速度、缓冲压力冲击。

操作机比例阀等控制油直接从主泵出口油路引出，并配置蓄能器对其进行稳压。

冷却泵不仅会对系统油液进行冷却，而且还为操作机的所有动作提供低压油，使操作机所有动作回油均存在一定背压；操作机的工作回路回油均经过回油过滤器

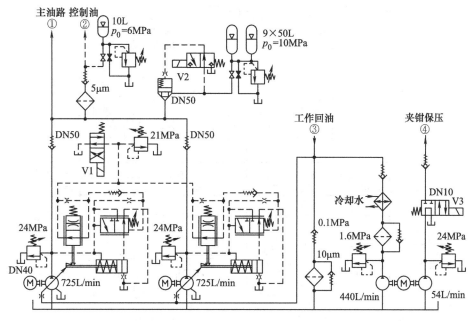

图 4-38　600kN 操作机泵控制液压回路原理

进行过滤，以提高油液的清洁度，操作机回油回路带有背压阀，使回油压力稳定在一定范围，提高阀组的控制性能。

操作机夹钳采用保压泵保压，由阀 V3 控制。保压泵和冷却泵采用一台双轴伸电动机驱动，电动机功率 30kW、转速 1450r/min。

2. 车体行走液压回路

车体行走驱动采用前后两组液压马达，两组液压马达的液压控制回路完全相同，如图 4-39 所示。

行走驱动液压马达为双速液压马达，不带制动器。液压马达的两挡排量分别为 3006mL/r 和 6011mL/r，对应车体行走的两挡最高速度分别为 500mm/s 和 1000mm/s，车体行走的两挡速度切换通过阀 V4 进行控制。

比例阀 V1 和 V7 分别控制前后两组液压马达的旋转方向和速度，比例阀出口设置插装式开关阀 V2、V3 及 V8、V9，保证比例阀出口油路可靠关闭，在车体行走动作时带电打开。

当液压马达工作时，高压腔的溢流阀起安全保护作用，低压腔通过单向阀 V5 和 V6、V10 和 V11 与低压补液系统相通，在车体行走停止瞬间为液压马达提供反向低压油，避免液压马达吸空。

与车体行走液压马达的低压腔相通的补液系统配有低压蓄能器，且与比例阀的回油口相通，并配置回油背压阀，补液油液不够时通过减压阀从主油路补充。采取这些措施可使比例阀的控制性能更好、液压马达在车体停止瞬间保护更充分。

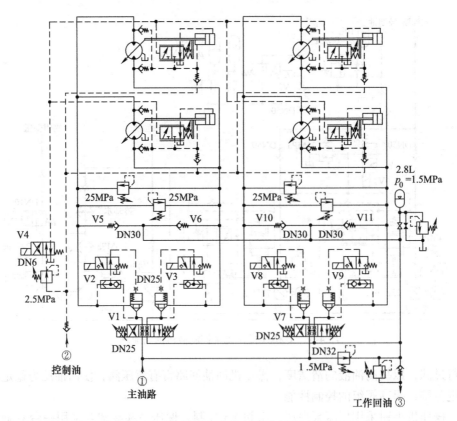

图 4-39 600kN 操作机车体行走控制液压回路原理

车体行走质量大、速度高，液压马达不带制动器。两组液压马达分开控制，在进行行走起停及定位控制时，控制系统根据行走速度、方向自动使两组液压马达的控制存在速度差，使行走系统的传动链轮与销齿无侧隙啮合，从而实现平稳起停及精确定位。

3. 夹钳旋转液压回路

夹钳旋转采用两台双速液压马达驱动，且带有制动器，600kN 操作机夹钳旋转控制液压回路原理如图 4-40 所示，双速液压马达的排量分别为 8328mL/r 和 4164mL/r，经过减速装置后，夹钳旋转的两挡最大速度分别为 12r/min 和 25r/min。阀 V4 控制旋转液压马达的两种速度切换。阀 V5 控制旋转马达的制动器，当该阀得电打开时，制动器被释放。执行夹钳旋转动作前，制动器必须释放。

夹钳旋转比例阀 V1 控制夹钳的旋转方向和运动速度，夹钳旋转压力油从主油路引入，同时经过减压阀对低压蓄能器补液；夹钳旋转比例阀 V1 的回油安装有背压阀，并与低压蓄能器相通。

比例阀 V1 的出口安装有插装式开关阀 V2、V3，得电时打开，失电时关闭，以确保比例阀出口油路可靠关闭。液压马达的低压腔通过单向阀 V6、V7 接低压回

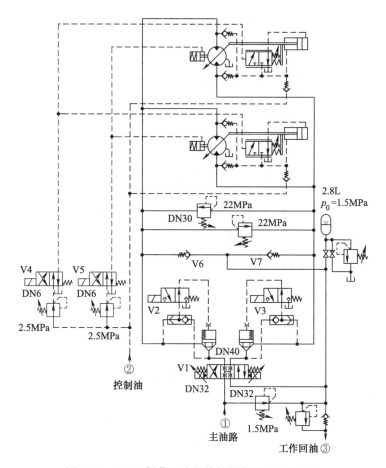

图 4-40 600kN 操作机夹钳旋转控制液压回路原理

油及低压补油蓄能器，在液压马达控制阀关闭主油路、运动停止瞬间，液压马达两腔始终通有低压油，从而避免液压马达吸空损坏。

4. 钳口张开与闭合液压回路

钳口张开与闭合液压缸采用缸动式形式，采用比例阀进行动作控制，夹紧时采用蓄能器进行保压，600kN 操作机钳口张开与闭合控制液压回路原理如图 4-41 所示。

比例阀方向阀 V1 控制钳口张开与闭合动作及速度。比例溢流阀 V2 调节钳口的夹紧压力，插装式开关阀 V3 保证夹紧液压缸在进行夹紧保压时可靠关闭，阀 V4 失电时作夹紧液压缸安全阀，得电打开时用于夹紧液压缸卸压，蓄能器用于夹紧时保压，具体动作如下。

夹紧：阀 V1 工作在右位、V3 打开，油液经阀 V1、V2、V3 进入夹紧液压缸无杆腔，有杆腔油液经 V1 排出，夹紧液压缸执行夹紧动作，同时也对保压蓄能器充液，夹紧压力通过阀 V2 调节。

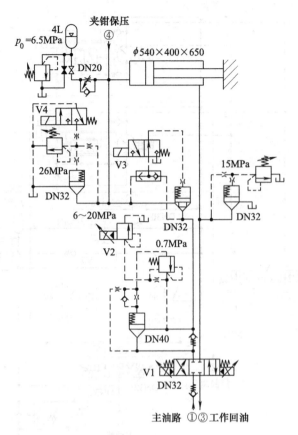

图 4-41　600kN 操作机钳口张开与闭合控制液压回路原理

保压：当夹紧液压缸压力达到设定压力时，阀 V1、V3 关闭，夹紧液压缸通过保压泵及蓄能器进行夹紧，当达到夹紧压力时，保压泵卸荷，蓄能器进行夹紧保压。在夹紧过程中压力下降时，保压泵对蓄能器进行补液。

张开：阀 V1 工作在左位、V3、V4 打开，油液经 V1 进入夹紧液压缸有杆腔，无杆腔油液经阀 V4 及 V3、V1 排出，夹紧液压缸执行张开动作。

5. 钳杆平行升降液压回路

操作机钳杆两侧分别采用一个液压缸实现钳杆的平行升降，600kN 操作机钳杆平行升降控制液压回路原理如图 4-42 所示。

钳杆的平行升降动作由比例阀 V1 进行控制，阀 V2 控制比例阀 V1 出口油路可靠关闭，执行升降动作时带电打开。

比例阀 V1 工作在右位，阀 V2 打开，钳杆平行上升；同时，阀 V3 得电打开，系统油液也对平行升降缓冲蓄能器充液。

比例阀 V1 工作在左位状态，阀 V2 打开，阀 V3 关闭，升降液压缸中油液经阀 V2、V1 排出，钳杆进行下降动作。

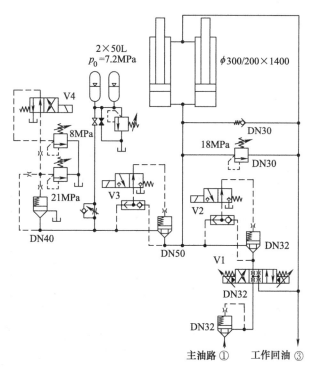

图 4-42　600kN 操作机钳杆平行升降控制液压回路原理

　　钳杆垂直缓冲动作由蓄能器及阀 V3 实现。操作机钳口夹持坯料，坯料随液压机上砧下降，钳杆下降，此时阀 V1、V2 关闭，阀 V3 打开，升降液压缸油液进入蓄能器；当液压机回程时，液压机作用在坯料上的压力消失，储存在蓄能器中的油液释放并进入升降液压缸，钳杆上升。

　　结合钳杆升降位移传感器，控制系统可以主动控制钳杆升降的位置。阀 V4 用于控制升降缓冲蓄能器压力。

6. 钳杆倾斜液压回路

　　钳杆倾斜液压缸安装在钳杆架尾部，位于操作机两侧墙板的中部，采用单个液压缸实现钳杆的倾斜动作，600kN 操作机钳杆倾斜控制液压回路原理如图 4-43 所示。钳杆倾斜分为向上倾斜和向下倾斜，倾斜动作及速度由比例阀 V1 控制。阀 V1 的出口设置有插装式开关阀 V2、V3，失电时关闭，避免因比例阀 V1 泄漏造成钳杆倾斜角度漂移。阀 V4、V5 在钳杆倾斜动作时为倾斜液压缸补液，防止倾斜动作速度过快带来的倾斜液压缸吸空现象。

7. 钳杆侧移及摆动液压回路

　　钳杆侧移由前、后侧移液压缸实现，前后侧移液压缸分别通过比例阀控制，并设置有关断阀，600kN 操作机钳杆侧移及摆动控制液压回路原理如图 4-44 所示。比例阀 V1、V2 控制钳杆侧移的方向和速度，阀 V3~V6 不带电时使侧移液压缸油路封闭。

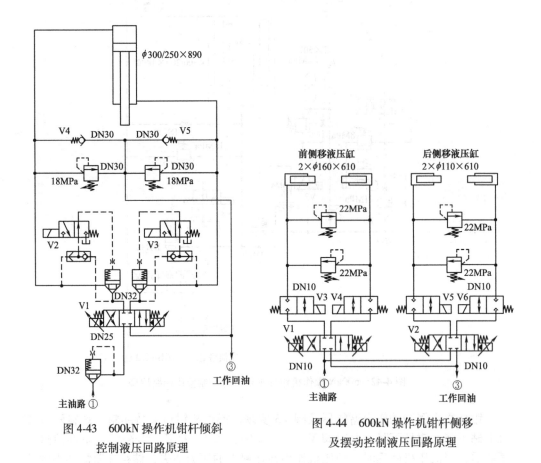

图 4-43　600kN 操作机钳杆倾斜
控制液压回路原理

图 4-44　600kN 操作机钳杆侧移
及摆动控制液压回路原理

控制比例阀 V1、V2 同一方向进压力油，且阀 V3～V6 带电，前、后侧移缸向同一方向移动，钳杆平行侧移；如单独控制前侧移液压缸动作，或单独控制后侧移液压缸动作，或控制前、后侧移液压缸同时向不同的方向动作，则钳杆实现侧摆动作。

8. 钳杆水平缓冲液压回路

钳杆水平缓冲采用压力控制方式，由蓄能器实现，600kN 操作机钳杆水平缓冲控制液压回路原理如图 4-45 所示。

比例减压阀 V1 控制进入缓冲蓄能器油液的压力，阀 V2 保证阀 V1 出口油路可靠关闭，在 V1 对缓冲蓄能器进行补油时得电打开，阀 V3 控制缓冲蓄能器投入工作或断开，在工作过程中依靠蓄能器实现水平动作的缓冲。

操作机钳杆水平缓冲也可采用主动缓冲方式，在液压回路中增加方向控制阀，由控制系统根据操作机车体行走的方向、水平缓冲位移传感器的反馈等控制水平缓冲液压缸的位移及速度，实现水平缓冲系统相对于车体速度的另一种进给速度，即

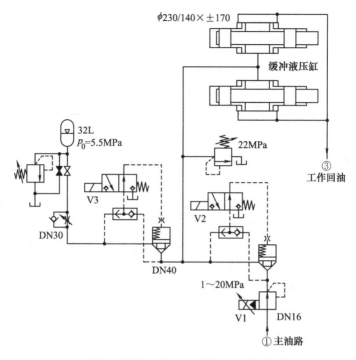

图 4-45　600kN 操作机钳杆水平缓冲控制液压回路原理

双速进给功能。

　　在操作机与液压机联动精整锻造时，操作机车体始终匀速运动，当液压机上砧接触工件时控制系统控制水平缓冲机构以车体相同速度向相反方向运动，夹钳夹持工件相对于液压机下砧静止；当液压机上砧离开工件后，控制水平缓冲机构以车体相同速度同向运动，工件相对于液压机下砧的送进速度为 2 倍的车体速度，从而避免操作机车体始终处于起动—停止—起动—停止的运行方式，不仅能提高生产率，而且对设备损坏小。

4.5.4　GLAMA 250kN 液压系统

　　GLAMA 锻造操作机采用其独特的平行连杆结构，其 250kN 锻造操作机（2019年）主要技术参数见表 4-6。

表 4-6　GLAMA 250kN 锻造操作机主要技术参数

序号	项目	数值
1	最大夹持力/kN	250
2	最大夹持力矩/kN·m	500
3	钳杆水平侧摆角度/(°)	±4
4	钳杆上下倾斜角度/(°)	−10/+6

（续）

序号	项目	数值
5	钳杆水平侧移距离/mm	±200
6	夹钳旋转最大速度/(r/min)	26
7	车体行走最大速度/(mm/s)	1000

液压系统分为泵控制、车体行走、夹钳旋转、钳口张开与闭合、钳杆平行升降、钳杆倾斜、钳杆侧移及摆动、钳杆水平缓冲、行走驱动与车体缓冲等9个液压回路。

1. 泵控制液压回路

如图4-46所示，采用一台90kW、1485r/min电动机带动3台串联在一起的液压泵，其中排量为190mL/r的液压泵为恒压控制变量主泵，工作压力18.5MPa，为操作机动作提供动力；排量为50.7mL/r的液压泵为低压补液泵，工作压力3.5MPa，为操作机提供低压油液；排量为12mL/r的液压泵为保压泵，工作压力20MPa，为操作机夹钳夹紧提供保压压力油。操作机主泵通过V1、V2阀进行卸荷；低压补液泵通过V3阀卸荷，且出口设有蓄能器，以保证低压补液流量。

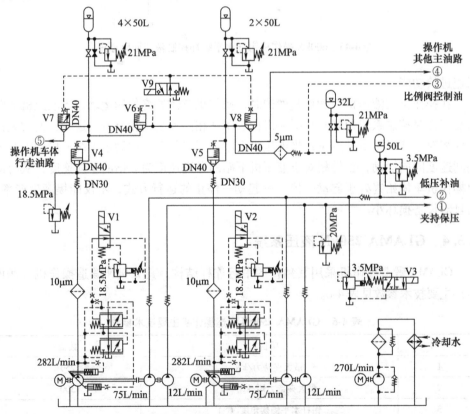

图4-46　250kN操作机泵控制液压回路原理

泵控制回路中采用完全相同的两组电动机—泵组并联进行工作，在一组电动机—泵组出现故障的情况下，也不影响操作机的动作。

系统采用一台 7.5kW 的电动机驱动冷却泵对油液进行循环冷却。

操作机两台主泵的出口油液汇集在一起，经单向阀 V4 为车体行走蓄能器组充液，经单向阀 V5 为其他动作蓄能器组充液，并为操作机系统的所有比例阀提供控制油，这两组蓄能器通过单向阀 V6 隔开，在需要时车体行走蓄能器组可为操作机其他动作供液。

采用两组大容量蓄能器辅助主泵供液，不仅能降低主泵的装机容量，提高操作机动作的快速性，为相应动作提供稳定压力油源，有利于提高位置控制精度，而且能缓冲、吸收动作过程中的液压冲击。

阀 V7、V8 分别控制主泵与蓄能器组油液到操作机车体行走回路及其他动作回路的油液通断，阀 V9 失电，阀 V7、V8 关闭。在进行操作机动作时，阀 V9 需得电，打开阀 V7 及 V8，为操作机动作提供动力油源。

2. 车体行走液压回路

250kN 操作机车体行走控制液压回路原理如图 4-47 所示。操作机车体行走两边分别采用两个液压马达驱动。两个液压马达串联在一起，且液压马达间设置减压补油、限压液压回路，当液压马达向一个方向旋转时，串联在一起的两个液压马达

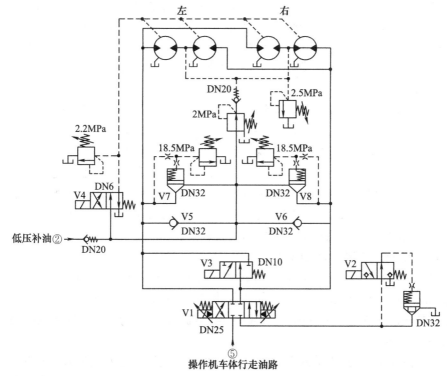

图 4-47 250kN 操作机车体行走控制液压回路原理

中前一液压马达进出口压差高、后一液压马达进出口压差低，前一液压马达推动后一液压马达转动，使得与两个液压马达连接在一起的传动链轮与销齿完全啮合，且两个链轮与销齿的啮合方向正好相反，从而实现行走机构的无侧隙传动。

行走驱动液压马达为双速马达，一挡转速 99.5r/min、转矩 4.78kN·m，二挡转速 132.65r/min、转矩 2.39kN·m，通过减速机构后实现车体行走最高 750mm/s、1000mm/s 的运动速度。通过阀 V4 进行马达的高、低速切换，以满足车体行走的不同速度要求。

操作机车体行走控制由比例阀 V1 实现，阀 V1 的给定信号方向及大小控制操作机前进、后退动作及速度。V1 的回油回路配有开关阀 V2，在车体运动时打开，在车体停止时关闭，以保证操作机车体可靠停止。

单向阀 V5、V6 及压力阀 V7、V8 组成液压桥式回路，在液压马达驱动车体运动时，阀 V7、V8 限制液压马达行走的最高工作压力；在操作机车体停止运动瞬间，阀 V1 关闭，通过阀 V5、V6 从低压补油系统为液压马达反向补油，避免由于阀 V1 关闭导致液压马达腔室缺油而损坏液压马达。

阀 V3 得电时连通液压马达的进、排油回路，在车体停止及开始动作时短时间得电，以降低液压马达两腔的压力差，使车体起停动作平稳。

3. 夹钳旋转液压回路

夹钳旋转采用双液压马达驱动，两个液压马达布置在钳杆的两侧，液压马达为双速液压马达，一挡转速 78r/min、转矩 3.34kN·m，二挡转速 156r/min、转矩 1.67kN·m，在减速机构作用下为夹钳分别提供两挡 15r/min、30r/min 最大转速及 60kN·m、30kN·m 最大旋转力矩。250kN 操作机夹钳旋转控制液压回路原理如图 4-48 所示，阀 V3 用于控制旋转马达的双速切换。

夹钳旋转控制由比例阀 V1 实现，V1 阀的给定信号大小及方向控制夹钳的正转、反转动作及转动速度。V1 阀的回油回路设置有开关阀 V2，在夹钳旋转动作时打开，在夹钳旋转停止时关闭，以保证操作机夹钳可靠停止。

单向阀 V4、V5 及压力阀 V6、V7 组成液压桥式回路，在液压马达驱动夹钳旋转时，阀 V6、V7 限制液压马达旋转时高压腔的最高工作压力；在操作机夹钳旋转停止瞬间，阀 V1、V2 关闭，阀 V4、V5 从低压补油系统为液压马达反向补油，避免由于控制阀 V1、V2 关闭导致液压马达腔室吸空。

4. 钳口张开与闭合液压回路

夹钳钳口张开与闭合液压缸为活塞缸，当钳口没有接触坯料时，夹紧压力低，夹紧油路组成差动快速回路，实现钳口的快速闭合；在钳口夹紧坯料后，采用专用的保压泵—蓄能器进行夹持保压，250kN 操作机钳口张开与闭合控制液压回路原理如图 4-49 所示。

压力油经单向阀 V1 进入夹钳钳口张开及闭合回路，比例溢流阀 V2 调整钳口的夹紧压力。阀 V3 得电打开，V5 及 V6 关闭，油液经阀 V1、V2、V3 进入夹紧液

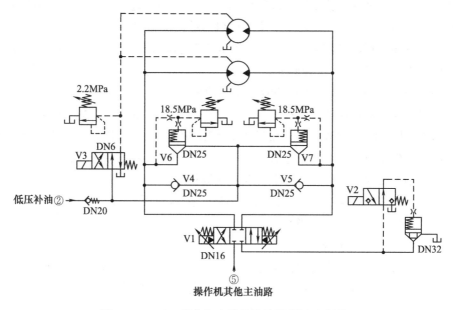

图 4-48　250kN 操作机夹钳旋转控制液压回路原理

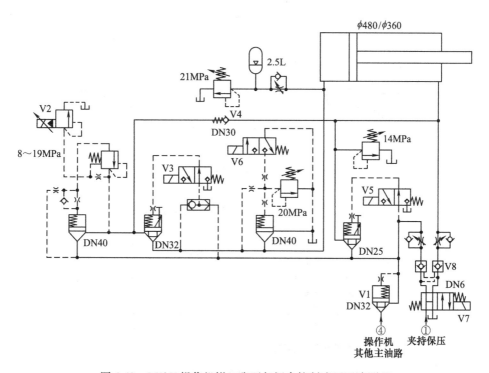

图 4-49　250kN 操作机钳口张开与闭合控制液压回路原理

压缸无杆腔，同时有杆腔排出油液经单向阀 V4、阀 V3 进入无杆腔，活塞杆伸出，夹紧液压缸在液压差动回路作用下实现钳口的低压快速闭合。

当钳口夹持到坯料，压力上升，此时阀 V7 得电打开，从夹紧保压泵来的高压油使单向阀 V1 关闭，油液经阀 V2、V3 进入夹紧液压缸的无杆腔，同时有杆腔油液经阀 V7 排回油箱，实现钳口的慢速高压夹紧动作。

当钳口高压夹紧坯料后，阀 V7 断电，保压泵卸荷运行，夹紧液压缸的进出口被单向阀 V1、液压锁 V8 封闭，钳口实现保压动作。夹紧液压缸采用蓄能器保压，当保压过程中压力下降时，通过阀 V7 为夹紧液压缸及蓄能器补液。阀 V7 采用 H 机能，在不进行保压动作时可使保压泵卸荷运行。

当阀 V5、V6 通电打开，其他阀失电时，夹紧液压缸有杆腔进油、无杆腔排油，活塞杆后退，夹钳钳口张开。

5. 钳杆平行升降液压回路

钳杆平行升降不仅需要根据动作命令进行钳杆的上升及下降动作，而且在与液压机联动控制时，自动随着锻件压下量的变化调整升降位置，250kN 操作机钳杆平行升降控制液压回路原理如图 4-50 所示。

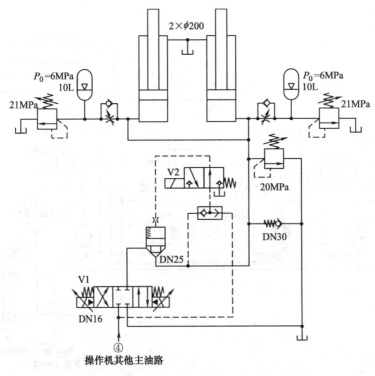

图 4-50　250kN 操作机钳杆平行升降控制液压回路原理

比例阀 V1 控制钳杆升降的速度及位置，阀 V2 保证钳杆停止运动时油路可靠关断，避免比例阀泄漏造成钳杆下滑。蓄能器用来实现钳杆升降缓冲、吸收钳杆部分因负载变化造成的压力冲击。

6. 钳杆倾斜液压回路

钳杆倾斜分上倾及下倾动作，且需保持倾斜位置不变，图 4-51 所示为 250kN 操作机钳杆倾斜控制液压回路原理。比例阀 V1 控制倾斜角度及倾斜动作速度，倾斜的位置保持由关断阀 V2 控制。

7. 钳杆侧移及摆动液压回路

250kN 操作机钳杆侧移及摆动控制液压回路原理如图 4-52 所示，比例方向阀 V1、V2 分别控制钳杆的平行侧移与侧摆动作。

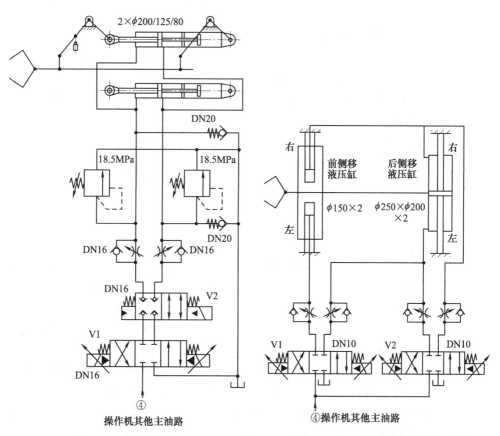

图 4-51　250kN 操作机钳杆
倾斜控制液压回路原理

图 4-52　250kN 操作机钳杆侧移
及摆动控制液压回路原理

侧移：钳杆右侧的前、后侧移液压缸串联连接，液压缸有效面积相等。例如当V1阀工作在右位时，压力油进前左侧移液压缸，前右侧移液压缸排油并进入后侧移液压缸右端，后侧移液压缸左端经阀V1排油，钳杆平行向右移动；如V1阀工作在左位，则钳杆平行左移。

侧摆：比例阀V2控制后侧移液压缸运动，实现钳杆后部的侧摆动作。例如当比例阀V2工作在右位时，后侧移液压缸左端进油、右端排油，钳杆后部向左移动，夹钳相对于后部向右侧摆动；如比例阀V2工作在左位，则夹钳向左侧摆动。

8. 钳杆水平缓冲液压回路

钳杆水平缓冲使用蓄能器实现，250kN操作机钳杆水平缓冲控制液压回路原理如图4-53所示。操作机主泵油源经过减压后进入水平缓冲蓄能器，通过阀V1实现钳杆两种压力下的缓冲动作。

9. 行走驱动与车体缓冲液压回路

该操作机车体行走驱动系统直接与操作机钳杆部分连接，行走驱动系统直接带

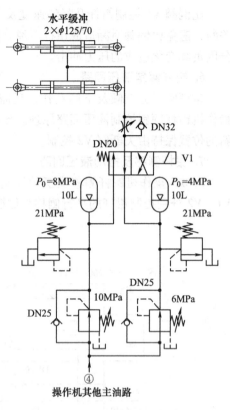

图 4-53　250kN 操作机钳杆水平缓冲控制液压回路原理

动质量较小的钳杆装置，可以实现钳杆夹持坯料时较高的初始移动响应速度。

行走驱动系统通过缓冲液压缸与操作机车体相连，即车体行走驱动装置首先驱动小质量的钳杆部分动作，然后通过缓冲液压缸带动大质量的车体进行跟随运动，250kN操作机行走驱动系统与车体缓冲控制液压回路原理如图4-54所示。

行走驱动系统前后分别通过两组缓冲液压缸与操作机车体框架连接。

驱动系统后部缓冲液压缸实现其后部缓冲动作，通过调节两个节流阀来控制其缓冲压力及缓冲幅度。

前部两个缓冲液压缸不仅可以吸收行走过程中的液压冲击，而且可以进行主动控制。阀V2用于连通缓冲缸的前后腔，得电时使缓冲缸前后腔压力相同。阀V1电磁铁a得电，则缓冲液压缸前腔压力高，后腔压力低，操作机车体相对于车体驱动系统向后运动；V1电磁铁b得电，则缓冲液压缸前腔压力低，后腔压力高，操作机车体相对于车体驱动系统向前运动。

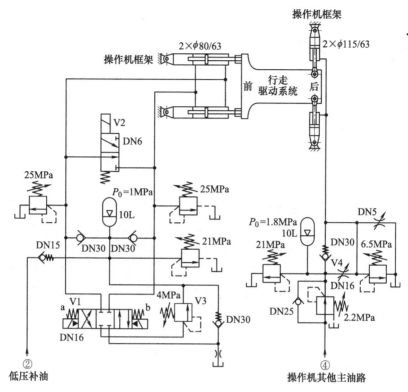

图 4-54   250kN 操作机行走驱动系统与车体缓冲控制液压回路原理

第5章

控制系统

快速锻造液压机与锻造操作机组成机组，由计算机控制，锻件尺寸控制精度≤±1mm，锻造次数高达 80 次/min 以上，液压机与操作机可实现自动联动；同时，快速锻造液压机生产现场环境恶劣、连续生产、并且加工的锻件价值较高。因此，快速锻造液压机组的控制系统必须具备高可靠性、高实时响应处理能力及较高的控制技术，能满足其高速、高可靠性及尺寸精度控制要求，以适应锻造现场十分复杂的工作环境。

5.1 控制特点

快速锻造液压机组组成结构复杂，控制对象多，控制系统需完成：

1）液压系统联锁及控制。

2）液压机动作及位置控制。

3）操作机动作及位置控制。

4）液压机与操作机联动控制。

5）辅助系统（包括送料回转车、升降回转台、移动砧库）控制。

6）液压系统压力、温度、液位及液压机、操作机各种位置检测与监控。

7）液压系统动态显示及故障诊断等。

对于快速锻造液压机，控制系统要完成：

1）对活动横梁运动曲线的特征点进行准确控制，这些特征点包括活动横梁的上、下给定点、减速点，以及与操作机联动时的联动点、联锁点。

2）为使液压机具有较高的位置控制精度，控制系统控制液压阀应能在很短的时间内进行切换，且系统必须具有活动横梁超程自动补偿能力。

3）为保证系统在高速运行和快速转换时不产生大的冲击、振动，活动横梁的行程曲线最好为修正的正弦曲线。

对于锻造操作机，除了完成基本动作控制，还需要完成车体行走及夹钳旋转、钳杆、缓冲等位置闭环控制，并且必须与液压机动作有良好的配合。

控制系统应有多种工作模式：

1）手动。由操作手柄控制机组运行，液压机与操作机的动作及位置均由操作手柄控制。

2）半自动。液压机按指定参数手动控制其运行，液压机的控制为带有下给定点位置保护的手动操作。

3）自动。液压机按设定的参数自动连续运行，直到接收停止命令或手柄干预为止，此时操作机手动。

4）联动。液压机与操作机联合控制，液压机与操作机均按设定参数自动运行，在一个锻造行程内，操作机的各种动作必须与液压机进行联动控制，联动控制分操作机优先和液压机优先两种联动方式。

5）程序。对于典型锻件，由工艺软件自动生成锻造道次数据，或者由系统自动记录锻造过程数据，并加以自学习，形成合理优化的锻造道次数据，控制系统按此道次数据控制液压机、操作机自动运行。

5.2 体系结构

快速锻造液压机组结构庞大、分为地上地下多个单元，且控制和监测对象多、动作复杂，控制系统需要完成机组多种信号的联锁与控制、锻造参数设定、锻件尺寸位置闭环控制等多种功能。控制系统的体系结构经历了早期的数字控制系统、分布式控制系统、现场总线控制系统及基于工业以太网的现场总线控制系统。目前的控制系统结构简单、组态灵活，实时运算处理能力强，并具有很好的扩展性、兼容性，可实现集中监控、分散管理、分散控制。

5.2.1 分布式控制系统

集中控制系统的主要特点是由单一的计算机完成控制系统的所有功能和对所有被控对象实施控制。其功能主要包括数据输入、闭环控制、实时数据处理与存储、人机界面处理、报警与日志等。由于快速锻造液压机组控制对象多，各种功能集中在一台计算机中，会使软件系统相当庞大，硬件系统组成复杂，系统可扩展性差、可靠性低。因此，快速锻造液压机组从计算机出现开始，其控制系统结构采用的是分布式控制系统。

分布式控制系统采用多个控制器实现机组的控制，早期多采用多个单板计算机组成分布式控制系统，在可编程序控制器（PLC）出现后，采用PLC与单板计算机、各种工业控制计算机组成分布式控制系统，如图5-1所示。快速锻造液压机组的所有检测、控制信号均引入控制室，所有控制元件均安装在控制室的控制柜中。PLC完成系统的各种信号检测与联锁、液压泵电动机控制；计算机完成压力、位置信号检测，以及液压机、操作机的动作控制、位置控制及联动控制。

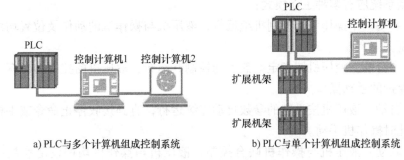

a) PLC与多个计算机组成控制系统   b) PLC与单个计算机组成控制系统

图 5-1　快速锻造液压机组分布式控制系统

　　分布式控制系统根据机组规模可以配置不同数量的计算机或 PLC 模块，将机组的控制对象进行了分解，不同的控制器完成不同功能，提高了系统的实时性，同时，系统的功能及任务进行了分散处理，每部分的软件相对独立、简单，提高了系统的可靠性和运行效率。

　　这种分布式控制系统为了保证控制器之间信息交换的实时性，各控制器之间的信息交换多采用 I/O 线直接连接方式或 RS232 串行通信，控制器上模块数量多，使用维护复杂，随着电子技术及通信技术的发展，这种系统逐渐被总线式控制系统替代。

5.2.2　Profibus-DP 现场总线控制系统

　　现场总线（Fieldbus）是从 20 世纪 80 年代后期特别是 20 世纪 90 年代发展起来的一种工业控制技术，是用于过程自动化和制造自动化最底层的现场设备或现场仪表互连的通信网络，是现场通信网络与控制系统的集成，从技术的角度看，则是计算机技术、网络技术和控制技术发展的必然产物。

　　现场总线根据其应用特点有多种技术类型，除有部分快速锻造液压机组采用莫迪康（Modicon）公司的 Modbus Plus（MB+）现场控制总线，应用最多的是 Profibus-DP 现场总线。

　　Profibus-DP 是世界上应用最广泛的现场总线技术，支持 Profibus 的自控厂商最多，其最高传输波特率可达 12Mbps，可用于现场设备级的高速数据传送，由主站周期地读取从站的输入信息并周期地向从站发送输出信息，还提供智能化设备所需的非周期性通信以进行组态、诊断和报警处理。

　　基于 Profibus-DP 现场总线的快速锻造液压机组控制系统体系结构有多种形式，具体由机组规模、成本等因素决定。

　　图 5-2 所示为采用西门子 S7 系列 PLC 与 ET200M 扩展模块构成 Profibus-DP 现场总线快速锻造液压机组控制系统结构示意。

　　ET200M 模块与西门子 S7-300 I/O 模块及功能模块兼容，安全性高，通过

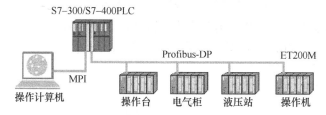

图 5-2 西门子 S7 系列 PLC 与 ET200M 扩展模块构成
Profibus-DP 现场总线快速锻造液压机组控制系统结构示意图

IM153 接口模块与 Profibus-DP 现场总线连接。控制系统根据需求配置多个 ET200M 分站，安装在不同的现场控制柜中，所有的输入/输出信号就近连接与控制，机组的控制及总线管理由主 PLC 完成。

人机交互界面可采用工业计算机安装 CP5611 接口卡（也可直接采用触摸屏）与 PLC 的 MPI 端口组成 MPI 连接。人机交换界面用于锻造数据的设定及机组位置、压力、各种阀动作的显示与监控等。

图 5-3 所示为西门子 S7 系列 PLC 与 ET200S 扩展模块构成 Profibus-DP 现场总线快速锻造液压机组控制系统结构示意。

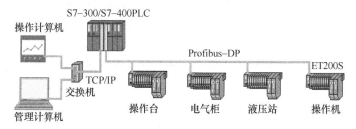

图 5-3 西门子 S7 系列 PLC 与 ET200S 扩展模块构成
Profibus-DP 现场总线快速锻造液压机组控制系统结构示意图

ET200S 模块为西门子 S7 Profibus-DP 从站模块，通过 IM151-1 接口模块与 Profibus-DP 现场总线连接，模块种类丰富、通用性强，各种模块可以任意配置、组合，节省硬件成本及安装空间。

ET200S 安装在不同的现场控制站中，机组所有的控制及总线管理由主 PLC 完成。

控制系统中一般配置操作计算机与管理计算机，利用 PLC 自带的以太网口（不带以太网口的 S7-300/400PLC 需分别配置 CP343/CP443 网络控制器）组成 TCP/IP 连接。操作计算机完成人机交互工作，管理计算机进行系统监控、编程管理等工作。

随着电子技术的发展，各种控制元件、检测元件均提供了支持 Profibus-DP 现场总线的产品，在快速锻造液压机组控制系统中直接应用这些总线产品，不仅能满足实时控制要求，而且能简化系统的结构及现场配线等，图 5-4 所示为接入多种控制、检测元件的 Profibus-DP 现场总线快速锻造液压机组控制系统结构示意，控制分站 ET200S 与 ET200M 可根据控制系统的要求灵活配置。

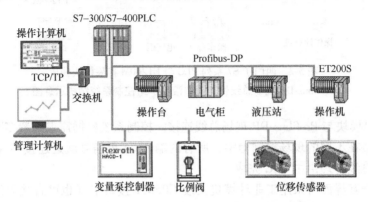

图 5-4　接入多种控制、检测元件的 Profibus-DP 现场总线快速
锻造液压机组控制系统结构示意图

快速锻造液压机组中所用到的变量泵、比例阀等元件均需要对应的控制器才能正常工作，这些变量泵控制器、比例阀控制器可通过 Profibus-DP 总线接入控制系统，从而实现其数字调节与控制；系统中进行位置检测的绝对式旋转编码器、磁致伸缩位移传感器等也可采用 Profibus-DP 总线进行数据采集。

快速锻造液压机与操作机组成机组，在某些工序需进行联动操作时，液压机与操作机之间需进行信息交换。

快速锻造液压机组液压机与操作机的组成形式有三类：

1）液压机与操作机为同一家产品，采用同一套 PLC 系统进行液压机与操作机的控制，机组联动时信息直接交换，简单方便。

2）液压机与操作机为同一公司产品，液压机与操作机采用不同的 PLC 进行控制，控制系统中有两套 Profibus-DP 总线系统，此时信息交换比较简单的方式是两套 PLC 直接利用中央处理器（CPU）的（多点接口）（MPI）端口进行 MPI 连接，或通过显示端口（DP）进行 DP 连接，不增加硬件成本；另一种方式是利用 DP/DP 耦合器进行信息交换。

3）液压机与操作机为不同公司产品，两套 PLC 系统由不同厂家开发，这种系统的信息交换方式基本上都采用 DP/DP 耦合器进行，如图 5-5 所示。

DP/DP 耦合器用于两个不同的 Profibus-DP 网络之间的通讯，在两个 DP 网络中它都可作为从站，把一个网络接收到的数据发送到另一个网络中，可以简单地起到网络隔离的作用。

DP/DP 耦合器连接的两个网络，通信速率可以不同，数据通信区最高可以达 244Byte 输入和 244Byte 输出，具体应用十分简单。进行通信配置时网络 1 的输入

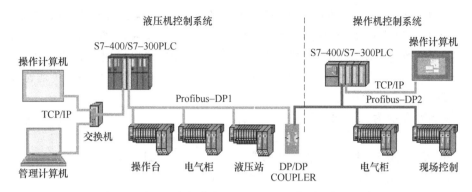

图 5-5 液压机与操作机 Profibus-DP 现场总线控制系统

区和网络 2 的输出区完全对应，同样网络 2 的输入区和网络 1 的输出区完全对应。对于 STEP7 编程环境，调用 SFC14、SFC15 进行数据读写；对于 TIA Portal 编程环境，调用扩展指令 DPRD_DAT、DPWR_DAT 进行数据交换。

5.2.3 Profinet 工业以太网总线控制系统

工业以太网是应用于工业控制领域的以太网技术，在技术上与商用以太网（即 IEEE 802.3 标准）兼容，但是实际产品和应用却又完全不同。由于普通商用以太网的产品在材质的选用、产品的强度、适用性及实时性、可互操作性、可靠性、抗干扰性、本质安全性等方面不能满足工业现场的需要，因此在工业现场控制应用的是与商用以太网不同的工业以太网。

基于工业以太网的总线有很多，如 EtherNet/IP、EtherCAT 等，但在快速锻造液压机组控制系统上主要应用 Profinet。

Profinet 基于工业以太网，具有很好的实时性，可以直接连接现场设备，使用组件化设计，支持分布的自动化控制方式。Profinet 是 Profibus 国际组织推出的基于工业以太网技术的自动化总线标准，为自动化通信领域提供了一套完整的网络解决方案，包括实时以太网、运动控制、分布式自动化、故障安全及网络安全等多个自动化领域，可以完全兼容工业以太网和现有的现场总线（如 Profibus）技术。

图 5-6 所示为西门子 S7 PLC 与 ET200S 分站组成的 Profinet 工业以太网总线快速锻造液压机组控制系统结构示意。

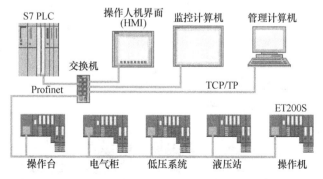

图 5-6 西门子 S7 PLC 与 ET200S 分站组成的 Profinet 工业以太网总线快速锻造液压机组控制系统结构示意

西门子 S7-300、S7-400、S7-1500 PLC 均可与 ET200S 远程分站模块组成 Profinet 工业以太网总线控制系统,S7-400PLC 中无以太网的控制器,需增加 CP443 网络控制器模块。ET200S 分站采用 IM151-3PN 接口模块与总线系统相连。Profinet 工业以太网总线系统应用与 Profibus-DP 总线系统相似,但系统传输速度更高、实时性更强,应用更简单。

图 5-7 所示为西门子 S7-1500 PLC 与 ET200SP 分站、各种控制及检测元件组成的 Profinet 工业以太网总线快速锻造液压机组控制系统结构示意。

图中 PLC 也可采用 S7-300、S7-400 系列 PLC。ET200SP 是西门子推出的新一代分布式 I/O 系统,目前已覆盖 ET200S 的主要功能。ET200SP 接口模块为 IM155-6,系统支持热插拔,集成度高。

目前,许多液压技术公司、自动化产品公司均推出了支持 Profinet 接口的相关产品,

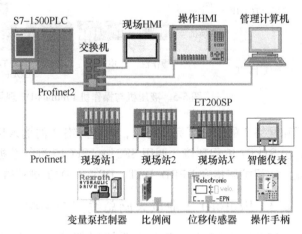

图 5-7 西门子 S7-1500 PLC 与 ET200SP 分站、各种控制及检测元件组成的 Profinet 工业以太网总线快速锻造液压机组控制系统结构示意

如液压系统的变量泵控制器、比例阀控制器、各种位移检测传感器、操作主令手柄、智能计量电表等,这些元器件直接通过 Profinet 总线进行检测、反馈及控制,控制系统结构简单,可实现完全数字检测与控制,实时性强,可靠性高。

当快速锻造液压机与操作机为不同公司产品,各自有一套 Profinet 工业以太网控制总线控制系统,在液压机与操作机需进行联动控制时,采用 PN/PN 耦合器进行信息交换是一种独立、简单的方式,如图 5-8 所示。

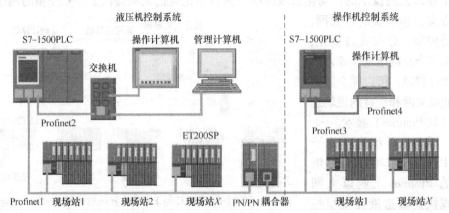

图 5-8 液压机与操作机 Profinet 工业以太网总线控制系统

PN/PN 耦合器用于连接两个 Profinet 网络进行数据交换，最多可以交换 1K～8KByte 的数据。PN/PN 耦合器具有两个 Profinet 接口，相互独立，每个接口作为一个 I/O 设备连接到各自的 Profinet 系统中。PN/PN 耦合器的两个 Profinet 接口通信速率与更新时间可以不同，但两个网络的通信数据区输入/输出必须相互对应。

5.3 控制技术

快速锻造液压机液压伺服系统是典型的非线性、时变系统，存在较大的参数变化和大时变负载干扰，其控制对象比较复杂，同时由于锻造生产过程具有比较复杂的物理本质，目前还很难仅仅根据其物理本质构造出一个完善的控制模型，因此为获得理想的控制性能，满足锻造生产工艺要求，必须针对其特点，采取行之有效的控制策略：

1）对大惯量活动横梁的控制，既要做到快速和平稳，又要控制精度高，无超调。

2）对锻造过程和液压系统出现的外负载干扰不敏感。

3）根据系统的各种反馈，自动调整控制策略，具有较强的智能性。

4）在每分钟较高的行程次数下，控制算法应简单可行，并且实时性强。

通过相关控制策略，使快速锻造液压机液压伺服系统获得较高的快速性与定位精度，并且具有较低的压力冲击与振动。

5.3.1 控制特性

快速锻造液压机在进行锻造时，行程次数每分钟达数十次。由于活动横梁速度高，主控阀组必须进行频繁、快速的动作切换，且液压机运动部分的惯性大，往往引起剧烈的液压冲击和机械振动，严重影响液压机的运行精度和使用寿命。

为了实现液压机动作次数高、尺寸控制精度好及振动小等特性，其关键措施是获得满意的主控阀组的控制特性，即在尽可能小的液压冲击和机械振动前提下，优化主控阀组的启闭规律。

1. 活动横梁振动与主控阀组的控制特性

从机械振动的角度看，若液压机活动横梁的位移、速度和加速度曲线没有急剧的变化，则其振动必然较小。理想的液压机活动横梁位移曲线为半圆正弦曲线（见图 5-9 曲线 a），其方程为：

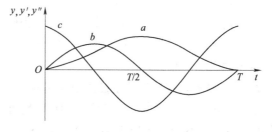

图 5-9　液压机活动横梁位移 y、速度 y' 和加速度 y'' 曲线

$$y(t) = \left[\frac{S}{2}(1 - \cos)\left(\frac{2\pi}{T}\right)t\right] \cdots (0, T) \tag{5-1}$$

式中 S——活动横梁的行程；

T——其行程周期。

由此可求得活动横梁的速度和加速度方程（见图5-9曲线 b 和 c）：

$$y'(t) = \frac{\pi S}{T}\sin\frac{2\pi}{T}t \tag{5-2}$$

$$y''(t) = 2\left(\frac{\pi}{T}\right)^2 S\cos\frac{2\pi}{T}t \tag{5-3}$$

由图5-9可知，在单次操作方式下，加速度 y'' 曲线在起始时刻 0 和终止时刻 T 并不连续，仍有柔性（软）冲击振动，在此，若将活动横梁位移曲线修正为：

$$y(t) = \begin{cases} \frac{2S}{T}\left(t - \frac{T}{4\pi}\sin\frac{4\pi}{T}t\right) \cdots \left(0, \frac{T}{2}\right) \\ \frac{2S}{T}\left[(T - t) - \frac{T}{4\pi}\sin\frac{4\pi}{T}(T - t)\right] \cdots \left(\frac{T}{2}, T\right) \end{cases} \tag{5-4}$$

则其位移 y、速度 y' 和加速度 y'' 曲线分别如图5-10中曲线 a、b 和 c 所示。

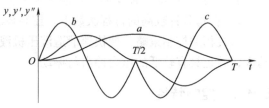

图 5-10　修正后的活动横梁位移 y、速度 y' 和加速度 y'' 曲线

由此图可见，在活动横梁运动的任何时刻，无论 y，y' 或 y'' 均没有不连续现象，因此，刚性（硬）冲击振动和柔性（软）冲击振动均较小，活动横梁的运动精度较高。

如果将液压机液压系统主控阀组等效为单一控制阀，可将其近似看作一线性元件，其传递函数为 $G(s)$，则该阀的输入应为

$$X_i(s) = X_o(s)/G(s) \tag{5-5}$$

式中 $X_o(s)$——等效主控阀输出的拉氏变换，由式（5-4）确定；

$X_i(s)$——等效主控阀输入的拉氏变换。

当等效主控阀中各主控阀的结构、尺寸为已知时，具有确定的传递函数表达式 $G(s)$，因此根据式（5-5）可求得 $X_i(s)$，再取其拉氏逆变换，可得 $x_i(t)$，此即为等效主阀的启闭特性式。

2. 液压冲击与液压系统主控阀组启闭特性

液压系统的液压冲击与主控阀组的启闭特性有十分密切的关系，一般按主控阀组的启闭时间 t 不同，将压力冲击分为两类：直接液压冲击（指阀组启闭时间 $t < \tau = 2L/\alpha$，式中，L 为等效主控阀至液压源的管道长度；α 为压力波传播速度，$\alpha =$

$\sqrt{K_e/\rho}$，K_e 为液体的体积弹性模量，ρ 为液体的密度）与间接压力冲击（指 $t>\tau=2L/\alpha$ 时）。由于间接冲击时的主控阀组动作相对缓慢，这不仅降低了液流变化的速度，还可使阀组开始动作时产生的压力冲击波与稍后产生的压力反向波部分抵消，因此，间接冲击可能产生的压力增量较小，这两种情况下的最大压力升高值分别为：

直接液压冲击时 $\qquad\qquad \Delta p = \alpha\rho\Delta u$ $\qquad\qquad\qquad\qquad$ (5-6)

间接压力冲击时 $\qquad\qquad \Delta p = \alpha\rho\Delta u\tau/t$ $\qquad\qquad\qquad\quad$ (5-7)

式中 $\quad\Delta u$——液体瞬时流速变化增量。

式 (5-6) 和式 (5-7) 虽然在一定程度上描述了主控阀组启闭特性与液压冲击压力升高值的关系，但比较粗略，这主要表现在如下三个方面：

1）式 (5-6) 和式 (5-7) 仅能反映等效阀组的启闭时间 t 对压力增量 Δp 的影响，不能描述等效阀组中各主控阀启闭方式（即阀按何种规律完成启闭操作）对系统压力瞬变的作用。

2）式 (5-6) 和式 (5-7) 只考虑了管道内液流的惯性效应，未涉及运动部件的惯性影响，对于快速锻造液压机而言，这种处理不一定完全合理。

3）式 (5-6) 和式 (5-7) 只能用于估算液压冲击中的压力峰值。

5.3.2 控制策略

快速锻造液压机无论采用哪种类型的液压控制系统，都是通过控制液压系统中的不同阀组，使液压机活动横梁的行程位移与时间关系为一条修正了的正弦曲线，如图 5-11 所示。

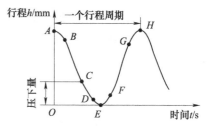

图 5-11 液压机行程与时间关系曲线
（修正正弦曲线）

图中 AB 段为速度渐增的缓降段；BC 段接近直线，为速度较高的快速下降段；CD 段速度逐渐变小，加压主要在这一速度段进行；DE 段为缓慢加压直至下停点 E；EF 段速度较低，以便无冲击卸压；FG 段为快速回程阶段；GH 段回程速度渐缓直至上停点 H。整个曲线具有快速平缓的特性，液压机活动横梁速度快，冲击振动小，运动精度高。

快速锻造液压机为了提高快速性和平稳性及满足压力要求，将主缸、回程缸的进、排液分开控制，多个执行机构同时作用在活动横梁这一负载上，构成一个多执行机构系统，如图 5-12 所示。由于负载系统的联结，各个通道的输出及控制相互影响，虽然理论上可以求出控制阀组的等效输入，但必须对各控制阀进行解耦运算，求出单个控制阀的控制与输出响应。在实际应用中，还涉及解耦方式的选取、解耦矩阵的确定及大量的实时矩阵运算。此外，快速锻造液压机液压控制系统是非线性、时变系统，存在较大的参数变化和大时变负载干扰，很难构造出一个完善的控制模型，因而常规的控制方法难以取得理想效果。

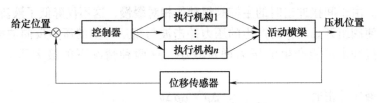

图 5-12　快速锻造液压机位置控制系统结构

对于快速锻造液压机系统，难以建立系统精确的、合理的数学模型，以数学模型为基础的控制方法很难实现。

智能控制理论中的模糊控制（Fuzzy），由于具有如下特点：

1）不需要控制对象的精确模型，只要求掌握现场操作人员或者有关专家的经验、知识或者操作数据，特别适合于精确模型很难求取，而且经常变化的对象。

2）由工业过程的定性认识出发，较容易建立语言变量模糊控制规则，算法非常简洁，采样频率高。

3）对被控对象的参数变化不敏感，即鲁棒性好，尤其适用于非线性时变、滞后系统的控制。

4）由不同的目标出发，可以设计几个不同的指标函数。但对一个给定的系统而言，其语言控制规则是分别独立的，且通过整个控制系统的协调，可以得到整个系统的协调控制。

目前 Fuzzy 控制已广泛应用于各种工业控制中。

1. 模糊控制策略

模糊控制用于解决非线性、时变复杂系统的控制问题具有较好的优越性。它不依赖系统的精确模型，因而对系统的参数变化不敏感，具有很强的鲁棒性。另外它的控制算法是基于若干的控制规则，算法非常简洁，特别适合于快速锻造液压机这类流体动力控制系统。

图 5-13 所示为快速锻造液压机模糊控制器结构，控制器根据控制参数的偏差 e 及偏差的变化率 c 和相应的规则以实现对控制对象的控制。

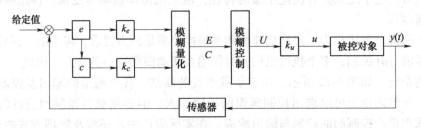

图 5-13　快速锻造液压机模糊控制器结构

2. 预测型多模 Fuzzy 控制策略

从图 5-11 的液压机运动曲线可以看出，液压机的控制最终为点位控制，不像其他数控机床一样有运动轨迹要求。

1）在 *AB* 段，控制下降的开关量阀组根据时间序列开启，模拟量阀组根据不同的规律开启，实现活动横梁从停止到速度逐渐加快的下降运动。

2）在 *BC* 段，控制下降的开关量阀组开启，模拟量阀组完全开启，实现活动横梁的快速下降运动。

3）在 *CD* 段，控制下降的开关量阀组根据时间序列关闭，模拟量阀组根据不同的规律进行关闭，实现活动横梁从快速下降到慢速下降的加压运动。

4）在 *DE* 段，控制下降的开关量阀组继续根据时间序列进行关闭，模拟量阀组根据不同的规律继续进行关闭，实现活动横梁从慢速加压到停止的过程。

5）在 *EF* 段，控制回程的开关量阀组根据时间序列进行开启，模拟量阀组根据不同的规律开启，实现活动横梁从停止到慢速回程。

6）在 *FG* 段，控制回程的开关量阀组开启，模拟量阀组完全开启，实现活动横梁的快速回程。

7）在 *GH* 段，控制回程的开关量阀组根据时间序列进行关闭，模拟量阀组按不同的规律进行关闭，实现活动横梁从快速回程到慢速回程并停止。

在液压机的一个运动行程内，上停点 *H* 和下停点 *E* 有位置控制要求，其中 *E* 点的控制精度比较高，必须准确定位，其他几点没有精度控制要求，仅起触发相应的控制阀组动作的开关作用，它们与液压机的行程位移、速度有关。

根据液压机工作特点，在大偏差范围内采用开关控制（即 Bang-Bang 控制），在趋向目标点时采用速度控制，在接近目标点时采用位置控制，控制方式的切换时机由预测模型决定。这种控制方式简单，具有快速、准确、超调量小及对参数不敏感的特点。

图 5-14 所示为预测型多模控制系统的结构，它是由预测部分、Bang-Bang 控制器、Fuzzy 速度控制器、Fuzzy 位置控制器、液压阀组及传感器组成的直接数字反馈控制系统。

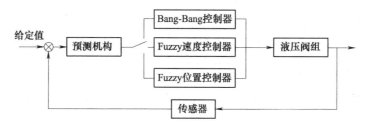

图 5-14 快速锻造液压机预测型多模控制系统结构

当控制开始时，偏差 *e* 较大，即当 $|e| \geq E_b$（E_b 为 Bang-Bang 控制时 *e* 的边界

203

值），系统的控制量取最大，实行非线性 Bang-Bang 控制；当偏差 e 逐渐减小到 $E_p<|e|<E_b$（E_p 为转换位置控制时 e 的边界值）时，实行 Fuzzy 速度控制；当 e 减小到 $|e|\leqslant E_p$ 时实行 Fuzzy 位置控制。这种控制策略既能加快过渡过程，提高速度，又能保证系统超调量小，甚至无超调，从而获得好的控制精度。

3. 模糊控制器

设计模糊控制器要解决三个问题：精确量的模糊化，模糊规则的构成，输出信息的模糊判决。

图 5-15、图 5-16 所示为模糊速度控制器和模糊位置控制器结构。

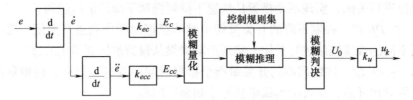

图 5-15　模糊速度控制器结构

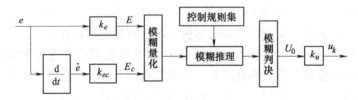

图 5-16　模糊位置控制器结构

在图 5-15、图 5-16 中，k_e、k_{ec}、k_{ecc} 为量化因子，k_u 为比例因子，E、E_c、E_{cc} 和 U 分别是误差 e、误差变化率 $\dot{e}$、$\dot{e}$ 的变化率 $\ddot{e}$ 和控制量 u 的语言变量。在这里，$\dot{e}$ 相当于速度，$\ddot{e}$ 相当于加速度。

E_c 的模糊子集为 NB、NM、NL、NS、NZ、ZO、PZ、PS、PL、PM 和 PB；

E_{cc} 的模糊子集为 NM、NL、NS、NZ、PZ、PS、PL 和 PM；

U 的模糊子集为 NM、NL、NS、NZ、PZ、PS、PL 和 PM。

NB、NM、NL、NS、NZ、ZO、PZ、PS、PL、PM 和 PB 分别表示负大、负中、负小、负极小、负零、零、正零、正极小、正小、正中、正大。

每个模糊子集的隶属度函数采用三角形分布。为了描述问题的方便，$\widetilde{A}_i$、$\widetilde{B}_i$、$\widetilde{C}_i$ 和 $\widetilde{D}_i$ 分别表示 E、E_c、E_{cc} 和 U 的一个模糊子集，用 $\mu_i(x)$ 表示 x 对模糊子集 $\widetilde{X}$ 的隶属度。

当快速锻造液压机活动横梁位置在不要求精确定位的范围内时，采用模糊速度控制器对活动横梁的速度进行控制，以获得快速性和平稳性，控制的目标值是活动横梁的速度。用到的模糊控制规则可以用一系列模糊条件语句进行表示，如下所示：

if　Ec　is　*NZ*　and　E_{cc}　is　*NM*　then　*U*　is　*PM*
if　Ec　is　*PZ*　and　E_{cc}　is　*NZ*　then　*U*　is　*PL*
if　Ec　is　*PM*　and　E_{cc}　is　*PS*　then　*U*　is　*NM*
⋮

某一采样时刻 $E_c = E_{c0}$、$E_{cc} = E_{cc0}$，这时被搜索到适合条件的控制规则有 k 条，对于第 i（$i = 1, 2, \cdots, k$）条规则，E_{c0} 在模糊子集 $\widetilde{B}_i$ 上，E_{cc0} 在模糊子集 $\widetilde{C}_i$ 上，这条规则对应的输出变量模糊子集是 $\widetilde{D}_i$，则根据这条规则推理所得到的结果为 $[\mu_{B_i}(E_{c0}) \cap \mu_{C_i}(E_{c0})]\mu_{D_i}(U)$，于是 k 条规则的合理推理结果为

$$\mu_D \cdot (U) = \bigcup_{i=1}^{k} [\mu_{B_i}(E_{c0}) \cap \mu_{C_i}(E_{cc0})]\mu_{D_i}(U) \tag{5-8}$$

式（5-8）所得的结果经过反模糊化就可以得出精确的输出量：

$$U_0 = \sum_{i=1}^{7} \mu_B \cdot (U_i) U_i \Big/ \sum_{i=1}^{7} \mu_B \cdot (U_i) \tag{5-9}$$

当快速锻造液压机活动横梁在要求精确定位的范围内时，采用模糊位置控制器对活动横梁的位置进行控制，以获得较高的定位精度，控制的目标值是给定的活动横梁位置。模糊控制规则可以用一系列模糊条件语句进行表示，如下所示：

if　*E*　is　*NM*　and　E_c　is　*NZ*　then　*U*　is　*NM*
if　*E*　is　*NZ*　and　E_c　is　*PZ*　then　*U*　is　*PM*
if　*E*　is　*PL*　and　E_c　is　*ZO*　then　*U*　is　*PS*
⋮

类似于模糊速度控制器的推理，可以得到模糊位置控制器的输出是

$$\mu_D \cdot (U) = \bigcup_{i=1}^{k} [\mu_{A_i}(E_0) \cap \mu_{C_i}(E_{c0})]\mu_{D_i}(U) \tag{5-10}$$

$$U_0 = \sum_{i=1}^{7} \mu_A \cdot (U_i) U_i \Big/ \sum_{i=1}^{7} \mu_A \cdot (U_i) \tag{5-11}$$

4. Bang-Bang 控制器

Bang-Bang 控制实现时间最优或时间次优控制，因此，在要求快速运动的情况下，采用 Bang-Bang 控制比较合理。当系统出现大偏差、大扰动时，控制器切换至 Bang-Bang 控制，以实现对给定值的快速跟踪。

对于快速锻造液压机可用下列规则表示：

$$\text{if} \quad |e| \geqslant E_b \quad \text{then} \quad u_k = u_{max}$$

5. 预测控制器

控制系统向液压系统控制元件发出动作转换命令后，由于液压系统执行机构的动作滞后，以及运动部件的惯性等都将致使快速锻造液压机活动横梁继续移动一段距离，从而导致液压机出现超程现象，影响其控制特性与控制精度。

传统模糊控制的方法由于是"事后控制型"算法，因此在有滞后现象的控制

过程中会产生较强的振荡，控制效果不理想，为解决这一问题，采用"提前控制"方式，即预测控制。根据采样时刻 t 及前几步系统输出的历史数据，建立系统输出的下一步预测模型，然后再根据预测输出值计算系统误差变化率的预测值 $e(t)$ 和 $\dot{e}(t)$，并由此确定控制器输出 $u(t')$，实现"提前控制"的思想。

预测控制是一种对模型精度要求不高但又能实现高质量控制性能的方法，它不是某种统一理论的产物，而是一类新型控制算法的统称。预测模型的主要作用是根据系统过去的信息（输入与输出），加上选定的未来输入，预测系统下一步的输出。

目前关于预测控制已有许多成熟的方法，虽然这些算法的表达形式和控制方案各不相同，但基本思想非常相似，各种算法均可以抽象出预测模型、滚动优化、反馈校正三个环节。

基于 $GM(1，1)$ 模型的灰色预测方法，依据对历史数据进行累加生成，建立数据列的预测模型，通过从整体上掌握和预测系统输出数据列的动态规律和发展趋势，对系统输出进行预测。在数据量少及含有各种不定因素影响的情况下，灰色预测方法具有较高的预测精度，满足控制要求，该预测算法简单，实时性强，特别适合电液伺服系统的快速预测控制。

快速锻造液压机控制系统灰色预测算法，是根据当前时刻系统输出的采样值 $y(k)$ 及采样时刻之前四步采样值历史数据：$y(k-1)$，$y(k-2)$，$y(k-3)$，$y(k-4)$，根据 $GM(1，1)$ 预测模型求得系统输出的预测值 $\tilde{y}(k+1)$。

偏差及偏差变化率的预测值分别为：

$$\tilde{e}(k+1) = \tilde{y}(k+1) - y(0)(k) \tag{5-12}$$

$$\tilde{\dot{e}}(k+1) = \tilde{e}(k+1) - e(k) \tag{5-13}$$

根据式（5-12）和式（5-13）可求出 e 和 $\dot{e}$ 的预测值，进而获得具有"提前控制"效果的控制输出。

快速锻造液压机采用预测型多模式模糊控制技术，减少了液压系统动作滞后的影响，同时在不同区段采用不同的控制策略，活动横梁的控制精度、锻造频次容易实现，系统的液压冲击和主机振动也可得到有效控制。

5.4 20MN 控制系统实例

5.4.1 机组组成

20MN 快速锻造液压机组由 20MN 快速锻造液压机和 200kN 锻造操作机组成。

1. 20MN 快速锻造液压机

20MN 快速锻造液压机采用下拉式机械结构，液压系统原理如图 5-48 所示，液压系统组成及功能如下：

采用低压充液罐与供液泵 P7 为 5 台主泵供液，供液压力由传感器检测。

5 台 A4FO500 定量泵为液压机提供压力油源，每台主泵采用功率 355kW、电压 10kV、转速 1490r/min 高压电动机驱动。主泵的吸油口安装有限位闸阀，出口装有单向阀、泵压力单元及压力检测传感器，泵的出口压力单元电磁铁失电，主泵卸荷运行，电磁铁得电，则主泵投入工作。5 台主泵的出口油液分别经单向阀后汇在一起，为液压机主缸及回程缸供液。

主缸进液比例阀 A-YA2、回程缸进液比例阀 A-YA3 控制主泵输出油液分别进入液压机的主缸及回程缸。阀 A-YA1 在液压机停止动作后失电，排卸主泵出口高压管路压力，主泵出口油路、主缸、回程缸均安装有压力传感器。

主缸的卸载及排液由比例阀 A-YA6、A-YA7 共同完成，比例阀 A-YA6、A-YA7 采用外控控制油，由控制泵 P9 提供所需的控制油。

回程缸排液由阀 V7、A-YA4、A-YA5 控制，比例阀 A-YA4、开关阀 A-YA5 打开，回程缸油液直排油箱，液压机实现快下动作；阀 A-YA4 关闭、A-YA5 打开，液压机带背压下行。

液压机快下行程的充液由低压充液罐通过充液阀实现，低压充液罐采用液位、压力信号进行控制。

液压机的快锻动作分为两种：一种是阀回程快锻，另一种是蓄能器回程快锻。当采用蓄能器回程快锻时，回程缸进液阀 A-YA3、排液阀 A-YA5 关闭，快锻蓄能器连通阀 A-YA14 打开，通过控制主缸的进、排液阀工作，实现液压机快锻动作。

辅助泵 P6 为液压机辅助机构提供压力油，同时在蓄能器回程快锻时，根据压力信号 YC6，通过阀 A-YA13 为快锻蓄能器组补液。

2. 200kN 锻造操作机

200kN 锻造操作机液压系统原理如图 5-49 所示，操作机提升机构采用摆动杠杆结构，液压系统组成及功能如下：

操作机液压泵安装在油箱上部，且工作转速高，设置泵 CP1 为其他 4 台泵供液。

泵 CP2、CP3 采用双轴伸电动机驱动，电动机功率 90kW、AC380V、转速 1480r/min，这两台主泵为操作机的钳杆旋转、钳杆升降等动作提供动力。

泵 CP4 为液压机行走动作提供动力，采用 75kW、AC380V、转速 1480r/min 电动机驱动，两组主泵输出的油液可通过连通阀 C-YA1、C-YA2 进行连通，实现补充供液和应急供液。

操作机夹钳夹紧后的保压动作由泵 CP5 实现，该泵为小功率高压泵，驱动电动机 4kW。夹钳的夹持力可由比例压力阀 C-YA8c 调节。

操作机的夹钳旋转、车体行走分别由比例方向阀 C-YA7、C-YA9 控制，旋转液压马达与行走液压马达均带有制动器，制动器在液压马达动作时释放。操作机的其他动作均由不同的换向阀进行控制。

5.4.2 控制系统结构

20MN 快速锻造液压机组液压机与操作机分别由不同的 PLC 系统控制，控制系统与扩展分站模块的连接采用 Profibus-DP 总线，分站模块采用 ET200S 扩展模块。

20MN 快速锻造液压机组控制系统的体系结构如图 5-17 所示。

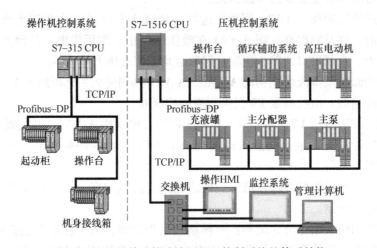

图 5-17　20MN 快速锻造液压机组控制系统的体系结构

1. 20MN 快速锻造液压机控制系统结构

20MN 快速锻造液压机控制系统采用西门子 S7-1516 3PN/DP CPU 作为主控制器，CPU 具有两个 Profinet 以太网总线接口和一个 Profibus-DP 接口。20MN 快速锻造液压机的控制软件由西门子 TIA Portal 开发。

20MN 快速锻造液压机为连线及控制方便，根据液压系统检测与控制信号、低压控制柜、高压电动机控制柜的分布及布置，将控制系统分成多个远程分站，就近安装在对应的控制柜（箱）中。

1）CPU 站安装在操作室的 PLC 柜中，并配有相应控制模块，图 5-18 所示为 20MN 快速锻造液压机 CPU 站模块配置，DQ 模块实现开关量控制，AQ 模块实现模拟量控制，TM PosInput 模块实现液压机位移传感器的信号采集。

2）操作台分站安装在操作台中，负责采集控制液压机的所有手柄、开关的输入信号，以及各种指示灯等信号输出。

3）辅助系统分站安装在辅助控制柜中，负责液压机低压系统的液压泵电动机的起动、停止、信号联锁等输入输出。

4）高压电动机分站安装在高压电动机控制柜附近的控制箱中，负责高压电动机的起动、停止及联锁信号的输入/输出。

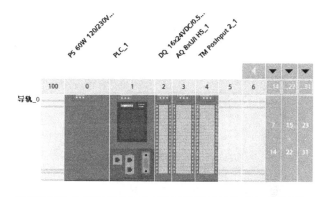

...	模块	机架	插槽	I 地址	Q 地址	类型	订货号
		0	100				
	PS 60W 120/230VAC/DC_1	0	0			PS 60W 120/230VA...	6ES7 507-0RA00-0AB0
	▼ PLC_1	0	1			CPU 1516-3 PN/DP	6ES7 516-3AN01-0AB0
	▶ PROFINET接口_1	0	1 X1			PROFINET接口	
	▶ PROFINET接口_2	0	1 X2			PROFINET接口	
	DP 接口_1	0	1 X3			DP 接口	
	DQ 16x24VDC/0.5A BA_1	0	2		0...1	DQ 16x24VDC/0.5...	6ES7 522-1BH10-0AA0
	AQ 8xU/I HS_1	0	3		512...527	AQ 8xU/I HS	6ES7 532-5HF00-0AB0
	TM PosInput 2_1	0	4	560...591	560...583	TM PosInput 2	6ES7 551-1AB00-0AB0

图 5-18 20MN 快速锻造液压机 CPU 站模块配置

5）主泵分站安装在液压机液压系统主泵附近的控制箱中，负责主泵吸油口闸阀信号、主泵控制信号、主泵压力信号输入及相关阀的输出。

6）20MN 快速锻造液压机主分配器 Profibus-DP 分站配置如图 5-19 所示，分站安装在主分配器旁边控制箱中，负责各种压力、温度等信号的输入及相关开关阀的控制输出。

7）充液罐分站安装在充液罐附近的控制箱中，负责油箱、充液罐液位信号的输入，液位控制阀的输出等。

20MN 机组的操作、监控及管理由多台计算机实现，计算机与 PLC 的一个 Profinet 口通过网络交换机相连。图 5-20 所示为 20MN 快速锻造液压机操作人机界面（HMI）计算机配置。

操作 HMI 计算机采用平板计算机，安装在操作台，用于显示机组系统运行过程中的位移、压力等参数，以及设置锻造道次数据、当前锻造道次选择、道次中数据的修改等操作。

监控系统计算机用来动态显示机组运行过程中的参数，包括液压机及操作机液压系统的工作状态、各种检测控制参数等。

管理计算机用于程序修改、数据采集，以及与工厂管理系统相连，上传机组的运行参数，接收下达的生产计划等。

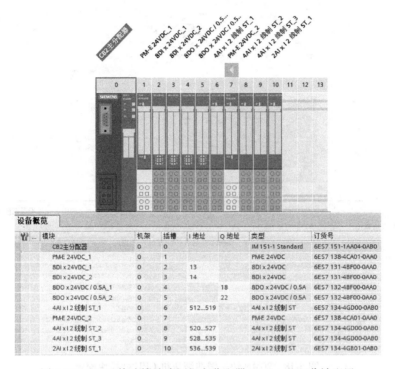

图 5-19　20MN 快速锻造液压机主分配器 Profibus-DP 分站配置

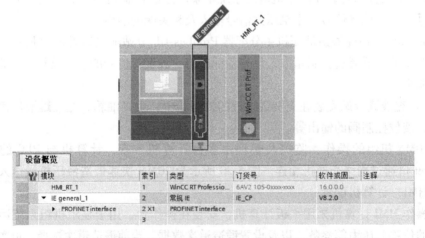

图 5-20　20MN 快速锻造液压机操作人机界面（HMI）计算机配置

2. 200kN 锻造操作机控制系统结构

200kN 锻造操作机采用西门子 S7-315 CPU 作为主控制器，控制软件由 STEP7 开发，图 5-21 所示为 200kN 锻造操作机控制系统 CPU 及操作台站配置。

1）操作台站安装在操作台操作机手柄侧，负责操作机各种动作手柄、按钮信

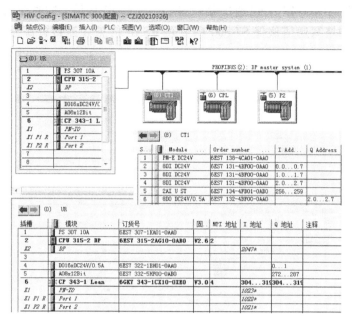

图 5-21　200kN 锻造操作机控制系统 CPU 及操作台站配置

号的采集，指示灯输出等。

2）起动柜站安装在操作机起动柜中，负责操作机电动机起动信号的联锁、软起动器信号的输入/输出等。

3）机身接线箱站安装在操作机车身上，负责操作机液压系统阀信号的输出，压力传感器、位移传感器、液位、温度等信号的输入。

3. 液压机与操作机的通信

20MN 快速锻造液压机组采用集中控制及管理的方式，操作机的控制由单独的 PLC 系统完成，但操作机控制参数的设定及操作机运行状态监控由液压机系统计算机统一完成。

液压机与操作机需要进行通信，完成相应的数据交换，系统采用 S7 通信方式实现。S7 通信主要用于西门子 PLC 之间的通信，S7 系列 PLC 是基于 MPI、Profibus-DP 和工业以太网的一种优化的通信协议，采用客户-服务器原则（Client-Server）。

液压机系统利用 S7-1516 CPU 的另一个 Profinet 网口，操作机系统 S7-315 CPU 增加 CP343 接口模块，液压机与操作机的网络地址设置在同一网段，两者之间采用网线直接相连。S7-1516 CPU 作为客户端，CP343 作为服务器，使用 S7 单边通信。

图 5-22 所示为 S7-1516 CPU 与 S7-315 CPU 之间的 S7 通信配置。在"网络视图"选择"添加新连接"，对应的 Profinet 接口"添加"创建 S7 连接，在该连接的

属性"常规"中填写作为 S7 通信服务器 CP343 的 IP 地址，同时在属性的"地址详细信息"中填写通信伙伴 S7-300 CPU 的 TSAP 信息（连接资源号和 CPU 插槽号）。

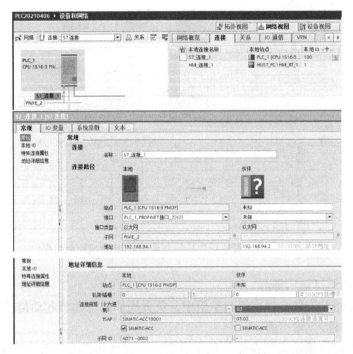

图 5-22　S7-1516 CPU 与 S7-315 CPU 之间的 S7 通信配置

　　S7-315 CPU 站中只需设置以太网口的 IP 地址，当进行通信时在 S7-1516 CPU 的程序中调用 GET/PUT 指令即可。

5.4.3　控制系统软件

　　20MN 快速锻造液压机组控制软件包括两部分：液压机控制软件和操作机控制软件。液压机控制软件完成液压机系统传感器信号采集，各种状态检测，液压系统液压泵电动机的起动及联锁控制，液压机的手动、半自动、自动控制，与操作机的联动及移动工作台、横向移砧的手动与自动控制等；操作机控制软件完成操作机的各种信号检测，液压泵电动机起动与联锁控制，操作机的手动、自动动作，以及操作机与液压机的联动控制。

1. 20MN 快速锻造液压机控制软件

　　液压机控制软件由西门子 TIA Portal 软件开发，控制软件根据实现的不同功能采用模块化设计，同时根据软件模块执行的任务要求采用不同的调度方式。常规处理控制软件模块在主循环程序中运行，液压机的动作控制、位置控制等模块则在定时循环中断中运行。

图 5-23 所示为 20MN 快速锻造液压机控制软件的主程序模块及其调用的子程序块，主程序模块 Main（OB1）由 PLC 系统循环调用，Main 程序块中的子程序块按先后顺序执行。

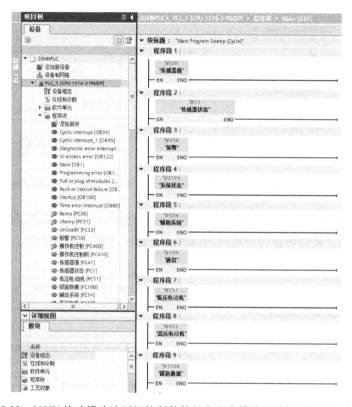

图 5-23 20MN 快速锻造液压机控制软件的主程序模块及其调用的子程序块

图 5-24 所示为 20MN 快速锻造液压机控制软件的循环中断 OB34 程序块，OB34 由系统循环时间中断每 5ms 自动执行一次，液压机的动作控制、位置控制在定时循环中断中执行，同时根据工作方式的不同，液压机液压系统主泵投入数量及时间顺序均跟着发生变化。液压机位置控制程序在定时循环中执行，容易处理各种比例控制阀的加/减速斜坡，以及进行速度、位置控制等。

（1）液压机系统 Main（OB1）程序主要功能

1）FC41：传感器值。该功能块将液压机系统的各种传感器信号采集到控制系统，包括压力传感器、温度传感器及部分行程检测传感器。图 5-25 所示为采用结构化控制语言（SCL）读取 1 号主泵压力传感器值的程序，1 号主泵压力传感器输

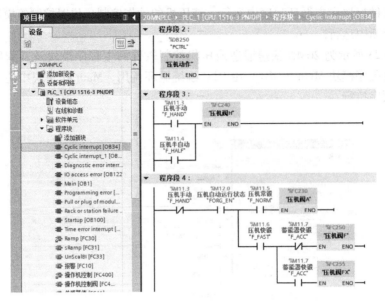

图 5-24   20MN 快速锻造液压机控制软件的循环中断 OB34 程序块

出信号为 4~20mA，量程 0~400bar（40MPa），程序中进行传感器超量程及传感器断线故障检测，最后转换为浮点压力值保存在相应的数据块变量中。

```
1 //1#主泵头压力传感器采集 4-20mA:0-400bar
2 #Atemp := "PYC1";                              //1#主泵压力传感器
3 IF #Atemp > 27648 OR #Atemp < -1728 THEN        //检测传感器值超量程及断线故障
4     "P_STATUS".PYC1_Fail := 1;                  //1#主泵传感器故障
5     "SENSOR_R".PYC1_R := 0;
6 ELSE
7     "P_STATUS".PYC1_Fail := 0;
8     "SENSOR_R".PYC1_R := INT_TO_REAL(#Atemp) / 27648.0 * 400; //1#主泵出口实际压力值
9 END_IF;
```

图 5-25   采用 SCL 编程语言读取 1 号主泵压力传感器值

2）FC1：传感器状态。该功能块将传感器检测到的压力、温度、位移等值与控制系统设定的各种工作条件进行比较，获得确定的状态，提供给控制系统其他子程序使用。图 5-26 所示为进行充液罐温度及压力检测值比较判断的梯形图（LAD）程序，程序中进行相关判断时采用"接通延时定时器"指令，消除信号的瞬时跳变及抖动。

3）FC10：报警。该功能块对控制系统规定的各种故障信号进行声、光报警输出，以及故障清除、故障复位等操作。

4）FC195：系统状态。该功能块对液压机的急停、主令手柄信号及液压机的上/下限位及上/下减速信号进行处理操作，同时对充液罐液位进行控制，以及获取液压机 Profibus-DP 总线分布式站点的工作状态。

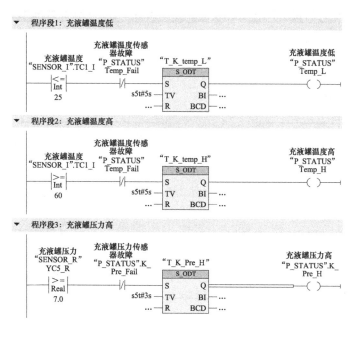

图 5-26　进行充液罐温度及压力检测值比较判断 LAD 程序

图 5-27 所示为读取液压机分布式从站站点状态的程序。首先需建立全局数据块 "Device_stat"，数据块中包含 "State" 的结构用于存储数据。调用 "扩展指令" 中的 "诊断" 指令 "DeviceStates"，指令中 LADDR = 263 为 Profibus-DP 主站系统的硬件标识符，MODE = 2 为读取 DP 从站故障。返回数据块中 state 的某一位为对应从站地址的站点状态。

5）FC14：辅助系统。该功能块实现移动工作台和横向移砧的手动及自动控制，以及完成上砧旋转与压下控制、送料回转车控制等。

6）FC50：通信。该功能块实现液压机 PLC 与操作机 PLC 的 S7 方式数据交换，只需在液压机 PLC 中单边编程，调用通信指令中的 GET/PUT 指令，将液压机 PLC 的数据写入操作机 PLC，同时将操作机 PLC 数据读入液压机 PLC。

图 5-28 所示为液压机 PLC 与操作机 PLC 数据交换程序，采用 "GET" 指令每 100ms 将操作机 PLC 中的数据块 DB21. DBX0. 0 开始的 11 个字节、DB21. DBX12. 0 开始的 12 个浮点数、DB21. DBX60. 0 开始的 10 个整型数读入到液压机 PLC 数据块 DB212. DBX0. 0 开始的 11 个字节、DB212. DBX12. 0 开始的 12 个浮点数、DB212. DBX60. 0 开始的 10 个整型数单元中；使用 "PUT" 指令将液压机 PLC 中数据块 DB202. DBX0. 0 开始的 2 个字节、DB202. DBX2. 0 开始的 8 的整型数写入操作机 PLC 中数据块 DB20. DBX0. 0 开始的 2 个字节、DB20. DBX2. 0 开始的 8 个整型数单元中。程序中 ID = 16#100 为液压机 PLC 的 S7 连接本地标识号。

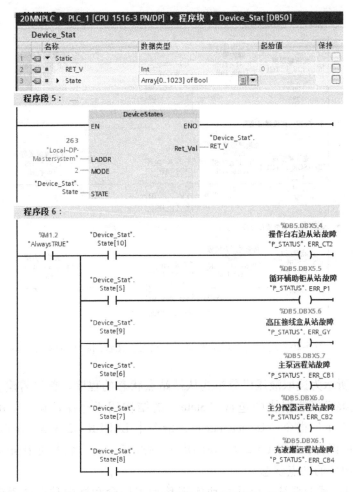

图 5-27　读取液压机分布式从站站点状态的程序

7）FC11：低压电动机。该功能块实现液压机系统中多个低压电动机的联锁、起动、运行控制及指示，如循环供液泵、辅助泵、冷却泵、控制泵等电动机及润滑控制等。20MN 快速锻造液液压机中的低压电动机功率较小，电动机均采用直接起动方式，图 5-29 所示为液压机循环供液泵联锁、起动控制程序。

8）FC12：高压电动机。液压机系统主泵采用 5 台高压电动机控制，每台高压电动机由专用的高压电动机控制柜控制，高压电动机控制柜自带电动机保护控制装置，液压机控制系统只需对其合闸、分闸辅助触点信号进行控制即能完成液压泵高压电动机的起动与停止控制。

图 5-30 所示为对 1 号液压泵高压电动机起动运行控制程序。在液压系统联锁条件满足时，输入起动信号，通过"扩展脉冲定时器"输出 4s 的合闸信号给控制继电器，由控制继电器闭合高压电动机柜中的"合闸"辅助触点，实现 1 号液压

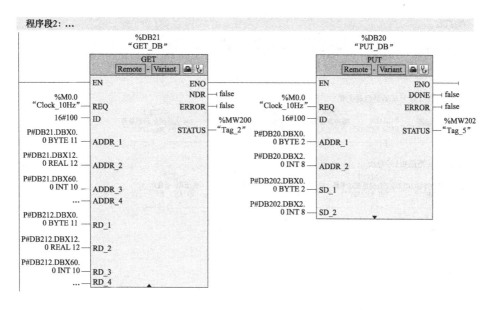

图 5-28　液压机 PLC 与操作机 PLC 数据交换程序

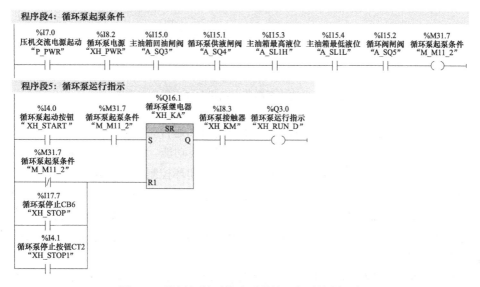

图 5-29　液压机循环供液泵联锁、起动控制程序

泵高压电动机的起动运行。液压泵高压电动机既可通过按钮单个起动，也可通过程序进行连续自动起动。

9）FC100：锻造数据。该模块对当前锻造道次中各设定数据的范围进行比较判断，并根据当前道次所选择的"砧型"及该砧型所对应的参数进行锻造道次中

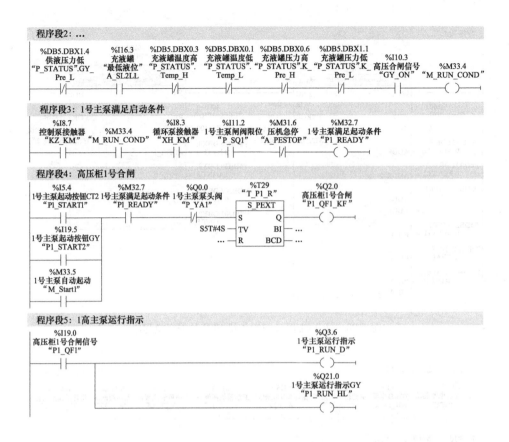

图 5-30   1 号液压泵高压电动机起动运行控制程序

的数据转换。当前锻造道次中的数据为液压机自动运行时的控制参数。

（2）液压机系统定时循环中断 OB34 程序主要功能   液压机的各种动作控制采用定时循环中断实现，包括控制模式判断、位置闭环控制、开关阀输出、比例阀输出等部分。控制程序的编写流程有多种方式，采用面向过程的编程方式所编写的程序容易阅读理解。20MN 快速锻造液压机组液压机动作控制程序分成两大部分，一部分是液压机动作流程控制，另一部分是根据不同的控制方式进行液压机主泵的控制（见图 5-24）。

1）FB260：压机动作   液压机动作控制程序自带背景数据块，控制程序中所用到的变量保存在背景数据块中。图 5-31 所示为液压机位移传感器位置读取及转换、液压机对砧清零处理、液压机位置显示程序。快速锻造液压机在自动锻造时速度快，在锻造过程中只显示每一行程的压下位置值，在回程时保持最低压下位置值显示不变，即以较长时间显示每一行程的锻造尺寸，方便人工识别。

液压机工作方式可分为手动、半自动、自动（包括常锻、阀回程快锻、蓄能器回程快锻三种）方式，由操作台液压机工作方式选择开关、主令手柄位置、自

```
#P1_S_RAW := DINT_TO_REAL("PRESS_S1") * 0.001;          //读压机位移传感器值并转换成mm
"SENSOR_R".P_S_R := 1600 - #P1_S_RAW;                   //将压机位移值反向,与压机运动方向一致
"PRESS".F_Ctrl_Pos := "SENSOR_R".P_S_R - #P1_ZERO;      //压机控制值减去对砧零位
IF "FORG_EN" = 0 OR "FORG_EN" = 1 AND ("PRESS".MoveDir = 1 OR "PRESS".MoveDir = 11) THEN
                                       //压机手动时显示压机实时位置值
                                       //压机自动压下时压机位置显示,回程时保持最低位置显示
    "SENSOR_R".P_S_R_DSP := "PRESS".F_Ctrl_Pos;
END_IF;

IF "SET_DATA".P_CLEAR = 1 THEN
    #P1_ZERO := "SENSOR_R".P_S_R;      //设置对砧清零值
    "SET_DATA".P_CLEAR := 0;
END_IF;
```

图 5-31　液压机位置值处理程序

动起动按钮等信号决定程序走向。图 5-32 所示为液压机动作程序流程。

```
//压机工作方式不在手动方式,同时自动起动、主令手柄在停止位、急停没按下、道次数据设置正确
IF "Hand_Mode" = 0 AND "Run_Auto" AND "P_STOP" AND "A_PESTOP" = 0 AND "DATA_OK" = 0 THEN
    "FORG_EN" := 1;      //压机自动运行状态

//压机工作方式在手动方式,或主令手柄不在停止位,或急停按下,或自动停止,或道次数据设置错误
ELSIF "Hand_Mode" OR "P_STOP" = 0 OR "A_PESTOP" OR "Run_Stop" OR "DATA_OK" THEN
    "FORG_EN" := 0;      //压机手动运行状态
END_IF;

//压机工作方式在自动方式、压机为手动运行状态
IF "Hand_Mode" = 0 AND "Union_Mode" = 0 AND "FORG_EN" = 0 THEN
    REGION   s_h   // 执行半自动程序
//压机工作方式不在手动方式、压机为自动运行状态
ELSIF "Hand_Mode" = 0 AND "FORG_EN" = 1 THEN
    REGION   a     //执行自动程序
//压机工作方式为手动方式,或压机工作方式为联动方式但压机为手动运行状态
ELSE
    REGION   h     //执行手动程序
END_IF;
```

图 5-32　液压机动作程序流程

　　液压机手动运行由液压机主令手柄控制。液压机主令手柄为 7 挡操纵手柄,分别为快速下降、快速加压、加压、停止、回程、慢速回程、快速回程,液压机停止动作时手柄位于停止位。当液压机手动控制运行时,主令开关每一挡位所对应的开关阀、比例阀均处于一种确定状态,但液压机系统中的比例阀都存在一个过渡过程,同时液压主泵的泵头控制阀投入工作及切除的时间存在一定的时间顺序,程序中需要进行相应的处理。图 5-33 所示为 20MN 快速锻造液压机手动控制程序。

　　控制液压机的比例阀为连续控制的模拟量,当液压机处于某一状态时,比例阀的开启值在液压系统设计制造完毕后为一个确定值,为了编程方便,可以直接在程序中设定当前比例阀需要开启的最大值,在后续进行比例阀控制输出时,采用专门的斜坡程序进行处理,使比例阀分别按给定的速度进行开启和关闭。

```
"F_HAND" := 1;  //设置压机运行方式为手动.
...  ;//清除压机自动等运行标志
```

//压机主令手柄在快速下降、快速加压、加压位置
```
IF "P_H_F_DN" OR "P_H_S_DN" OR "P_H_DN" THEN
    ...  ;//设置压机为压下标志
    #AYa1 := 1;  //主泵系统排液阀 A-YA1 = 1 关闭
    #AYa3 := 0;  //回程排进液阀 A-YA3 = 0 关闭
    #AYa5 := 1;  //回程缸排液阀 A-YA5 = 1 关闭

    IF #HRet = 1 THEN  //如果压机向下运动前执行过回程动作
        ...  ;//主缸卸荷阀 A-YA6、A-YA7 逐渐关闭
        ...  ;//主缸进液阀 A-YA2 逐渐打开, 开启完毕 HRet = 0
    ELSE              //没有执行过回程动作
        #AYa6 := 0;   //主缸卸荷阀 A-YA6 = 0 关闭
        #AYa7 := 0;   //主缸卸荷阀 A-YA7 = 0 关闭
        #AYa2 := 100; //主缸进液阀 A-YA2 = 100 开100%
    END_IF;

    IF "P_H_F_DN" = 1 THEN       //压机主令手柄为快速下降
        "F_DN3" := 1;            //快速下降泵数量选择
        #AYa4 := 70;             //回程缸快降阀 A-YA4 = 70 最大开70%
    ELSIF "P_H_S_DN" = 1 OR "P_H_DN" = 1 THEN
        IF "P_H_S_DN" THEN       //压机主令手柄快速加压
            "F_DN2" := 1;        //快速加压泵数量选择
        ELSIF "P_H_DN" = 1 THEN //加压
            "F_DN1" := 1;        //加压泵数量选择
        END_IF;
        ...  ;// 回程缸快降阀 A-YA4 逐渐关闭
    END_IF;
```

//压机主令手柄在停止位
```
ELSIF "P_H_STOP" = 1 THEN
    ...  ;// 清压下、回程泵选择
    #AYa4 := 0;                  //回程缸快降阀  A-YA4 = 0 关闭
    #AYa5 := 0;                  //回程缸排液阀 A-YA5 = 0 关闭

    IF #HLoad = 1 THEN  //如果压机执行了加压过程
        ...  ;//主缸进液阀 A-YA2 = 0 关闭
        ...  ;//主缸排液阀 A-YA6、A-YA7 逐渐开.
        ...  ;//主缸压力及开启时间调整阀的开启值, 开启完毕 HLoad = 0

    ELSIF #HRet = 1 THEN  //如果压机执行了回程过程
        ...  ;//回程缸进液阀 A-YA3 = 0 关闭;
        ...  ;//延迟一定时间置 HRet = 0

    ELSE  //压下过程、回程过程结束
        ...  ;//压机所有动作控制阀关闭
    END_IF;
```

//压机主令手柄位在快速回程、慢速回程、回程位置
```
ELSIF "P_H_F_UP" OR "P_H_S_UP" = 1 OR "P_H_UP" = 1 THEN
    #HRet := 1;    //置回程标志
    #AYa1 := 1;    //主泵系统排液阀 A-YA1 = 1 关闭
    #AYa2 := 0;    //主缸进液阀 A-YA2 = 0 关闭
    #AYa4 := 0;    //回程缸快降阀 A-YA4 = 0 关闭
    #AYa5 := 0;    //回程缸排液阀 A-YA5 = 0 关闭

    IF #HLoad = 1 THEN  //如果压机执行了加压过程
        "F_RTN1" := 1;  //回程泵数量选择
        ...  ;//回程缸进液阀 A-YA3 逐渐开
        ...  ;//主缸卸荷阀 A-YA6、A-YA7 逐渐开
        ...  ;//主缸压力及开启时间调整阀的开启值, 开启完毕 HLoad = 0
```

图 5-33　20MN 快速锻造液压机手动控制程序

```
ELSE                        //回程前没执行加压过程，或加压过程执行完毕
    IF "P_H_F_UP" = 1 THEN      //压机主令手柄快速回程位置
        "F_RTN3" := 1;          //快速回程泵数量
    ELSIF "P_H_S_UP" = 1 THEN   //压机主令手柄慢速回程位置
        "F_RTN2" := 1;          //慢速回程泵数量
    ELSIF "P_H_UP" = 1 THEN     //压机主令手柄回程位置
        "F_RTN1" := 1;          //回程泵数量
    END_IF;

    #AYa3 := 100;               //回程缸进液阀 A-YA3 = 100 开100%
    #AYa6 := 100;               //主缸卸荷阀 A-YA6 = 100 开100%
    #AYa7 := 100;               //主缸卸荷阀 A-YA7 = 100 开100%
    END_IF;
END_IF;
```

图 5-33　20MN 快速锻造液压机手动控制程序（续）

图 5-34 所示为比例阀输出斜坡，图 5-34a 应用于单向输出的比例阀，如 0~10V 电压信号控制，给定 0V 信号阀关闭，10V 信号阀全开，通过单向斜坡程序可控制阀打开和关闭的速度；图 5-34b 用于双向输出的比例阀、伺服阀等，如−10V~+10V 电压信号控制，0V 信号阀关闭，+10V 信号阀正向全开，−10V 信号阀反向全开，通过双向斜坡程序可控制比例阀、伺服阀在不同方向的开启及关闭速度。斜坡程序在定时循环程序中执行。

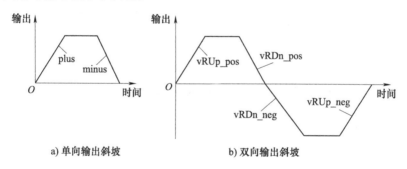

a) 单向输出斜坡　　　　　　　　b) 双向输出斜坡

图 5-34　比例阀输出斜坡

图 5-35 所示为单向输出斜坡程序 sRamp 及双向输出斜坡程序 Ramp。

在液压机控制程序最后进行输出时，对比例阀信号先进行斜坡处理，然后将控制信号的百分值转换为 PLC 输出值输出。如主缸进液比例阀为 0~10V 控制信号，程序中按 0~100%进行处理，最后输出时调用斜波处理程序，并转换成 PLC 值 0~27648 输出。图 5-36 所示为主缸进液比例阀 A-YA2 的最后输出处理程序。

液压机的自动控制程序分常锻及快锻，同时快锻还可分成阀回程快锻和蓄能器回程快锻。常锻、快锻的自动程序流程基本类似，都是根据设定的锻造道次数据自动进行液压机活动横梁压下、停止、回程动作转换，快锻时液压机工作行程短，比例阀开启的幅值比常锻小，动作的转换速度比常锻快。

当液压机自动运行、活动横梁进行动作转换时，比例阀、主泵的泵头控制都存

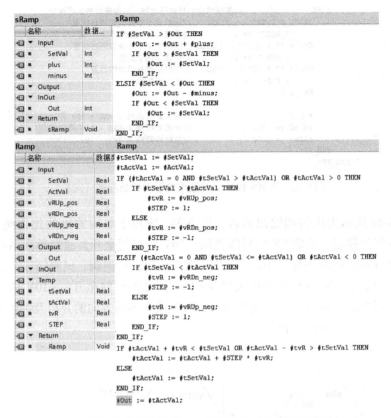

图 5-35　单向输出斜坡程序 sRamp 及双向输出斜坡程序 Ramp

```
"sRamp"(SetVal := #AYa2,      //程序中主缸进液阀 A_YA2 的控制值
        plus := 10,           //主缸进液阀 A_YA2 开斜坡 每 5ms 增加值
        minus := 5,           //主缸进液阀 A_YA2 关斜坡 每 5ms 减少值
        Out := #AYa2_R);
"UnScalBI"(IN := #AYa2_R,Out => #AYa2_O);  // A_YA2_O = A_YA2_R * 276.48
"A_YA2" := #AYa2_O;                        // 输出到主缸进液比例阀 A-YA2
```

图 5-36　主缸进液比例阀 A-YA2 的最后输出处理程序

在一个过渡转换过程。在活动横梁到达设定锻造尺寸，进行加压转回程动作时，控制系统需进行主缸卸压泄流控制；在活动横梁到达设定的回程高度，进行回程转压下动作时，控制系统需进行回程减速停止等动作，同时还需设置与操作机联动点的状态信号；在联动控制时，操作机按联动点的信号进行联动控制。

图 5-37 所示为液压机常锻自动控制程序流程。

①超程自动修正。当液压机自动控制时，需要控制活动横梁上、下转换点的位置，下转换点为锻件尺寸，控制精度要求≤±1mm。由于液压机运动部分质量大、液压传动与控制系统存在动作滞后，控制系统单独采用相关的控制策略，活动横梁的尺寸精度难以保证准确，一般需要增加锻件控制尺寸自动修正环节，根据前一行

```
... ;//设置自动方式. 清其他状态;
//如果当前道次的回程高度>锻造尺寸 + 10则为常锻自动
"F_NORM" := 1; //设置常锻标志
... ;//清他它标志
IF "PRESS".MoveDir = 0 THEN
    //如果自动第一次起动 根据压机当前位置决定压机运动方向
    IF "PRESS".F_Ctrl_Pos < ("PRESS".Ctrl_Size + "PRESS".Ctrl_Height / 2) THEN
        "PRESS".MoveDir := 2; //压机向上运动
    ELSE
        "PRESS".MoveDir := 1; //压机向下运动
    END_IF;

    #aMax := "PRESS".Ctrl_Height - #aUp1; //设置压机最大控制位置
    #aMin := "PRESS".Ctrl_Size + #aDown1; //设置压机最小控制位置
END_IF;

IF #aMin > "PRESS".F_Ctrl_Pos THEN //获取压机自动过程中的最小值
    #aMin := "PRESS".F_Ctrl_Pos;
END_IF;
IF #aMax < "PRESS".F_Ctrl_Pos THEN //获取压机自动过程中的最大值
    #aMax := "PRESS".F_Ctrl_Pos;
END_IF;



IF "PRESS".MoveDir = 2 THEN     //如压机为向上运动
    #aCtrl := "PRESS".Ctrl_Height - #aUp1;
    IF "PRESS".F_Ctrl_Pos >= #aCtrl THEN  //压机运动到回程高度位置
        "PRESS".MoveDir := 11;  //向上转向下运动标志
        ... ;//设置标志;
    ELSE
        #du := "PRESS".Ctrl_Height - "PRESS".F_Ctrl_Pos;
        IF #ALoad = 0 THEN //如果进行回程动作时主缸卸载完成
            "F_RTN3" := 1; //设置自动回程泵数量
        ELSE             //如果进行回程动作时主缸卸载没完成
            "F_RTN2" := 1; //设置自动回程泵数量
        END_IF;

        #AYa1 := 1;       //主泵系统排液阀 A_YA1 关闭
        #AYa2 := 0;       //主缸进液阀 A_YA2 关闭
        #AYa4 := 0;       //回程缸快降阀 A_YA4 关闭
        #AYa5 := 0;       //回程缸排液阀 A_YA5 关闭

        //根据位置偏差范围,设置回程缸进液阀 A-YA3、主缸卸载阀A-YA6、A-YA7值
        IF #du > #aUp5 THEN   //位置偏差
            #AYa3 := 100;   //回程缸进液阀 A-YA3 开100%
            #AYa6 := 90;    //主缸卸载阀 A-YA6 开90%
            #AYa7 := 90;    //主缸卸载阀 A-YA7 开90%
        ELSIF #du > #aUp4 THEN
            ... ;// 调节 A-YA3、A-YA6、A-YA7 值
        ELSIF #du > #aUp3 THEN
            ... ;// 调节 A-YA3、A-YA6、A-YA7 值
        ELSIF #du > #aUp2 THEN
            ... ;// 调节 A-YA3、A-YA6、A-YA7 值
        ELSIF #du > #aUp1 THEN
            ... ;// 调节 A-YA3、A-YA6、A-YA7 值
        ELSE
            "PRESS".MoveDir := 11; //压机回程转压下标志
            #ARet := 1;            //回程动作执行标志
            #ARet_T := 0;
        END_IF;
    END_IF;
```

图5-37 液压机常锻自动控制程序流程

```
ELSIF "PRESS".MoveDir = 1 THEN //压机向下运动
    #aCtrl := "PRESS".Ctrl_Size + #aDown1;
    IF "PRESS".F_Ctrl_Pos <= #aCtrl THEN //压机到达锻造尺寸
        "PRESS".MoveDir := 21;           //压机向下转向上运动标志
        ... ;// 设置标志
    ELSE
        #AYa1 := 1; //主泵系统排液阀 A_YA1 关闭
        #AYa3 := 0; //回程缸排液阀 A-YA3 关闭
        #AYa5 := 1; //回程缸排液阀 A-YA5 打开
        #AYa6 := 0; //回程卸荷阀 A-YA6 关闭
        #AYa7 := 0; //主缸卸荷阀 A-YA7 关闭

        IF #ARet = 0 THEN //如果不是从回程转向下动作
            "F_DN3" := 1; //回程泵数量选择
        ELSE              //是从回程转向下动作
            "F_DN1" := 1; //回程泵数量选择
        END_IF;
        #f_tmp_disp := "PRESS".Ctrl_Exert - "PRESS".Ctrl_Size;
        #du := "PRESS".F_Ctrl_Pos - "PRESS".Ctrl_Size;
        //根据当前锻造道次设定的加压高度，设置回程缸快降阀最大开启幅值
        IF #du > #f_tmp_disp THEN
            IF #f_tmp_disp >= 80 THEN
                #AYa4 := 70;  //加压位置 >= 80 回程快降阀最大开 70%
            ELSIF #f_tmp_disp >= 60 AND #f_tmp_disp < 80 THEN
                #AYa4 := 65;
            ELSIF #f_tmp_disp >= 40 AND #f_tmp_disp < 60 THEN
                #AYa4 := 60;
            ELSE
                #AYa4 := 55;
            END_IF;
        ELSE
            #AYa4 := 0;
        END_IF;
        //根据压机位置偏差，设置阀及泵参数
        IF #du > #aDown5 THEN
            #AYa2 := 100;  //主缸进液阀 A-YA2 开100%
        ELSIF #du > #aDown4 THEN
            #AYa2 := 95;   //主缸进液阀 A-YA2 开95%
        ELSIF #du > #aDown3 THEN
            #AYa2 := 90;   //主缸进液阀 A-YA2 开90%
        ELSIF #du > #aDown2 THEN
            "F_DN2" := 1;  //压下泵数量
            #AYa2 := 85;   //主缸进液阀 A-YA2 开85%
        ELSIF #du > #aDown1 THEN
            "F_DN2" := 1;  //压下泵数量
            #AYa2 := 80;   //主缸进液阀 A-YA2 开80%
        ELSE
            "PRESS".MoveDir := 21;  //压机压下转回程标志
            #ALoad := 1;            //压机压下执行标志
            #ALoad_T := 0;
        END_IF;
    END_IF;
END_IF;

IF "PRESS".MoveDir = 21 THEN
    "PRESS".MoveDir := 2; // 压机上运动
    ... ;// 设置操作机联动状态
ELSIF "PRESS".MoveDir = 11 THEN
    "PRESS".MoveDir := 1; // 压机向下运动
    ... ;// 进行压机控制尺寸自动修正
    #aMin := "PRESS".Ctrl_Size + #aDown1; ////设置压机最小控制位置
END_IF;

IF #ARet = 1 THEN  // 压机执行回程标志
    ... ;// 压机上点停止时间，时间到 ARet = 0;
    ... ;// 根据停止时间设定主缸进液阀 A-YA2 值
END_IF;

IF #ALoad = 1 THEN // 压机执行压下标志
    ... ;//主缸卸荷阀 A-YA6、A-YA7 逐渐开
    ... ;//主缸压力及开启时间调整阀的开启值，开启完毕 ALoad = 0
END_IF;
```

图 5-37　液压机常锻自动控制程序流程（续）

程的锻件尺寸误差，自动修正当前行程的控制参数，使锻件尺寸准确控制在±1mm内。图 5-38 所示为液压机自动控制时锻件尺寸自动修正原理。

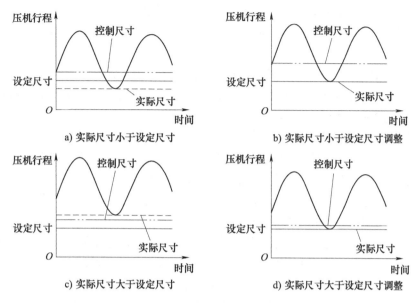

图 5-38 液压机自动控制时锻件尺寸自动修正原理

进行锻件尺寸修正的方法有多种，均采用偏差系数进行修正，自动确定下一行程的位置提前量，图 5-39 所示为采用二分之一偏差进行尺寸修正的程序，在实际使用中效果较好。

```
IF "PRESS".Ctrl_Size > #aMin THEN   // 实际尺寸小于设定锻造尺寸
    #aCtrl := ("PRESS".Ctrl_Size - #aMin) / 2.0; //偏差/2
    IF #aCtrl + #aDown1 >= #aDown2 THEN
        #aDown1 := #aDown2;                       //提前值大，限幅
    ELSE
        #aDown1 := #aDown1 + #aCtrl;              //提前值增加 偏差/2
    END_IF;
ELSE                                   //实际尺寸大于设定锻造尺寸
    #aCtrl := (#aMin - "PRESS".Ctrl_Size) / 2.0; //偏差/2
    IF #aCtrl < #aDown1 THEN
        #aDown1 := #aDown1 - #aCtrl;              //提前值减少 偏差/2
    ELSE
        #aDown1 := #aCtrl;                        //提前值较小
    END_IF;
END_IF;
```

图 5-39 液压机自动控制时锻件尺寸自动修正程序

②弹性变形补偿。液压机自动控制过程中除采用超程补偿提高锻件尺寸精度，对于部分液压机还需要进行弹性变形尺寸补偿。

由于锻造生产特点，液压机的位移传感器无法直接测量上、下砧面的距离，即直接测量锻件尺寸，如 20MN 液压机，位移测量传感器安装在回程缸中，测量的是

液压机下横梁与固定梁的相对位置。在锻造力较小的情况下，下砧与移动工作台、机架等变形小，如以下砧面为基准，检测的位移基本是上下砧面的距离。但液压机的工作台、机架等刚度无法做到足够大，在锻造力的作用下会产生一定的弹性变形。由于锻造时每次压下行程的锻造力是变化的，因此，每次压下行程的弹性变形量也不同。

通过测量获得压力与主机机械结构变形的关系，在实际锻造过程中，利用液压系统中的主缸压力传感器检测每次压下的压力，自动进行变形修正，消除机械结构弹性变形对锻件尺寸精度的影响。

2）FC240：液压机阀 H（液压机手动控制时主泵泵头阀控制程序）。在液压机动作过程中，液压系统中控制液压机运动的液压阀随手动主令手柄状态或自动控制循环状态动作，主泵的泵头控制阀也需根据设定条件动作。液压机液压系统中主泵电动机在机组起动后一直空载运行，在控制系统需要某一主泵参与工作时，该主泵的泵头控制阀得电，泵输出压力油到系统中。

20MN 快速锻造液压机主泵采用 5 台 500mL/r 排量的定量液压泵，无法通过液压泵进行流量调节，为了减少液压系统流量突变造成的冲击振动，主泵投入或退出工作时采取了一定的延时，即每台主泵的投入或退出都间隔一定时间，使系统中的流量按梯度逐渐增加或减小。图 5-40 所示为液压机手动控制时泵头控制阀控制程序（部分）。

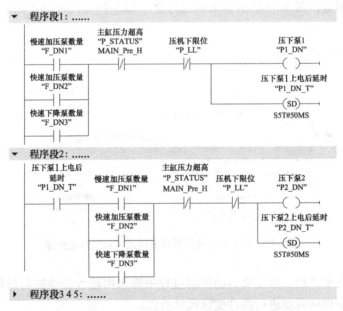

图 5-40　液压机手动控制时泵头控制阀控制程序（部分）

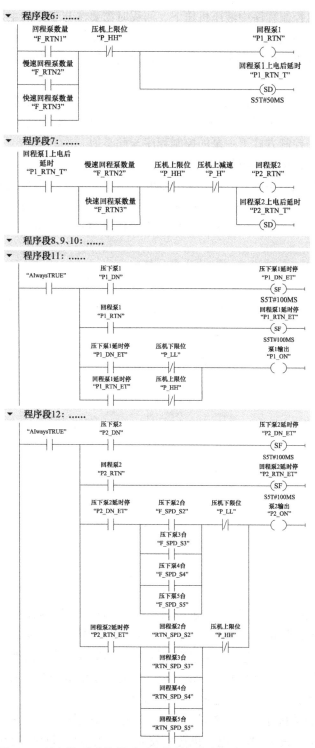

图 5-40 液压机手动控制时泵头控制阀控制程序（部分）（续）

根据液压机控制程序中液压机压下、回程时需要参与工作的主泵台数，确定不同主泵投入的时间间隔，程序中压下、回程时主泵投入的时间间隔为50ms。参与工作的主泵在退出工作状态时也按顺序逐台退出，程序中主泵退出工作状态的时间间隔为100ms。

上述程序中主泵的输出信号不具体针对某一主泵，在最后进行控制信号输出时，根据控制系统所选择的具体参与工作的主泵序号，输出到对应的主泵控制阀上。液压机自动控制方式下主泵的控制程序与此类似。

2. 200kN 锻造操作机控制软件

操作机控制软件由西门子 STEP7 软件开发，控制软件根据功能按模块编制，主要控制模块在 OB1 主控循环程序中执行，操作机位置控制及联动实现等在 10ms 定时循环中断 OB35 中运行，图 5-41 所示为操作机控制程序组成。

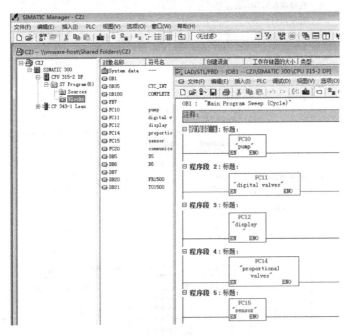

图 5-41　操作机控制程序组成

1）FC10：操作机液压泵电动机控制。液压泵电动机控制程序完成操作机液压泵电动机的起动、停止及联锁控制。当液压泵电动机起动时，必须先起动供液液压泵，等待供液液压泵正常运行，供液液压泵输出油液在设定压力范围内时才能起动其他液压泵，停止时先停其他液压泵，最后延时停供液液压泵，避免其他液压泵吸空，如停止供液液压泵，则其他液压泵立即停止。

在 200kN 锻造操作机中，旋转液压泵与平升液压泵驱动电动机功率 90kW、行走液压泵驱动电动机 75kW，电动机功率较大，一般不采用直接起动方式。本控制系统采用软启动器进行电动机起动。为降低成本，使用一台软启动器完成两台电动机的起动控制，控制电路如图 5-42 所示。

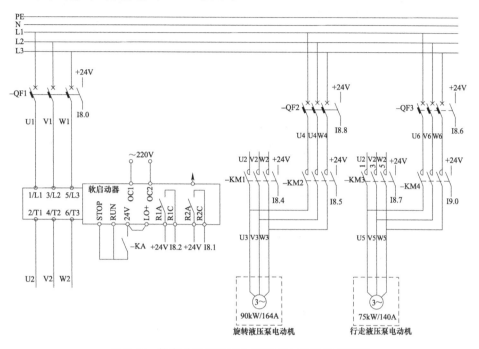

图 5-42 软启动器控制两个液压泵电动机起动原理

　　软启动控制器电源由断路器 QF1 控制，控制系统通过 QF1 的辅助触点信号判断其上电状态。通过继电器 KA 的触点信号控制软启动器运行或停止，软启动器的起动完成与故障信号接入到控制系统中。

　　软启动控制一次只能进行一个电动机的起动控制，在电气连接上两个电动机需要隔开，同时在程序中需进行联锁控制。图中断路器 QF2 控制旋转液压泵电动机工作电源，接触器 KM1、KM2 分别控制旋转液压泵电动机的起动及运行，接触器 KM1、KM2 分别通过对应的继电器进行控制。当旋转液压泵电动机起动时，控制系统使接触器 KM1 吸合，旋转液压泵电动机与软启动器连接，控制软起动器运行，旋转液压泵电动机开始起动；当软启动器达到设定的启动速度后，向控制系统输出起动完成信号，控制系统使 KM1 断开、KM2 吸合，旋转液压泵电动机起动完成，软起动器暂停运行，电动机正常运行。

　　图 5-43 所示为操作机旋转液压泵电动机起动及运行程序。当旋转液压泵电动机起动时，所有联锁条件都需满足：旋转液压泵电动机及行走液压泵电动机不能在起动状态、液压系统中的液位及油温等条件正常、软启动器上电且没有故障发生、供液液压泵正常运行、操作机没有进行动作等条件同时满足，在起动按钮控制下，控制旋转液压泵电动机起动接触器 KM1 工作的继电器 CP23_START_KA 动作，使

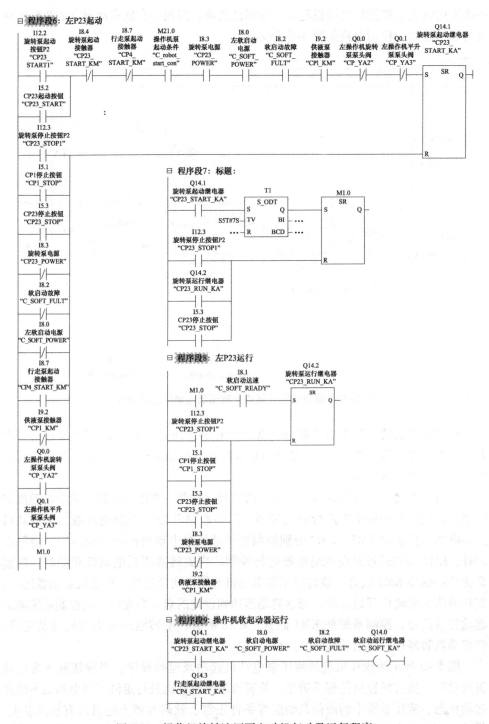

图 5-43 操作机旋转液压泵电动机起动及运行程序

起动接触器 KM1 吸合；同时，软启动器的控制运行继电器 C_SOFT_KA 吸合，软启动器开始旋转液压泵电动机的起动过程。

根据电动机功率及软启动器设定参数，旋转液压泵电动机的起动过程控制在 7s 内。在软启动器起动运行 7s 后，断开起动接触器，停止软启动器运行，同时判断软启动器是否输出起动完成信号（达到运行速度），如检测到起动完成信号，则控制旋转液压泵电动机的运行接触器吸合，电动机转入正常运行，否则会向控制系统传递旋转液压泵电动机起动故障信号。

2）FC11：开关阀控制。根据操作台上的操作机控制手柄、脚踏开关及相关控制命令，控制对应的电磁（液）控制换向阀工作，使操作机的执行机构进行相应的动作。

3）FC14：比例阀控制。比例阀控制程序在 10ms 定时循环中断 OB35 中执行。操作机车体行走、夹钳旋转等采用比例换向阀控制，可以手动、半自动、自动控制操作机的行走及旋转动作，并且根据命令与液压机联动。图 5-44 所示为 200kN 操作机车体行走控制比例阀的输出控制程序。

当操作机手动时，根据操作机车体行走控制手柄的电位器信号控制行走比例阀；当操作机半自动时，根据给定的速度控制行走比例阀；当操作机自动时，根据给定的位移值进行闭环控制行走比例阀。操作机手动电位器信号可根据操作机行走响应特性进行处理。手动及半自动控制时采用双向斜坡处理程序，车体行走比例阀控制信号平稳过渡，使操作机的行走动作平稳。

4）FB7：联动及闭环控制。联动及闭环控制程序在 10ms 定时循环中断 OB35 中执行。操作机联动控制有两种控制方式：一种是液压机优先，另一种是操作机优先，如图 5-45 所示。

液压机优先方式：液压机按锻造道次中设定的参数自动连续进行动作循环，在液压机卸压完成后开始回程时，发送允许操作机联动动作信号给操作机；当液压机向下运动，接近锻件坯料时，发送禁止操作机联动动作信号给操作机。操作机在液压机给定的时间节拍内进行车体行走、夹钳旋转位置闭环控制动作，在液压机给定的联动时间节拍结束时，即使操作机的自动闭环位置控制动作没有完成，操作机也会立即停止相应的自动动作。

操作机优先方式：液压机按锻造道次中设定的参数自动运行，但液压机完成一个动作行程，回程到上停点时，需等待操作机正在执行的自动动作完成后才能进行下一动作循环。

在两种联动方式中，液压机优先方式不需要等待操作机动作完成，进行联动控制时机组的运行频次高，实际生产中多采用液压机优先联动方式。

图 5-46 所示为液压机优先联动方式下操作机车体行走控制程序简图，程序采用 Step7 SCL 语言编写。当液压机自动运行时，操作机在液压机给定的时间节拍内执行自动行走动作。液压机每进行一次动作循环，操作机就执行一次自动行走动

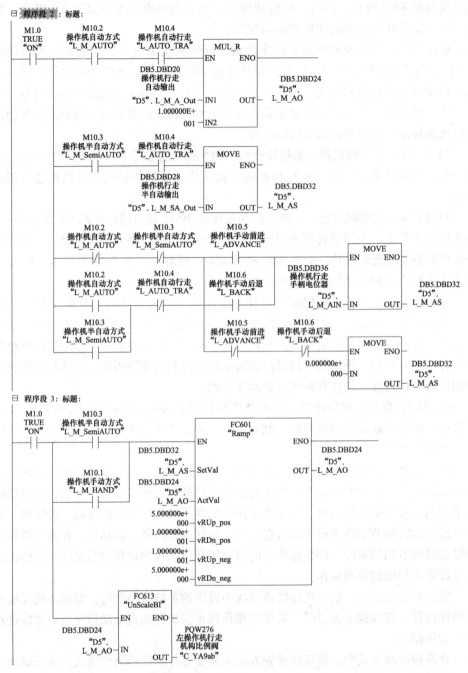

图 5-44 200kN 操作机车体行走控制比例阀的输出控制程序

作。操作机在液压机给定的开始时刻起动自动行走动作，在自动行走位移完成或液压机联动节拍信号消失时停止自动行走动作。

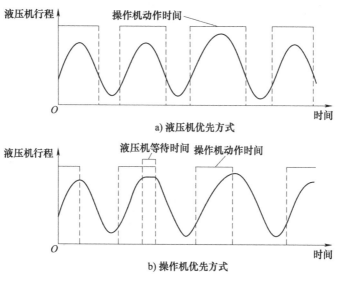

图 5-45　液压机与操作机联动方式

在操作机车体行走液压回路中，采用一个电液比例换向阀控制液压马达实现行走，液压系统本身为滞后惯性环节，图 5-46 中进行操作机车体行走位置闭环控制时，采用 PD 调节算法进行行走位置控制。

3. 人机界面操作软件

人机界面操作软件用来设定、修改、保存锻造道次数据，以及实时动态显示液压机、操作机的位移、压力、温度等主要参数，为操作人员提供方便。图 5-47 所示为 20MN 快速锻造液压机组操作人机界面，采用 Portal WinCC 组态。

监控软件动态显示机组液压系统的工作状态。根据液压系统中液压泵、控制阀门、传感检测元件信号及控制输出信号，动态显示液压系统各元件的状态、数值及液压油路的工作状态。图 5-48 所示为 20MN 快锻液压机液压系统原理的监控界面，图 5-48 中液压机位置、液压泵电动机状态、泵的输出压力、工作液压缸压力、过滤器状态及油箱温度、液位等按液压系统的实际组成位置进行显示，液压系统阀门的工作位置根据其工作状态进行切换，各种油路的连通状态根据对应的控制元件进行动态变化，液压系统中所有的输入/输出信号均显示在相关元件旁边。图 5-49 所示为 200kN 锻造操作机液压系统原理的监控界面。

控制系统的管理软件记录、管理机组锻造生产过程中的各种工艺参数，并传送到工厂管理计算机，同时接收管理部门下达的生产计划等。

20MN 快速锻造液压机组需记录、管理的工艺参数有机组运行时各种压力、位置参数，锻件开始/结束的锻造时间、锻造道次序号、每个锻造道次实际的压下量和锻造尺寸、锻造过程中操作机的送进量/旋转量、锻造道次中锻件的表面温度等。

```
DB5.TRA_S := L_TRA_S / 4096.0 * 1028  - DB20.M_ZERO; //大车行走位移
IF DB20.M_CLEAR THEN    //大车行走位置清零;
    DB5.TRA_Zero_Pos := DB5.TRA_S;
    DB20.M_CLEAR     := 0;
END_IF;
DB5.M_TRA_S := DB5.TRA_S - DB5.TRA_Zero_Pos;//大车行走清零后的位移值
//操作机急停,或手动前进,或手动后退,或压机在手动动作
IF DB6.MEstop OR L_ADVANCE OR L_BACK OR P_Stop = 0 THEN
    DB6.Auto_Move := 0; //大车自动停止
ELSIF L_A_Advance = 0 AND L_A_Back = 0 THEN // 大车自动前进或后退
    DB6.Auto_Move := 1; //大车自动运行
END_IF;
IF DB20.FORGING_DOWN  AND DB20.F_UNION THEN //联动方式下压机禁止操作机自动
    DB6.Auto_Move1 := 0;
ELSIF DB20.FORGING_UP AND DB20.F_UNION THEN //联动方式下压机允许操作机自动
    DB6.Auto_Move1 := 1;
END_IF;

IF (L_A_Advance OR L_A_Back) AND DB6.Auto_Move2 = 0 AND DB6.Auto_Move1 THEN
    DB6.Auto_Move2 := 1; //开始一个新的自动行走过程
    IF L_A_Advance THEN    //设置大车行走的位置参数
        DB5.TRA_S_Ctrl := DB5.M_TRA_S - DB20.Ctrl_Move;//当前位置 - 设定步距
    ELSE
        DB5.TRA_S_Ctrl := DB5.M_TRA_S + DB20.Ctrl_Move;//当前位置 + 设定步距
    END_IF;
ELSIF L_A_Advance = 0 AND L_A_Back = 0 THEN //停止操作机自动
    DB6.Auto_Move2 := 0;
END_IF;

IF P_Stop = 0 AND DB20.F_UNION AND DB6.Auto_Move AND (L_A_Advance OR L_A_Back) THEN
    L_M_AUTO := 1; L_M_SemiAUTO := 0; L_M_HAND := 0;
    IF DB6.Auto_Move2 AND DB20.FORGING_UP THEN
        DB5.L_M_e0 := DB5.TRA_S_Ctrl - DB5.M_TRA_S;//当前位置与目标位置偏差
        IF DB5.L_M_e0 <= DB6.M_err AND DB5.L_M_e0 >= - DB6.M_err THEN //偏差在误差范围内
            DB6.Auto_Move := 0; DB6.Auto_Move2 := 0; DB6.Auto_Move3 := 1;
            L_AUTO_TRA    := 0;
        ELSE // PD算法计算输出值 Kp:比例系数 Kd:微分系数
            DB5.L_M_A_Out := DB5.L_M_e0 * (1 + DB5.L_M_Kd) - DB5.L_M_e1 * DB5.L_M_Kd;
            DB5.L_M_e1    := DB5.L_M_e0; //保存偏差值
            DB5.L_M_A_Out := DB5.L_M_A_Out * DB5.L_M_Kp;  //大车自动行走输出值
            ...//死区处理;量程处理
            L_AUTO_TRA" := 1;  //正在自动行走
        END_IF;
    ELSE
        DB6.Auto_Move := 0;  L_AUTO_TRA" := 0;
    END_IF;
END_IF;
```

图 5-46   液压机优先联动方式下操作机车体行走控制程序

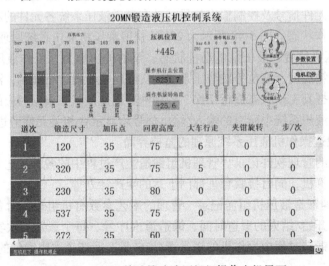

图 5-47   20MN 快速锻造液压机组操作人机界面

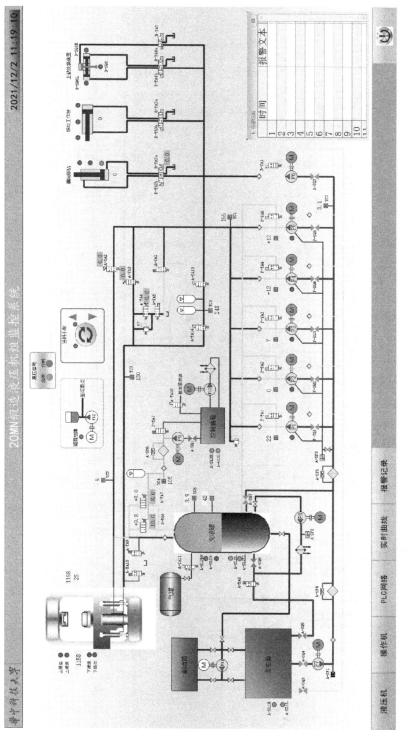

图 5-48 20MN 快速锻造液压系统原理的监控界面

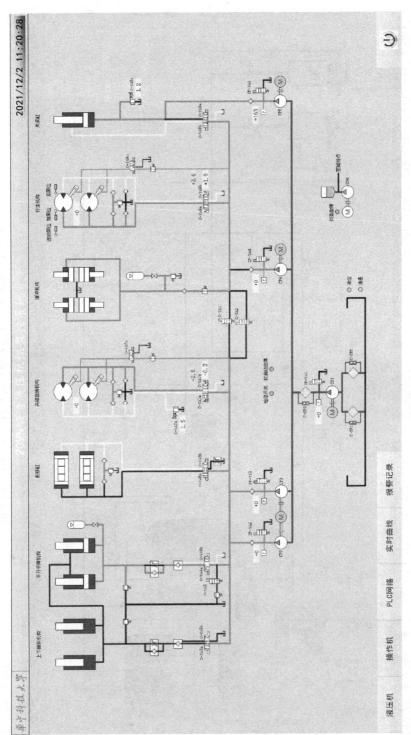

图 5-49　200kN 锻造操作机液压系统原理的监控界面

第6章

辅助机械

在快速锻造液压机组生产过程中,需要装取料机、送料回转车等辅助机械协同操作,以实现锻件坯料从加热炉取出,送至操作机夹持,以及生产过程中锻件掉头、重新回炉、锻造完毕后锻件送出等动作。常用的辅助机械有无轨装取料机、有轨装取料机、送料回转车、升降回转台及无轨锻造操作机等,实际生产中根据需要进行配置。

6.1 无轨装取料机

无轨装取料机在锻造生产现场运输冷热工件,自由行走。无轨装取料机有两种:一种是利用叉车进行改装的无轨装取料机,承载能力有限,多用于模锻或小型自由锻件生产;另一种是专门设计制造的装取料机,采用柴油发动机驱动液压泵进行工作,后轮驱动及操纵,夹持机构可以平行提升和下降、向上向下倾斜等,承载能力大,运动速度块,快速锻造液压机组上多应用此类无轨装取料机。

6.1.1 组成

无轨装取料机采用轮式结构,由柴油发动机全液压传动,后轮驱动和转向、前轮制动。夹钳提升机构采用平行四连杆结构,可实现夹钳平行升降和上下倾斜。无轨装取料机可分为车身、工作部分、驾驶室、发动机、驱动转向、前轮、电气系统、液压系统等,主要组成如图6-1、图6-2所示。

1) 车身。支承整个车体,并集成了液压油箱,柴油箱等部分。

2) 工作部分。由提升机构及夹钳张合部分组成,实现夹钳的升降、倾斜、夹紧(及夹钳旋转)动作。

3) 驾驶室。一人人工操作,包括座椅、操纵手柄、方向盘、报警指示灯、压力表、急停开关、点火开关等。

4) 发动机。采用柴油发动机提供整车所有动力。

5) 驱动及转向。采用后轮驱动及转向,控制无轨装取料机前进、后退及行走方向。

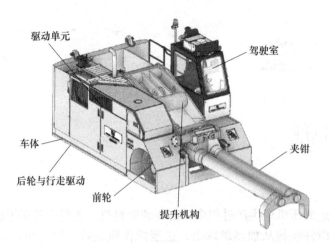

图 6-1 旋转夹紧式无轨装取料机

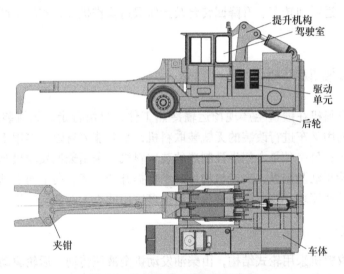

图 6-2 拉杆夹紧式无轨装取料机

6) 前轮。前轮无动力行走，带盘式制动器。

7) 电气系统。柴油发动机带动发电机给电瓶和整车供电，并实现液压系统的相关控制。

8) 液压系统。为装取料机的所有动作提供动力。

6.1.2 技术参数

表 6-1 列出了三种规格无轨装取料机技术参数，其中 DDS 120kN 无轨装取料机采用旋转夹紧式结构，GLAMA 100kN、国产 60kN 装取料机采用拉杆式夹紧结构，三种装取料机中，国产 60kN 装取料机具有夹钳旋转功能。

表 6-1 三种规格无轨装取料机技术参数

序号	项目		数值		
			DDS 120kN	GLAMA 100kN	国产 60kN
1	前轮力矩/kN·m		567.6	455	300
2	车体/mm	长	9849	9015	8800
3		宽	3510	2890	2450
4		高	4291	3000	3300
5	夹具中心到车前部距离/mm		4000	4000	4000
6	夹钳距地面高度/mm	最低	1000	1000	800
7		最高	3600	3600	2500
8	夹钳倾斜/(°)	向上	10	10	10
9		向下	10	10	10
10	后轮转向半径/mm		5054	4200	4100
11	夹钳开口/mm	最小	87	70	
12		最大	1220	1250	
13	夹钳提升/下降速度/(mm/s)		0~200	0~150	0~150
14	夹钳倾斜速度/[(°)/s]	向上	0~2	0~3	0~3
15		向下	0~2	0~3	0~3
16	夹钳开/闭时间/s	开	6	6	6
17		合	10	8	6
18	行走速度/(m/min)		0~150	0~160	0~160
19	夹钳旋转角度/(°)				360°连续
20	夹钳旋转速度/(r/min)				0~5
21	轴载荷/kg	无负荷前/后	22000/34000	15200/20800	
22		载荷时前/后	54400/13600	39000/7000	
23	稳定力矩/kN·m		1082	686	
24	稳定系数		>1.7	1.51	
25	柴油发动机输出功率/kW		179	130	120
26	质量/kg		56000	36000	

6.1.3 机械结构

无轨装取料机车体采用钢板焊接结构，配有两个前轮和两个后轮，四轮行走，后轮驱动和转向。夹钳可以进行平行提升和倾斜动作。采用柴油发动机驱动液压泵，液压系统全封闭式运行，柴油机油箱和液压油箱也分别设置在车体框架内。

1. 夹钳

夹钳是无轨装取料机抓取坯料的工具,由平行连杆提升机构悬挂在车体框架内,通过夹紧液压缸实现夹钳的张开与闭合。无轨装取料机常用的夹钳结构形式有两种。

图 6-3 所示为通过夹紧液压缸 2 使夹钳臂 3 旋转,夹钳夹紧及张开的夹钳结构。夹钳臂 3 由二根无缝钢管构成,前端焊有耐高温钢制成的夹爪 1。夹钳的张开与闭合由夹钳顶部液压缸 2 驱动夹钳臂 3 转动实现。

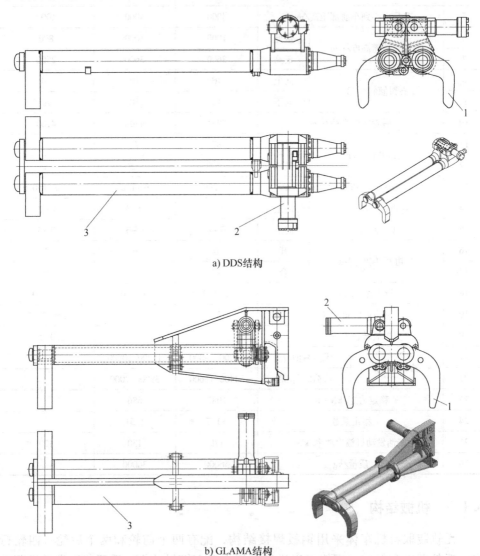

a) DDS结构

b) GLAMA结构

图 6-3　夹钳旋转夹紧及张开的夹钳结构
1—夹爪　2—夹紧液压缸　3—夹钳臂

图 6-4 所示为采用夹紧液压缸驱动拉杆动作，实现夹钳夹紧及张开的夹钳结构。夹钳由夹紧液压缸 5、拉杆 3、过渡接头、销轴、钳壳、钳口臂 2、钳口 1 等组成，通过拉杆拉动钳口臂，实现夹钳的夹持与张开。

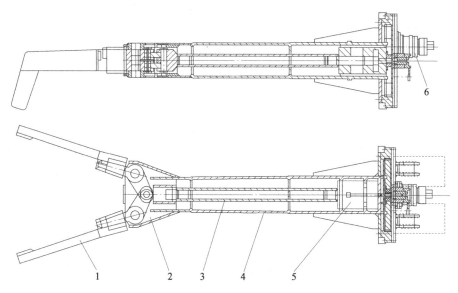

图 6-4 夹钳拉杆夹紧及张开的夹钳结构

1—钳口 2—钳口臂 3—拉杆 4—夹钳壳 5—夹紧液压缸 6—夹钳旋转液压马达

图 6-4 所示的夹钳还配有夹钳旋转机构，夹钳、旋转装置、液压马达、回转支承安装在固定面板上，用螺栓与提升机构连接，通过液压马达的小齿轮驱动回转支承实现夹钳旋转。

2. 提升机构

夹钳提升机构为平行四连杆结构，如图 6-5 所示。提升机构一端固定在车体框架 1 上，另一端与夹钳部件 5 相连。通过一个升降液压缸 2 使平行四连杆机构摆

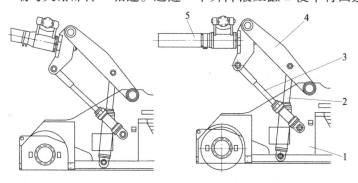

图 6-5 提升机构结构 1

1—车体框架 2—平行升降液压缸 3—倾斜液压缸 4—连杆 5—夹钳部件

动，实现夹钳的平行升降动作。通过两个左右对称安装的倾斜液压缸3驱动平行四连杆机构摆动，实现夹钳的上下倾斜动作。

图6-6所示为另一种结构形式的提升机构结构，倾斜液压缸2安装在车体框架1后部，平行四连杆机构的前端部位既可直接安装夹钳部件，也可安装夹钳旋转装置及夹钳部件。

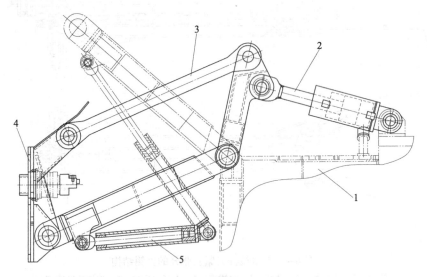

图6-6　提升机构结构2

1—车体框架　2—倾斜液压缸　3—连杆　4—夹钳连接部件　5—平行升降液压缸

3. 行走机构

行走机构的车轮为钢制轮毂与耐磨橡胶组成的合成车轮，车体前部左、右各有一套，便于承载；车体后部中心有两套，用于控制车体行走方向。采用低速大转矩液压马达直接驱动后轮。在车体的两个前轮上分别装有标准制动装置，以实现车体行走制动。

后轮回转盘上装有一个回转支承，采用液压马达带动回转小齿轮转动，驱动回转盘及后轮转向，以实现车体行走时的转向。

图6-7所示为前轮结构。前轮由两个带钢带的合成轮胎组成，钢带被压在相应的轮辋上，车轮固定在轮毂上，轮毂通过圆锥滚子轴承支撑在车轴上。前轮从动运行，配有制动，液压和机械驱动的盘式制动器集成在每个前轮中。

无轨装取料机的行走及转向由后轮组通过液压马达驱动实现，其组成原理及结构如图6-8所示。

两个后轮6安装在回转支座4上，分别通过法兰连接两个行走液压马达7，液压马达上带有油压式多片制动器用于停车制动，控制系统使用踏板控制行走速度及方向（前进、后退）。

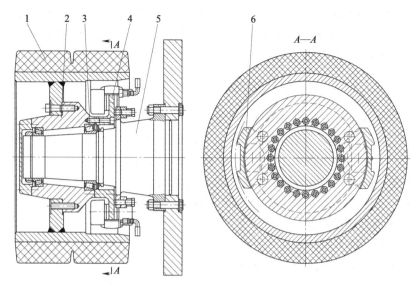

图 6-7　前轮结构

1—实心橡胶轮胎　2—轮毂　3—滚子轴承　4—制动盘　5—车轴　6—制动器

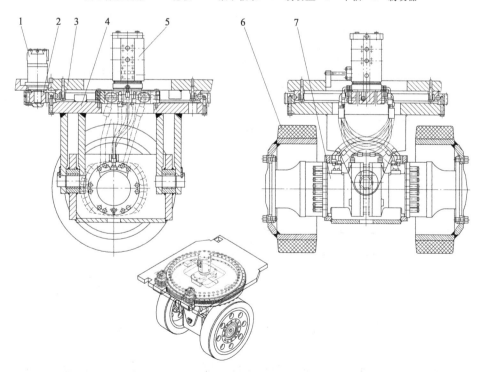

图 6-8　后轮行走驱动及转向

1—转向液压马达　2—小齿轮　3—回转支承　4—回转支座
5—旋转接头　6—后轮　7—行走液压马达

车体的转向由转向液压马达 1 驱动，转向液压马达 1 安装在回转支承 3 上，通过小齿轮 2 直接驱动回转支座 4 的轮缘，回转支座带动后轮旋转。后轮可向两侧旋转 90°，这样可使机器在最小回转半径范围内旋转，并以前轮轴/机器轴为中心转圈。

6.1.4 DDS 120kN 液压控制原理

无轨装取料机的所有动力来自于柴油发动机，由柴油发动机驱动液压泵将机械能转换为液体的压力能，再由液压马达、液压缸实现各种动作；通过各种换向阀、先导式助力手柄、转向器（方向盘）、脚踏开关等完成各种动作的控制。

不同制造厂家的无轨装取料机液压系统配置有差别，但实现的功能基本相同，下面以 DDS 120kN 装取料机（2018 年）为例介绍其液压控制原理。

1. 行走控制液压原理

无轨装取料机采用四轮行走，两个后轮分别由液压马达驱动，并带有停车制动器；两个前轮从动行走，带有液压抱闸制动，以实现行走过程中的制动。

图 6-9 所示为 DDS 120kN 装取料机行走控制液压回路原理。

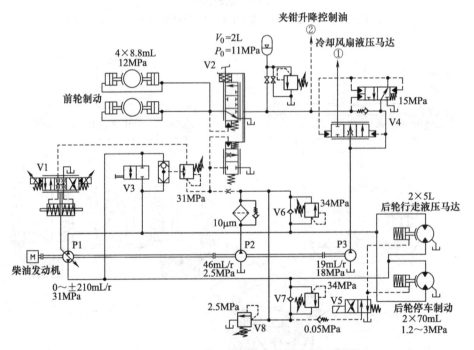

图 6-9　DDS 120kN 装取料机行走控制液压回路原理

P3 泵通过液控阀组 V4 自动维持控制油蓄能器（行走制动、夹钳动作控制油）压力在调定范围，当蓄能器压力低于调定压力时，液控阀组 V4 主阀处于左位关闭，P3 泵对蓄能器补油；当蓄能器压力高于调定压力时，V4 主阀切换到右位，P3 泵输出的油液为驱动冷却风扇工作的液压马达提供动力。

行走驱动采用闭式液压回路，P1泵为闭式循环双向工作变量泵，通过控制P1泵的输出流量及方向来控制行走液压马达的旋转速度与方向，从而控制无轨装取料机的行走速度及前进或后退方向。阀V8为行走闭式回路的背压阀，P2泵为闭式回路补液泵，单向溢流阀组V6、V7为工作回路的安全阀。

阀V5为行走液压马达停车制动控制阀，行走时得电，停车制动器打开，以实现驻车制动功能。

阀V1为行走方向及速度控制比例伺服阀，通过脚踏开关（油门踏板）调节双向变量泵的输出。

阀V2为行走制动控制阀，通过脚踏制动开关（制动踏板）控制，当制动踏板踩下时，阀V2逐渐切换到上位，P3泵及控制蓄能器压力油进入制动器，实现行走制动。在行走制动的同时，制动阀V2的下部液动阀切换到上位，阀V1控制油回油箱，P1泵回中位、停止输出压力油，行走液压马达停止行走。

阀V3用于行走紧急停止，阀V3动作，行走液压马达闭式回路两腔油路直接相通，液压马达两腔无压差，行走液压马达停止旋转。

2. 转向控制液压原理

无轨装取料机通过转向器控制转向液压马达旋转，驱动后轮转向，图6-10所示为DDS 120kN装取料机转向及冷却控制液压原理。

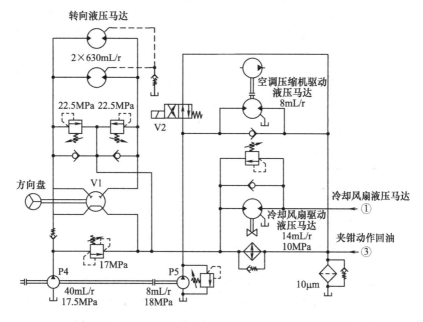

图6-10 DDS 120kN装取料机转向及冷却控制液压原理

图6-10中P5泵为驱动空调压缩机工作的液压马达提供动力，通过阀V2进行控制。

P4 泵为行走转向控制提供动力，并进行油液循环冷却。当行走过程中需要转向时，操作方向盘使转向器工作，转向液压马达驱动后轮回转支座转动，实现行走转向；当不需要转向时，P4 泵输出油液直接进入冷却器，由冷却风扇对油液进行冷却。

系统中除行走闭式回路工作液压泵 P1、P2，其他所有液压泵输出的油液都经回油过滤器进行过滤。

3. 夹钳控制液压原理

夹钳由提升机构进行平行升降及上下倾斜动作，由夹紧液压缸实现钳口的夹紧与张开。图 6-11 所示为 DDS 120kN 装取料机夹钳控制液压原理。

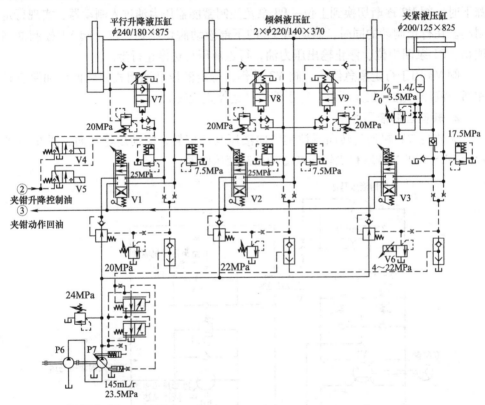

图 6-11　DDS 120kN 装取料机夹钳控制液压原理

钳杆由平行四连杆机构驱动，通过一个液压缸进行平行升降操作，一对液压缸实现倾斜操作。向上水平提升、向上倾斜均通过液压缸无杆腔供压。提升和倾斜控制由伺服比例液压阀控制。

泵 P6 为变量泵 P7 供液，泵 P7 变量机构的控制油液采用三组梭阀串联在一起，由升降、倾斜、夹紧任一动作的压力控制。当没有动作时，工作在低压力输出状态，当有动作时，输出压力随负载变化。

伺服比例阀 V1、V2 分别控制平行升降、上下倾斜液压缸的动作及速度，液动阀 V7、V8 及 V9 内带单向阀，确保升降液压缸、倾斜液压缸无杆腔可靠关闭，保证夹钳在夹持坯料时能可靠停在空中，阀 V4、V5 分别控制液动阀 V7、V8 与 V9 的控制油。

当平行升降及倾斜液压缸不动作时：液动阀控制油通油箱，液动阀处于上位，液压缸依靠液动阀中单向阀可靠关闭。

液压缸进行向上动作：液动阀控制油通油箱，压力油推开液动阀上位中单向阀进入液压缸下腔，实现向上动作。

液压缸进行向下动作：液动阀控制油接通，液动阀工作在下位，压力油进入液压缸上腔，液压缸下腔排油，实现向下动作。

伺服比例阀 V3 控制夹钳的夹紧及张开动作与速度，采用液控单向阀进行夹紧液压缸锁紧，并由蓄能器实现夹紧保压。比例溢流阀 V6 调节夹钳的夹紧压力。

6.2 有轨装取料机

有轨装取料机沿轨道行驶，用于箱式加热炉/热处理炉的装出料作业，适合多种形状坯料或锻件的拾取与装/出炉，用来提高加热炉和快速锻造液压机组的生产率。

有轨装取料机采用全液压传动形式，具有大车行走、小车行走、台架回转、钳杆平行升降、钳杆倾斜、钳杆伸缩、夹钳夹紧、夹钳翻转等多个动作。

6.2.1 组成

有轨装取料机组成如图 6-12 所示，具体分为以下几部分：

1）大车部分。驱动车体沿轨道前进或后退。

2）小车部分。安装在大车上，带动装取料机的其他部分在大车上沿大车行走垂直方向前进或后退。

3）回转部分。安装在小车面板上，驱动钳杆台架沿回转支座正反向旋转，实现夹钳夹持工件时的回转动作。

4）提升机构。安装在钳杆台架上，实现钳杆的水平升降或上下倾斜动作。

5）钳杆伸缩部分。驱动钳杆部分在钳杆台架中运动，实现夹钳的伸出或缩回动作。

6）夹钳翻转部分。驱动夹钳钳口正、反向转动。

7）夹钳。实现夹钳夹爪的夹紧与张开动作。

8）液压系统。由油箱、液压泵、液压泵电动机、液压管路、换向阀、回油过滤器、夹紧保压蓄能器等组成，为机器各部分提供动力。

9）电气系统。由电气柜（PLC、接触器、断路器、熔断器等）、驾驶室、操

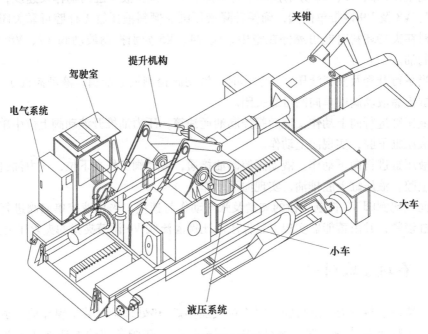

图 6-12　有轨装取料机组成

作台、座椅等组成。驾驶室安装在回转底板上，所有操作手柄、按钮等全部安装在驾驶室操作台上。

有轨装取料机电源由车间供给，通过供电拖链引入电气柜。

6.2.2　技术参数

有轨装取料机的制造厂家较多，表 6-2 列出了国产三种规格有轨装取料机技术参数。

表 6-2　三种规格有轨装取料机技术参数

序号	项目		数值		
			120kN	200kN	300kN
1	驱动形式		液压	液压	液压
2	出料方式		夹抱式	夹抱式	夹抱式
3	夹持轴类直径范围/mm		$\phi120\sim\phi1400$	$\phi180\sim\phi1350$	$\phi200\sim\phi2000$
4	夹钳水平高度/mm	最小	1500	2200	2600
5		最大	3000	4500	5200

（续）

序号	项目		数值		
			120kN	200kN	300kN
6	夹钳升降行程/mm		1500	1900	2200
7	小车行走行程/mm		4920	5800	6300
8	最大悬臂长度/mm			4800	5100
9	最大回转半径/mm			5500	6000
10	钳杆伸缩行程/mm		2000		4000
11	大车轨道中心距/mm		7000	8000	8000
12	推荐前轨距炉门距离/mm		1200	1500~2000	1500~2500
13	钳杆伸缩速度/(mm/s)		150		
14	小车回转速度/[(°)/min]		3.5	3	2.2
15	小车回转角度/(°)		±175	±175	±160
16	大车行走速度/(m/min)		40	35	35
17	小车行走速度/(m/min)		20	15	20
18	额定工作压力/MPa		20	16	16
19	外形尺寸/mm	长	11000	9500	10500
20		宽	4400	5000	5000
21		高	3100	3200	3600
22	大/小车行走方式		液压	液压	液压
23	装机功率/kW		55	75	90
24	液压油冷却方式		风冷	风冷	风冷
25	设备质量/kg			95000	120000

6.2.3 机械结构

有轨装取料机的机械结构需要满足承重、操作、行走等各种要求，现有的实现方法有很多，但其组成、工作原理基本相似。

1. 大车部分

车体由钢板焊接，焊后消除应力再整体加工，如图6-13所示。大车行走驱动装置由液压马达、减速器组成，由一对主动车轮组和一对从动车轮组构成行走机构，车轮采用导向车轮，在钢轨上行走。行走驱动装置的驱动部分安装在大车的同一边。小车行走导轨安装于大车内腔两侧上部及下部，小车驱动销齿条安装在大车底板上。

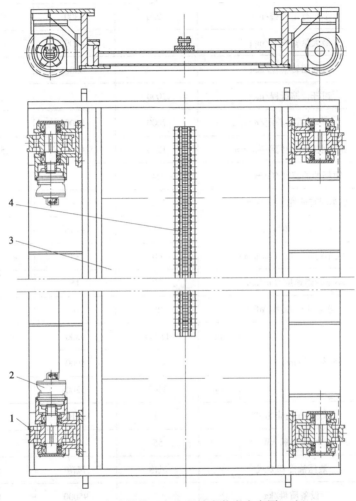

图 6-13　大车结构（行走驱动安装在大车同一边）
1—车轮　2—大车行走液压马达装置　3—车体　4—小车行走销齿条

　　图 6-13 中大车行走驱动装置安装在大车的同一侧，结构简单，但要求两个液压马达的动作同步。有轨装取料机也可将大车行走驱动装置安装在大车架的同一端（小吨位只装一组驱动装置），如图 6-14 所示，主/从动轮通过万向联轴器、传动轴进行传动，这种结构的行走驱动装置远离加热炉，两个行走液压马达也不要求严格同步。

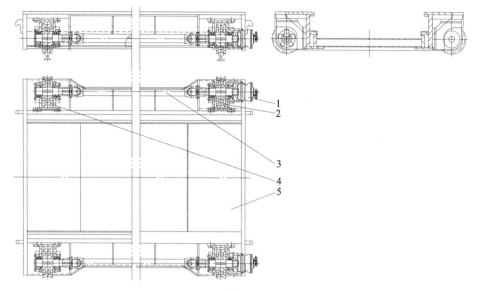

图 6-14　大车结构（行走驱动安装在远离加热炉的一端）

1—大车行走液压马达装置　2—主动轮　3—传动轴　4—从动轮　5—大车体

2. 小车部分

如图 6-15 所示，小车由车轮轴 1、小车车轮 2、小车面板 3、小车行走液压马达装置 6 等组成。小车行走减速器伸出轴安装链轮 5，与铺设在大车底板上的销齿条 4 啮合，驱动小车沿安装在大车盘内的导轨前后运动。车轮、车轮轴、安装座等共同构成小车的支承反倾覆机构，使 4 组车轮在大车架上下两导轨中间运动，从而避免了小车在运动时产生颠簸、倾覆现象，保证了整车运行的平稳性。

3. 台架及提升机构

图 6-16 所示为一种台架及提升机构结构。台架回转部分由台架回转液压马达装置 2、小齿轮、台架回转支承、台架底板等组成。回转支承的外齿圈 3 与小车面板等通过螺栓连接。台架回转液压马达装置 2 安装在台架底板 1 上，液压马达输出轴小齿轮与回转支承的外齿圈 3 啮合，当液压马达转动时，液压马达输出轴外伸端上的小齿轮一边自转一边环绕回转支承的外齿圈 3 公转，台架底板 1 便做回转运动，带动提升机构进行回转。

提升机构由升降液压缸 7、倾斜液压缸 11、上转臂 10、下转臂 8、钳杆架 6、拉杆 9 组成平行四连杆结构，安装在台架 4 上。通过两个倾斜液压缸 11 直接驱动上转臂 10 转动，通过拉杆 9、钳杆架 6，带动钳杆伸缩筒 5 一起转动，从而实现钳杆的倾斜动作。钳杆的升降动作通过两个升降液压缸 7 直接驱动下转臂 8 移动，带动钳杆伸缩筒 5 实现。

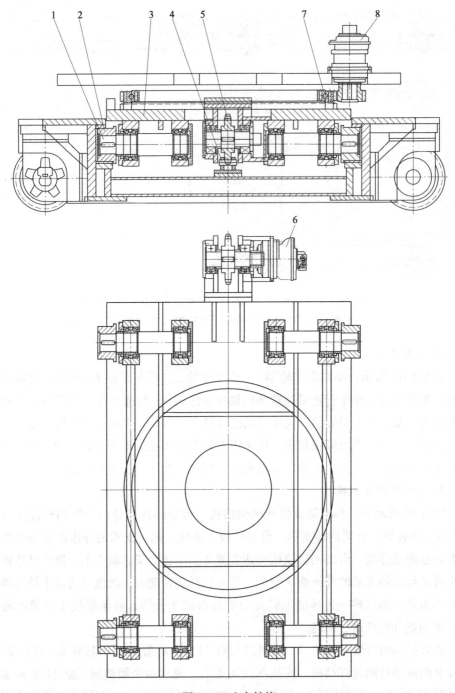

图 6-15 小车结构

1—车轮轴 2—小车车轮 3—小车面板 4—销齿条
5—链轮 6—小车行走液压马达装置 7—台架回转支承 8—台架回转液压马达装置

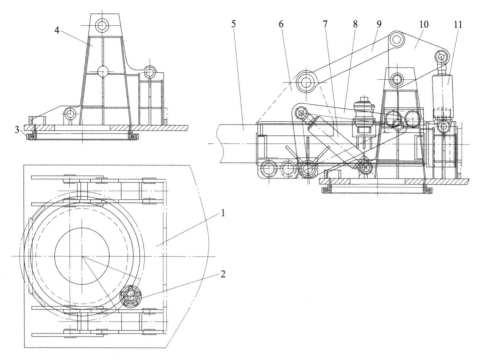

图 6-16 台架及提升机构结构

1—台架底板 2—台架回转液压马达装置 3—回转支承的外齿圈 4—台架 5—钳杆伸缩筒 6—钳杆架
7—升降液压缸 8—下转臂 9—拉杆 10—上转臂 11—倾斜液压缸

4. 钳杆架

钳杆架结构如图 6-17 所示。钳杆架外端为钳杆伸缩筒 1，由伸缩方筒、导向方筒、齿条 2 及钳杆伸缩筒驱动液压马达装置 12 等组成，通过伸缩筒驱动液压马达装置 12 的旋转，控制钳杆伸缩筒 1 伸出及缩回，从而控制夹钳钳杆的长度。

钳杆伸缩筒 1 内部装有空心轴 11，夹钳壳安装在空心轴 11 的伸出前端，控制空心轴的转动即实现夹钳的翻转。夹钳翻转部分由楔块、空心轴 11、方孔套、蜗轮蜗杆减速箱、液压马达等组成。夹钳壳通过楔块与空心轴 11 连接，空心轴 11、方孔套组焊成一体，旋转钳口翻转驱动液压马达装置 4 驱动蜗杆 9 和蜗轮 8 旋转，蜗轮 8 驱动空心轴 11，使空心轴 11 带动夹钳壳旋转，从而实现夹钳的转动。

空心轴 11 后端安装有夹紧液压缸 5，夹紧液压缸 5 的活塞杆通过螺纹与空心轴 11 内部的长拉杆 10 连接，拉杆 10 通过拉板与夹爪连接，当夹紧液压缸 5 无杆腔进油，活塞杆伸出，活塞杆推动拉杆 10 及拉板向前运动，夹爪向内夹紧工件，反之则松开。

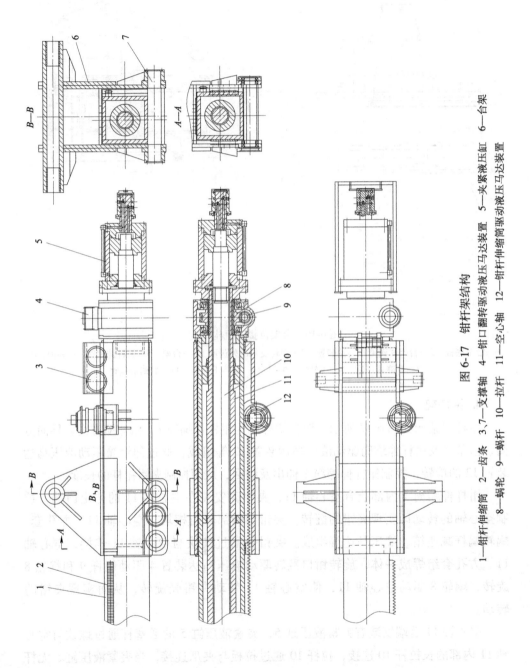

图 6-17　钳杆架结构

1—钳杆伸缩筒　2—齿条　3,7—支撑轴　4—钳口翻转驱动液压马达装置　5—夹紧液压缸　6—台架
8—蜗轮　9—蜗杆　10—拉杆　11—空心轴　12—钳杆伸缩筒驱动液压马达装置

5. 夹钳钳头

夹钳钳头由夹爪组件1、夹臂组件2、拉板3、夹紧滑块6等组成，如图6-18所示。夹紧滑块6由空心轴4内夹紧液压缸驱动的拉杆5带动工作，通过拉板3使夹臂组件2、夹爪组件1实现夹紧及张开动作。夹爪组件1可根据实际应用更换不同类型的夹爪。

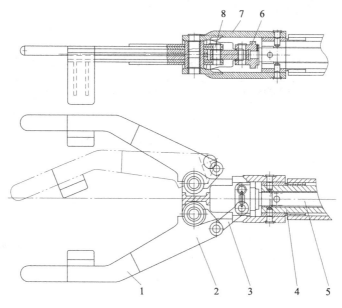

图6-18 夹钳钳头结构

1—夹爪组件 2—夹臂组件 3—拉板 4—空心轴
5—拉杆 6—夹紧滑块 7—夹钳壳 8—销轴

6.2.4 国产300kN液压控制原理

有轨装取料机采用全液压驱动，不同厂家、不同规格的机器其实现的动作基本相同，液压控制原理也基本类似，具体操作方式分为手动多路阀直接控制和PLC控制。

图6-19所示为300kN有轨装取料机的液压控制原理。

两台主泵P1、P2控制机器的不同动作，电磁卸荷阀YA1、YA2分别控制泵P1、P2工作，P3泵用于油液的循环冷却。大车行走及小车行走采用电液比例换向阀进行行走方向及速度控制，其他动作采用电液换向阀控制。夹钳夹紧采用蓄能器进行夹持保压。钳杆伸缩液压马达带制动器，进行伸缩动作时制动器通压力油打开。

其动作控制见表6-3。

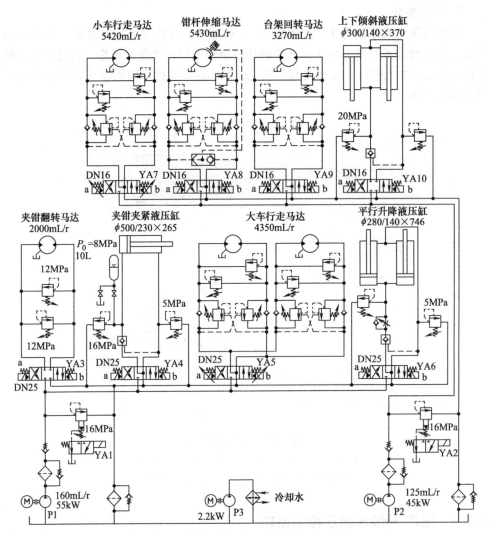

图 6-19　300kN 有轨装取料机液压控制原理

表 6-3　300kN 有轨装取料机液压系统动作表

动作		泵			电磁铁																	
		P1	P2	P3	YA1	YA2	YA3		YA4		YA5		YA6		YA7		YA8		YA9		YA10	
							a	b	a	b	a	b	a	b	a	b	a	b	a	b	a	b
夹钳翻转	正转	+	+	根据油温工作		+	+																
	反转	+	+			+		+															
夹钳夹持	张开	+	+			+			+														
	夹紧	+	+			+				+													

（续）

动作		泵			电磁铁																
		P1	P2	P3	YA1	YA2	YA3 a	YA3 b	YA4 a	YA4 b	YA5 a	YA5 b	YA6 a	YA6 b	YA7 a	YA7 b	YA8 a	YA8 b	YA9 a	YA9 b	YA10 a	YA10 b
大车行走	前进	+	+	根据油温工作	+						+											
	后退	+	+		+							+										
钳杆提升	下降	+	+		+								+									
	上升	+	+		+									+								
小车行走	前进	+	+			+									+							
	后退	+	+			+										+						
钳杆伸缩	缩回	+	+			+											+					
	伸出	+	+			+												+				
台架回转	右转	+	+			+													+			
	左转	+	+			+														+		
钳杆倾斜	上倾	+	+			+															+	
	下倾	+	+			+																+

6.3　送料回转车

送料回转车多用于连续加热炉出料，坯料在连续加热炉加热，推钢机将坯料从加热炉中推出，坯料下落到送料回转车上，然后将其运送至锻造操作机轨道中间，由锻造操作机夹持坯料后送至快速锻造液压机上进行锻造加工。送料回转车也用于锻造过程中锻件的掉头操作及车间天车对快速锻造液压机组的上、下料操作。

送料回转车可实现两个动作：行走及旋转。

送料回转车行驶时沿轨道运动，既可前进，也可后退；同时车上的料台可以进行左旋或右旋动作。送料回转车的行驶轨道与锻造操作机轨道垂直，其动作控制由操作人员在液压机操作台上通过操作手柄实现。

送料回转车的行走、旋转速度要求可控，多采用变频电动机带动减速器驱动，利用操作手柄的电位器作为控制变频器的输入信号，控制变频电动机的转速，从而实现车体行走及料台旋转的速度控制。

图 6-20 所示为 100kN 送料回转车结构，行走、旋转驱动装置由变频电动机、三角带、减速器、传动轴等组成。行走驱动减速器 1 的传动轴直接带动行走主动车轮 16 行走，并配有两组行走从动车轮 15 承重，行走车轮采用单边导向车轮。旋转驱动减速器 8 的传动轴通过小齿轮驱动支承台 10 下部连接的内啮合齿轮使之旋转，料台 4 通过碟簧组 5 支撑在支承台 10 上。

图 6-21 所示为 500kN 送料回转车结构，行走驱动采用两组主动车轮和两组从

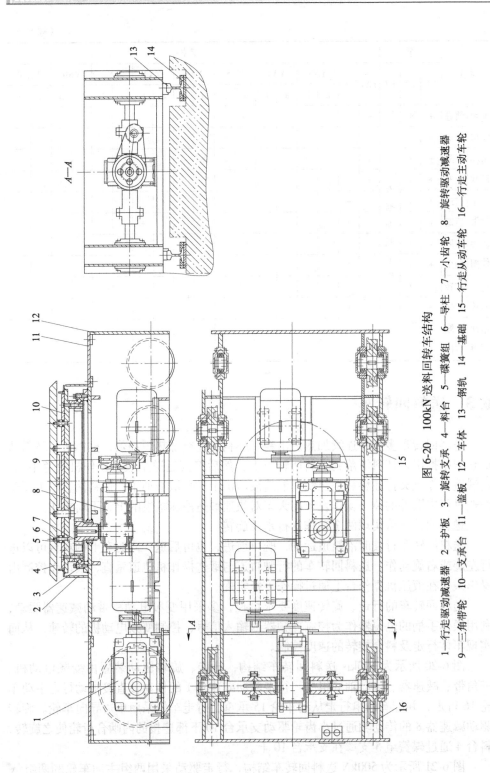

图 6-20 100kN 送料回转车结构

1—行走驱动减速器 2—护板 3—旋转支承 4—料台 5—碟簧组 6—导柱 7—小齿轮 8—旋转驱动减速器
9—三角带轮 10—支承台 11—盖板 12—车体 13—钢轨 14—基础 15—行走从动车轮 16—行走主动车轮

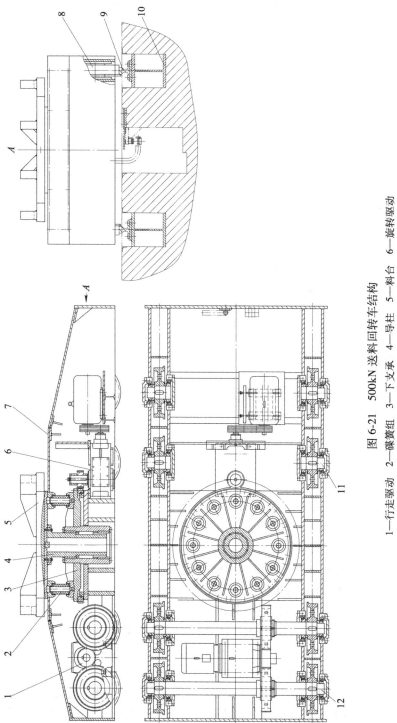

图 6-21 500kN 送料回转车结构

1—行走驱动 2—碟簧组 3—下支承 4—导柱 5—料台 6—旋转驱动
7—车架 8—车轮 9—钢轨 10—基础 11—行走从动轴 12—行走主动轴

动车轮，旋转驱动 6 通过小齿轮驱动下支承 3 旋转，料台 5 通过导柱 4 安装在下支承 3 中间，并通过碟簧组 2 支撑在下支承 3 上。

图 6-22 所示为采用施耐德变频器对送料回转车行走或旋转运动进行控制的原理，利用操作台上送料回转车操作手柄上的电位器，给变频器输入 0~10V 的电压信号，控制变频器的工作频率，同时，通过继电器 KA1、KA2 分别输出方向信号，控制变频器的运动方向，从而实现对送料回转车行走或旋转的运动速度和方向控制。

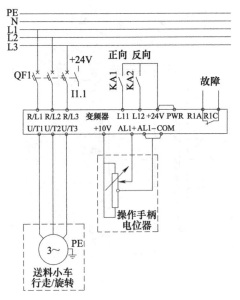

图 6-22　送料回转车行走/旋转变频控制原理

6.4　升降回转台

升降回转台用于快速锻造液压机组生产过程中坯料的掉头，或用于车间天车进行上下料。在由车间天车上料时，坯料由天车吊放到升降回转台上，再由锻造操作机夹持后进行生产，生产完毕的锻件也放在升降回转台上，由天车进行转运。

升降回转台安装在快速锻造液压机与锻造操作机之间，位于锻造操作机轨道内的地坑中，安装中心与操作机夹钳中心一致，采用液压缸、液压马达分别实现其升降、旋转动作。当进行上下料操作时，升降回转台上升，坯料上升到锻造操作机钳口中心高度，并根据需要进行旋转；当不工作时，升降回转台下降到地面以下，其上表面与锻造操作机轨道基础高度一致。

图 6-23 所示为一种中小吨位升降回转台结构。托架 6 安装在地坑基础中，升降回转台的部件均安装在托架 6 上。转台 1 固定在方筒组件 2 上，支承轴 3 通过双向推力轴承与方筒组件 2 连接在一起，转台 1 及方筒组件 2 可绕支承轴 3 转动。支承轴 3 下部通过压头与升降液压缸 5 活塞杆固定。升降液压缸下部进油，活塞杆伸出，通过支承轴 3 及双向推力轴承驱动方筒组件 2 及与其固定的转台 1 上升；升降液压缸 5 下部排油，转台 1 等下降。

方筒组件 2 外部为导向筒 4，导向筒 4 内部也为方形结构，与方筒组件 2 之间安装有导向滑板，升降时方筒组件 2 在导向筒内沿四面平面导向滑板运动。回转支承 9 安装在托架 6 上，回转支承 9 的大齿轮与导向筒 4 下部用螺栓连接，安装在托架 6 上

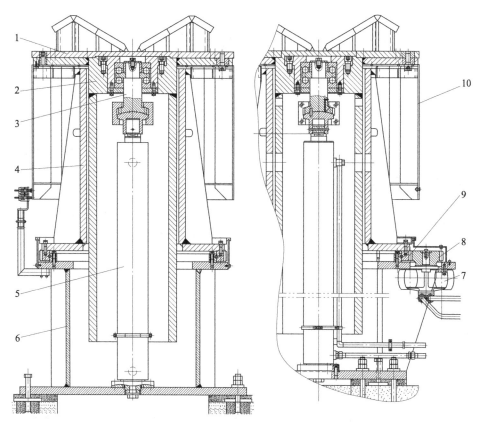

图 6-23 中小吨位升降回转台结构
1—转台 2—方筒组件 3—支承轴 4—导向筒 5—升降液压缸 6—托架
7—回转液压马达 8—小齿轮 9—回转支承 10—防护罩

的回转液压马达 7 通过小齿轮 8 驱动回转支承 9 大齿轮旋转，带动与其连接在一起的导向筒 4 转动，导向筒 4 带动方筒组件 2 旋转，从而实现转台 1 的回转运动。

图 6-24 所示为一种大吨位升降回转台结构，升降架 5 为正四方形倒角焊接筒体结构，在其四个倒角位置安装有 8 个可以调节导向间隙的导向滚轮 4，导向支架 2 安装在地坑基础墙壁上，在导向支架 2 与升降架 5 的导向滚轮 4 的接触位置安装有导向板 3，升降架 5 运动时由导向滚轮 4 进行导向，同时每面设置有一对滚轮（图中未画出）夹紧导向板 3，防止升降架 5 转动。升降架 5 由升降液压缸 1 驱动其上升或下降。

回转支座 6 安装在升降架 5 上部，回转液压马达通过液压马达安装杠杆 11 固定在回转支座 6 上。回转液压马达驱动的减速器与转盘法兰 8 连接在一起，回转液压马达与减速器之间安装有推力滚子轴承（图中未画出）。转盘 7 安装在转盘法兰 8 上，两者之间铺设有隔热材料。当液压系统驱动回转液压马达转动时，减速器带动转盘法兰 8、转盘 7 在回转支承 10 上转动，从而实现转盘 7 的转动。

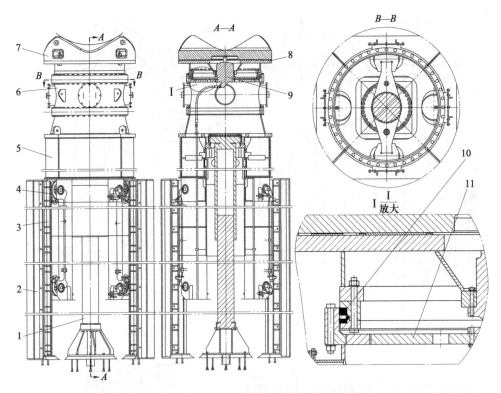

图 6-24　大吨位升降回转台结构

1—升降液压缸　2—导向支架　3—导向板　4—导向滚轮　5—升降架　6—回转支座　7—转盘
8—转盘法兰　9—回转液压马达及减速装置　10—回转支承　11—液压马达安装杠杆

图 6-25 所示为升降回转台液压控制原理。升降液压缸采用比例阀 V1 控制其上

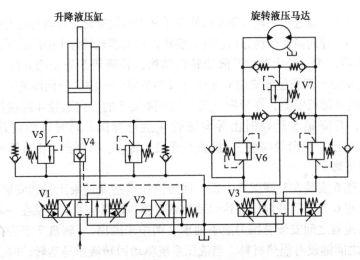

图 6-25　升降回转台液压控制原理

升及下降，采用液控单向阀 V4 保证液压缸可靠停止，阀 V5 为安全阀。比例阀 V3 控制升降回转台的回转动作，阀 V6 为单向背压阀组，使旋转运动平稳。采用单向阀组成液压马达补油回路，阀 V7 为液压马达旋转安全阀。

6.5　径向锻造工具

快速锻造液压机生产时下砧静止不动，利用上砧对下砧上的坯料进行锻造成形，当进行拔长工序时，金属发生侧向流动；当生产长轴类锻件、棒材、管材时，需要花费较多的锻造步次，锻造效率低。四锤头的径向锻造机（也称精锻机）利用四个锤头从四个方向锻压坯料，金属侧向流动少，生产率高，表面质量好，但四锤头径向锻造机变形量小、锻透性差，投资成本高，对于钢锭等坯料需要用液压机进行开坯，故其只在少数锻造企业使用。

径向锻造工具类似于自由锻造中使用的型砧（如摔圆砧），安装在快速锻造液压机的移动工作台与活动横梁之间，如图 6-26 所示。摔圆砧在成形时利用弹簧进行回程，而径向锻造工具上砧座需要与液压机活动横梁连接，由液压机活动横梁带动其压下及回程，通过工具内部的楔块实现四向挤压，类似于四锤头径向锻造机锻造。

图 6-27 所示为径向锻造工具的结构原理。

图 6-26　径向锻造工具

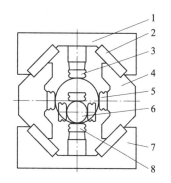

图 6-27　径向锻造工具结构原理

1—上砧座　2—侧向导向装置　3—上锤头　4—侧砧座
5—侧锤头　6—锻件　7—下砧座　8—下锤头

下砧座 7 固定在液压机工作台上，上砧座 1 与液压机活动横梁相连，当液压机向上运动时，上砧座 1 通过侧向导向装置 2 使侧砧座 4 及侧锤头 5 向上向外分离；当液压机向下运动时，上砧座 1 通过侧向导向装置 2 使侧砧座 4 及侧锤头 5 向下向内挤压。为保证其可靠工作，还配备有润滑系统和锤头冷却系统等。

在径向锻造工具中，下锤头静止不动，上锤头随液压机动作，两个侧向锤头通过滑块在水平方向做横向运动并伴随纵向滑动，当锻造坯料时，四个锤头相对坯料作垂直挤压，同时侧向两个锤头相对坯料作切向运动，使坯料横截面产生额外的剪切应力，锻透性较好。

径向锻造工具可提高快速锻造液压机生产圆形、长轴类产品的效率，有多个厂家生产此类径向锻造工具，表 6-4 所列为俄罗斯径向锻造工具技术规格。

表 6-4　俄罗斯径向锻造工具技术规格

项目		数　值				
上砧公称压力/MN		8	12.5	20	31.5	63
坯料横截面最大尺寸/mm		600	700	1050	1300	1600
锻件横截面最小尺寸/mm		70	90	140	180	250
上砧最大行程/mm		450	550	780	950	1300
闭合后外形尺寸/mm	前后	770	860	1050	1350	1500
	左右	1480	1850	2800	3000	3400
	高度	1670	2100	2400	2600	3000

径向锻造工具生产时要求锻造操作机夹持坯料与其中心始终保持一致，对锻造操作机性能及操作人员要求较高；同时，径向锻造工具随快速锻造液压机活动横梁一起动作，锻件尺寸精度也由液压机控制，因而对液压机的位置与速度控制等有较高要求。

参 考 文 献

[1] 陈柏金. 锻造液压机组液压控制系统研究 [D]. 武汉：华中科技大学，2000.

[2] 俞新陆. 液压机的设计与应用 [M]. 北京：机械工业出版社，2007.

[3] 王运赣，田亚梅，等. 锻压设备的计算机控制 [M]. 武汉：华中理工大学出版社，1988.

[4] 王守忠. 英国联动式锻造液压机与操纵机 [J]. 重型机械快报，1964（20）：35-36.

[5] 荆宏善. 西德下拉式结构的快速锻造液压机 [J]. 重型机械译丛，1966：37-43.

[6] 快锻试验小组. 快速锻造液压机试验总结 [J]. 重型机械，1974（01）：45-55.

[7] 西安重型机器研究所. 200 吨"快锻压机"液压传动系统试验 [J]. 重型机械，1974（01）：56-68.

[8] 邓星钟，田亚梅，阮绍骏，等. 自由锻造液压机组数控系统的研究 [J]. 华中工学院学报，1979（03）：67-79.

[9] 陈锦江，赖寿宏，王紫薇，等. 自由锻造液压机组微型计算机控制系统 [J]. 华中工学院学报，1981（04）：111-118.

[10] 张伟. 自由锻造液压机的锻造尺寸控制问题 [J]. 国外自动化，1985（02）：55-58.

[11] 高文章. 30MN 双柱下拉式快锻液压机 [J]. 重型机械，1995（01）：32-37.

[12] 尹邦纯，周德祥. 现代自由锻造液压机关键部件设计特点 [J]. 锻压技术，2012，37（05）：105-108.

[13] 成先飙，张建华，郭晓锋. 国内大型自由锻造液压机的技术特点 [J]. 重型机械，2012（3）：121-124.

[14] 陈柏金，熊晓红，黄树槐. 8MN 快速锻造液压机组及其控制系统 [J]. 锻压机械，1999（01）：33-35.

[15] 陈柏金，钟绍辉，盛宏伟，等. 泵直接传动式锻造液压机研究 [J]. 液压与气动，2001（02）：21-23.

[16] 陈柏金，黄树槐，孙茂，等. 基于现场控制网络的锻造液压机组控制系统 [J]. 锻压技术，2001（02）：47-50.

[17] 陈柏金，黄树槐. 锻造液压机液压系统传动方式研究 [J]. 锻压技术，2003（02）：44-47.

[18] 郭文行，陈柏金，胡彦兵. 快锻液压机远程监测与故障诊断系统构建 [J]. 机械科学与技术，2015，34（05）：748-751.

[19] 黄奎，莫健华，陈柏金，等. 双柱上传动锻造水压机多根拉杆顺序加载预紧力分析 [J]. 中国机械工程，2008，19（07）：868-871.

[20] 陈柏金，黄树槐，靳龙，等. 16MN 快锻液压机控制系统研究 [J]. 中国机械工程，2008，19（04）：990-992.

[21] 陈柏金，徐明昊，张红颖. 液压锻造操作机大车行走机构的位置控制系统 [J]. 华中科技大学学报（自然科学版），2011，39（08）：6-9.

[22] 陈柏金，黄树槐，高俊峰，等. 自由锻造液压机控制策略 [J]. 机械工程学报，2008，44（10）：304-307.

[23] 陈柏金，罗琬先，潘玉晶．一种用于降低液压机装机功率的动力装置及其应用 2015105666955.8［P］.2017-04-26.

[24] 张连华，陈柏金，马海军，等．一种液压锻造机组设备积木式排布 201810334631.5［P］. 2019-04-16.

[25] 张连华，马海军，陈柏金．一种高效传动的自由锻造液压机 201810251170.5［P］.2019-04-12.

[26] Wepuko PAHNKE GmbH. HANS-JOACHIM PAHNKE BOOK［EB/OL］.（2020-02-01）［2021-05-01］.https：//www.wepuko.de/en/downloads-videos/hans-joachim-pahnke-book.html.

[27] SMS group. First high-speed open-die forging press with 3D-printed hydraulic manifold block from SMS group goes into operation at Gustav Grimm Edelstahlwerk.［EB/OL］.（2020-06-24）［2021-04-25］.https：//www.sms-group.com/press-and-media/press-releases/press-release-detail/first-high-speed-open-die-forging-press-with-3d-printed-hydraulic-manifold-block-from-sms-group-goes-into-operation-at-gustav-grimm-edelstahlwerk.html.

[28] Siempelkamp. "magic eye" monitoring convinces in the Chinese market：Open-die forging press made by Siempelkamp for PangangJiangyouChangcheng［EB/OL］.（2021-02-5）［2021-04-30］.https：//www.siempelkamp.com/en/latest/news/magic-eye-monitoring-ueberzeugt-im-chinesischen-markt-freiformschmiedepresse-made-by-siempelkamp-f/? tx_news_pi1% 5Bcontroller% 5D = News&tx_news_pi1%5Baction%5D = detail&cHash = fea935eb8207dc4a13a50d6eb99cb2e4. html.

[29] DANGO & DIENENTHAL GMBH & CO. KG. ENERGY RECOVERY SYSTEMS［EB/OL］.（2019-12-01）［2021-04-31］.https：//www.dango-dienenthal.de/en/stories-1/learning-from-formula-1/.html.

快速锻造液压机组

　　快速锻造液压机组是20世纪80年代开始发展起来的一种新型自由锻造设备，是自由锻锤、水压机和油压机等锻压设备的升级换代产品。主要是为了更好地满足锻压行业对锻压设备节能降耗、智能制造、高效、产品质量的稳定性和一致性、变形速度可控等要求，适用于碳素结构钢、合金结构钢、工模具钢、轴承钢、弹簧钢、不锈钢、高温合金钢、钛及钛合金、其他有色金属的锻造，代表着自由锻造设备的发展方向。目前，兰石重工生产制造的快速锻造液压机技术成熟，达到国际先进水平。在结构形式上，小型快速锻造液压机以双柱下拉式结构为主，具有重心低、稳定性好、管道短、液压冲击小等特点；中大型快速锻造液压机采用上推式结构，以减少活动部分的运动惯量，易于精确控制锻造精度和提高锻造频次。

　　机组构成：主机、上砧快换装置、移动工作台、横向移砧装置、砧库、液压控制系统、自动化控制系统、操作监控系统、工艺工程师站、监测维护工程师站、锻造操作机、送料回转小车、旋转升降台、装出料机、锻件测温系统。

地址：甘肃省兰州市兰州新区黄河大道西段512号
电话：0931-2905279/2905281
传真：0931-2905284
网址：https://lszg.lansland.com

兰石重工
LS HEAVY INDUSTRY

快速锻造液压机组适用于碳素结构钢、合金结构钢、工模具钢、轴承钢、弹簧钢、不锈钢、高温合金钢、钛及钛合金、其他有色金属的锻造。

工作模式：手动、自动、半自动、联动。

产品系列：3.15MN、6.3MN、8MN、10MN、12.5MN、16MN、20MN、25MN、31.5MN、31.5MN/35MN、45MN、45MN/50MN、63MN、63MN/70MN、80MN、100MN、125MN等。

上压式快速锻造液压机(20～125MN)

下拉式快速锻造液压机(5～35MN)

缸动式快速锻造液压机(3.15～16MN)

全液压有轨锻造操作机

　　锻造操作机是快速锻造液压机最重要的辅助设备，可以实现手动、半自动、自动和与液压机联动动作，可以夹持相应吨位及其以下的锻件进行锻造。其钳杆的旋转力矩、夹持力均可在操作台方便调节。

　　整机由机架、钳杆、吊挂系统、液压系统、润滑系统、供水供电拖链、行走轨道装置、电气控制等八个部分组成。可实现钳口夹紧松开、钳杆平行升降、钳杆上下倾斜、钳杆水平移动、钳杆水平侧摆、钳杆正反旋转、大车行走等七大动作。

　　产品系列：10kN、20kN、30kN、50kN、100kN、160kN、200kN、250kN、300kN、400kN、500kN、600kN、800kN、1000kN、1250kN、1600kN等。

800kN操作机

10kN操作机

200kN操作机

兰石重工
LS HEAVY INDUSTRY

重型全液压卷板机

　　兰石重工最大可设计制造卷板厚度 300mm的重型全液压三辊、四辊卷板机。
　　该系列重型全液压卷板机具有预弯直头短、卷板精度高、工艺适应性强、应用范围广、自动化程度高等特点，广泛应用于锅炉、石油、化工、金属结构及机械制造行业。

兰石重工
LS HEAVY INDUSTRY

径向锻造机

　　径向锻造机又称"精锻机"，是世界上先进的锻造设备之一。径向锻造机组具有脉冲锻打和多向锻打的特点，而且脉冲锻打频率高、速度快、每次变形量小，省去了锻造后的打磨等工序，可实现从坯料到成品的近净成形。

　　产品系列：0.8MN、1.25MN、1.6MN、2MN、3.4MN、5MN、9MN、12MN、13MN、16MN、18MN等。

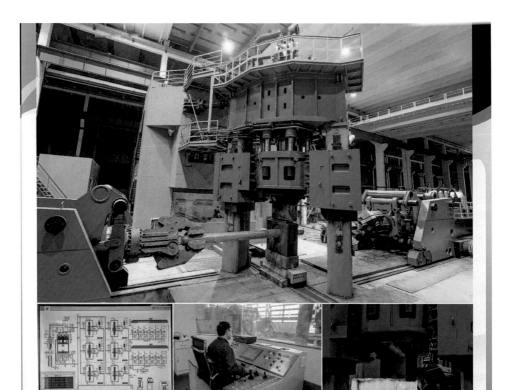

⚠ 35MN液压锻造机组

※ 机组应用了叠加供液、立体排布等20余项专利技术。
※ 机组多机联动，共享液压站，能量利用率高。
※ 装机功率低于同吨位标准机组的1/3。
※ 标准机组的空载损耗电量可满足本机组的正常工作。
※ 高压蓄能驱动响应速度快、油量充足，压延速度150mm/s。
※ 可锻制饼、筒、模块等异形件，低合金钢棒料生产最重可达
　40t，最长可达24m。

研发单位：中科聚信洁能热端装备研发股份有限公司
地　　址：江苏省建湖县建阳石油装备产业园润阳路
联 系 人：张连华　　手机：13305116618

🔺 8t液压自由锻锤

※ 是国内外首台实现自动化操作的液压自由锻锤。
※ 将操作人员从繁重、危险、高温高噪声环境中解放出来。
※ 自由锻锤与锻造操作机联动控制，可一人操作。
※ 轻锤、重锤、急停等工况和打击能量可任意控制。
※ 可实现自由锻锤生产的手动、半自动、自动操作。
※ 打击能量315kJ，下压速度9m/s，快锻频次140次/min。

研发单位：中科聚信洁能热端装备研发股份有限公司
地　　址：江苏省建湖县建阳石油装备产业园润阳路
联系人：张连华　手机：13305116618